"十四五"职业教育国家规划教材

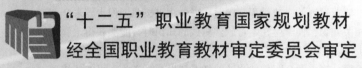

"十二五"职业教育国家规划教材 修订版

经全国职业教育教材审定委员会审定

软件测试技术
第3版

主编　徐　芳

参编　高春蓉

机械工业出版社

本书根据软件测试教学的需要，结合软件测试未来的职业要求和定位，除了尽量全面地阐述软件测试技术的基本概念外，还按照软件测试递进的职业能力要求来组织本书的内容，使学生的学习能够循序渐进，并且符合软件测试职业发展的一般过程，同时在书中注重按照工程步骤来介绍软件测试的相关知识，使学生在学习软件测试的知识时，能够获得工程化思维方式的训练。

本书共6章。第1章介绍软件测试的基本知识；第2章介绍如何快速进行系统测试并提交错误报告；第3章介绍测试用例的设计和相关技术；第4章介绍业界主流企业版和开源测试工具的功能、性能、Web自动化以及应用；第5章介绍测试技术与应用；第6章介绍如何成为优秀的测试组长。

本书内容充实、有大量可操作性实例、实用性强，可作为高职高专院校软件技术专业软件测试技术课程的教材，也可作为有关软件测试的培训教材，对从事软件测试实际工作的相关技术人员也具有一定的参考价值。

本书配有电子课件、微课视频等教学资源，可扫描书中二维码观看微课视频，使用本书作为教材的教师可登录机械工业出版社教育服务网 www.cmpedu.com 下载。咨询邮箱：cmpgaozhi @ sina.com。咨询电话：010-88379375。

图书在版编目（CIP）数据

软件测试技术/徐芳主编．—3 版．—北京：机械工业出版社，2021.6
（2024.3 重印）
"十二五"职业教育国家规划教材：修订版
ISBN 978-7-111-68281-3

Ⅰ.①软…　Ⅱ.①徐…　Ⅲ.①软件-测试-高等职业教育-教材
Ⅳ.①TP311.55

中国版本图书馆 CIP 数据核字（2021）第 097254 号

机械工业出版社（北京市百万庄大街 22 号　邮政编码 100037）
策划编辑：赵志鹏　责任编辑：赵志鹏　张星瑶
责任校对：张晓蓉　责任印制：李　昂
北京捷迅佳彩印刷有限公司印刷
2024 年 3 月第 3 版第 8 次印刷
184mm×260mm · 16.5 印张 · 456 千字
标准书号：ISBN 978-7-111-68281-3
定价：58.50 元

电话服务　　　　　　　　　　　网络服务
客服电话：010-88361066　　　机 工 官 网：www.cmpbook.com
　　　　　010-88379833　　　机 工 官 博：weibo.com/cmp1952
　　　　　010-68326294　　　金 书 网：www.golden-book.com
封底无防伪标均为盗版　　机工教育服务网：www.cmpedu.com

关于"十四五"职业教育
国家规划教材的出版说明

为贯彻落实《中共中央关于认真学习宣传贯彻党的二十大精神的决定》《习近平新时代中国特色社会主义思想进课程教材指南》《职业院校教材管理办法》等文件精神，机械工业出版社与教材编写团队一道，认真执行思政内容进教材、进课堂、进头脑要求，尊重教育规律，遵循学科特点，对教材内容进行了更新，着力落实以下要求：

1.提升教材铸魂育人功能，培育、践行社会主义核心价值观，教育引导学生树立共产主义远大理想和中国特色社会主义共同理想，坚定"四个自信"，厚植爱国主义情怀，把爱国情、强国志、报国行自觉融入建设社会主义现代化强国、实现中华民族伟大复兴的奋斗之中。同时，弘扬中华优秀传统文化，深入开展宪法法治教育。

2.注重科学思维方法训练和科学伦理教育，培养学生探索未知、追求真理、勇攀科学高峰的责任感和使命感；强化学生工程伦理教育，培养学生精益求精的大国工匠精神，激发学生科技报国的家国情怀和使命担当。加快构建中国特色哲学社会科学学科体系、学术体系、话语体系。帮助学生了解相关专业和行业领域的国家战略、法律法规和相关政策，引导学生深入社会实践、关注现实问题，培育学生经世济民、诚信服务、德法兼修的职业素养。

3.教育引导学生深刻理解并自觉实践各行业的职业精神、职业规范，增强职业责任感，培养遵纪守法、爱岗敬业、无私奉献、诚实守信、公道办事、开拓创新的职业品格和行为习惯。

在此基础上，及时更新教材知识内容，体现产业发展的新技术、新工艺、新规范、新标准。加强教材数字化建设，丰富配套资源，形成可听、可视、可练、可互动的融媒体教材。

教材建设需要各方的共同努力，也欢迎相关教材使用院校的师生及时反馈意见和建议，我们将认真组织力量进行研究，在后续重印及再版时吸纳改进，不断推动高质量教材出版。

机械工业出版社

前　言

　　本书是为适应高职高专院校软件技术专业软件测试技术课程教学需要而编写的。

　　随着我国信息产业的发展，产品的质量控制和质量管理将成为企业生存与发展的核心。在当前的软件开发中，软件测试作为保证软件质量的一个重要手段，越来越受到人们的重视，软件测试人才的缺口也较大。

　　对于高职高专院校的在校学生来说，在他们的头脑中可能从未形成对软件测试的认识，希望通过本书能为他们在软件测试方面提供帮助。书中系统、全面地阐述了软件测试技术所涉及的基本概念。除此之外，还增加了对测试工作中实际问题的分析和应对，力求使教学内容面向应用，使学生通过学习能够理解软件测试工作并具备相关的基本技能。

　　近年来由于外部和内部的变化所驱动，软件测试领域发生了较大的变化。软件应用在日常生活中所占的比重快速提高；软件用户对软件质量和体验有了更高的要求；用户对软件更新的频率以及新软件发布的速度有了更高的期待，这些因素驱动测试模式也发生了变化，产品、开发、测试的衔接越来越紧密，区分也变得越来越模糊，手工测试向自动化测试转移，对测试人员的技术要求也在不断提高。本次修订主要针对软件测试领域中的这些变化，增加了当前主流的自动化测试工具和技术应用，掌握这些必备的测试工具软件能对测试工作提供较大的帮助。当然，在实践中，测试人员也要学会如何平衡手工测试和自动化测试，不要忘记最基础的测试技能，这些是经受住实践考验的核心技能。

　　本书由徐芳主编，企业工程师高春蓉参与编写了自动化测试应用案例。

　　限于编者的水平，加之时间仓促，书中难免有缺点和不妥之处，欢迎读者和同行批评指正，以利改进和提高。

编　者

二维码索引

目　录

第1章

开始软件测试工作

本章要点

本章介绍软件测试的基本知识。作为初入门的软件测试人员，首先要理解软件测试工作的重要性和软件测试工作的基本内容。软件测试是软件开发工作中的一个重要环节，在学习软件测试时，首先要了解软件开发过程，同时要了解什么是软件质量和软件质量保证。本章以一个小程序为例介绍软件测试的基本工作，加强读者对软件的理解，同时还介绍了软件测试的分类和软件测试的基本流程。

作为初入门的软件测试人员，需要很好地了解软件测试人员的能力要求和职业前景。只有这样，才能通过不断学习来提高自己，从而成长为优秀的软件测试人员。

扫码看视频

1.1 软件开发过程

软件测试是软件开发过程中的一个重要组成部分。当一个项目组开发一个软件时，需要遵照一系列步骤来进行，这些步骤构成了软件开发过程。软件开发过程中的每个步骤，都应该有明确的输入、输出和实施方法，有时对一个步骤会进行更加详细的分解，形成一系列子步骤。

软件开发过程应该是怎样的呢？软件开发过程和一些常见的工程活动（如建造房屋、修建公路等）是相似的，概括地说，软件开发过程需要经历这样几个主要的阶段：

1) 定义。明确软件开发的目标、软件的需求。

1

2）计划。制订软件开发所涉及的各种计划。

3）实现。进行设计、编码、文档编写工作，完成所要求开发的软件特性。

4）稳定化。以测试和缺陷修复工作为主，确保所提交的软件具有良好的质量。

5）部署。安装、提交开发完成的软件，建立可供用户使用的环境。

有时人们会把开发与实现阶段作为两个阶段（设计阶段、编码阶段）来看待，也可能使用不同的名词去描述这些阶段。但无论描述方式如何，其本质内容都是一致的。

人们还经常使用"软件生命周期"这个词，那么什么是"软件生命周期"呢？前面介绍了软件开发过程的5个主要阶段，在软件开发过程结束后，软件还需要经历一个使用、维护，直至被停止使用的阶段。加上这个阶段之后，就形成了一个软件从诞生到最后被停止使用的完整周期，因此软件生命周期是包括了定义、计划、实现、稳定化、部署、运行与维护这样6个阶段的过程。

从20世纪70年代开始，人们就在不断地研究软件开发过程，到现在已经形成了一系列过程模型（也称为软件生命周期模型），当一个项目组在实施一个软件开发时，将会从这些生命周期模型中，选择最适合自己的一种来使用（当然，很多时候会根据项目实际情况，对这个模型加以剪裁）。

下面是一些常见的软件生命周期模型：

■ 瀑布模型。

■ 原型模型。

■ 增量模型。

■ 螺旋模型。

下面就对这几种软件生命周期模型进行概要介绍。那么，软件测试人员为什么要了解软件开发过程呢？软件测试工作属于软件开发工作的一部分，在软件开发过程中，包含着需求分析、设计、编码和测试等过程，软件测试过程并不是和软件开发过程并列的两种工作过程，而是"隶属"于软件开发过程。因此，作为软件测试人员，需要了解软件开发过程的全貌，这样才能对软件测试过程和方法有更好的理解，并能够清楚自己在软件开发过程的每个阶段中所起的作用和所担负的职责。

1.1.1 瀑布模型

在瀑布模型中包括了6个阶段：计划、需求分析、设计、编码、测试和运行维护。这6个阶段自上而下、相互衔接，以固定的次序来进行。瀑布模型的一个主要特征是强调阶段的顺序性和依赖性，即下一个阶段的开始必须以上一个阶段的完成为前提条件。例如，在开始设计工作前，必须完成需求分析过程。此外，瀑布模型要求各个阶段必须有相应的文档作为审查的依据。因此，瀑布模型是以文档驱动的，各个阶段有清晰的划分。图1-1描述了瀑布模型。

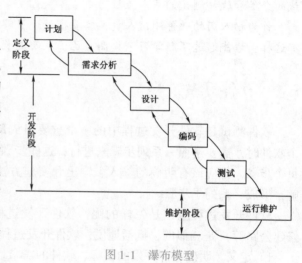

图1-1 瀑布模型

瀑布模型存在自身的一些缺点，一个典型的问题是许多系统要在系统开发的后期才能获得完整的需求，因此人们认为瀑布模型适合硬件系统开发，但软件开发是一个创造性过程而不是制造过程，几乎很难想象在软件开发的早期能够精确地定义系统需求，其他模型，如螺旋模型、原型模型等更适合软件产品的开发。采用瀑布模型进行软件开发，测试人员可能在开发的后期发现大量错误，因此必须返回需求分析、设计或代码中定位问题，而瀑布模型中认为已完成的各阶段必须修改，因而要付出昂贵的代价。

尽管瀑布模型存在这些缺点，但它包含了软件开发所需的各个阶段，如软件开发需要从理解用户要求开始进行需求分析和设计，开发过程包括设计、编码、测试等活动，其他模型中也都包含这些活动，只是这些活动不像瀑布模型中以线性的方式组织起来。因此，瀑布模型仍然值得学习研究。

在瀑布模型中，测试工作是在测试阶段比较集中地进行的。在瀑布模型中，设计阶段可以被更细地分解为概要设计阶段和详细设计阶段，测试阶段也可以被更细地分解为单元测试、集成测试和系统测试三个阶段，每个阶段都有不同的工作内容和工作目标。

1.1.2　原型模型

在很多时候，用户提出了软件需要达到的一系列目标，但不能给出详细的输入、输出和处理过程；开发人员不能确定某种算法（解决方案）是否有效、所设计的人机交互方式和过程是否合适。在这种情况下，可以使用原型模型。图1-2表示了原型模型。

其主要思想是：先建立一个能反映用户需求的原型系统，使得用户和开发者可以对目标系统的概貌进行评价和判断，然后对原型进行反复的扩充、改进和求精，最终建立符合用户需求的目标系统。

原型模型从需求收集开始，这个时候所收集到的需求可能是局部的、不够详细的。然后开发者和用户一起定义软件的总体目标，识别出已知的需求，并规划出哪些内容需要进一步定义。在这个工作的基础上，开发者对已知的部分进行设计和开发，从而构造出一个"原型"。接下去，用户对原型进行评估，在评估的基础上，开发者和用户得到更加详细的待开发软件的需求，对已经开发的原型进行

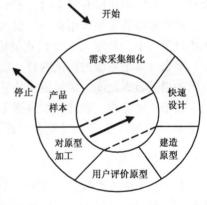

图1-2　原型模型

调整，使之更加符合用户的需求。通过不断地迭代，最终开发出符合用户需求的软件。

此时软件开发过程实际上被分解为一个个原型的开发，而测试人员则需要加入到对每一个原型的开发中，而不是等最后一个原型开发出来后再开始测试。当然，每个原型的目标和质量要求是不一样的，在很多时候，第一个原型版本是被抛弃的（这被称为"抛弃型原型"），测试人员在每个原型中投入的工作量、测试的目标也将有所区别。

1.1.3　增量模型

在进行商业软件开发时，往往会面对紧迫的市场期限，而在这个市场期限内，很难完成一个完善的软件产品。例如 Windows 的开发，相对于 Windows 3.x 而言，Windows 95 是一个革命性的产品，在 Windows 95 之后，微软公司又陆续发布了 Windows 98、Windows 2000 和

Windows 10，每一个版本都比上一个版本更加完善。假如微软公司试图在 Windows 3. x 之后发布类似于 Windows 10 这样的产品，会面临什么问题呢？当时没有足够的硬件支持是产生问题的一个因素，还有一个更加重要的因素是：如果想直接开发出 Windows 10，那么需要做一个 10 年的开发计划，而在这 10 年中，市场早就发生了变化，由于没有迅速推出下一代产品，也许微软公司会在这 10 年中不复存在。所以，要想在一开始就推出一个完善的软件并不现实。在这种情况下，就需要开发者渐进地开发逐步完善的软件版本。

增量模型结合了瀑布模型和原型模型的特性，如图 1-3 所示。

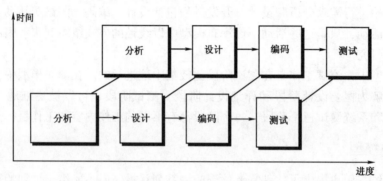

图 1-3 增量模型

在增量模型中，每个阶段都生成软件的一个可发布版本。这些阶段是交错进行的，这意味着前一个版本还没有发布时，下一个版本的部分工作就已经开始了。

增量模型和原型模型有一个很大的差别：每个阶段在原型模型中，是发布一个原型，而在增量模型中，是完成一个正式的版本。因此，对于测试人员而言，如果面对的是原型模型，那么对每个原型的测试内容、质量要求可能会有所区分，但如果面对的是增量模型，在不同的增量版本之间，质量要求几乎没有区别。

在增量模型中，软件版本是逐步完善的。但作为测试人员要注意到，这里所说的"逐步完善"，更多地是指在功能上的逐步完善，而不是质量上的逐步完善。

1.1.4 螺旋模型

对于复杂的大型软件，开发一个原型往往达不到要求。螺旋模型将瀑布模型和快速原型模型结合起来，并且加入了两种模型均忽略了的风险分析，弥补了两者的不足。螺旋模型沿着螺线旋转，如图 1-4 所示。

螺旋模型的每一周期都包括制订计划、风险分析、实施工程和评审 4 个阶段。开发过程每迭代一次，螺旋线就增加一周，软件开发又前进一个层次，系统又生成一个新版本，而软件开发的时间和成本又有了新的投入，最后得到一个客户满意的软件版本。

在螺旋模型中，软件也同样是以一系列版本的形式逐步发布的。在每一次迭代过程中测试人员都需要对完成的软件进行完善的测试，同时由于开发过程需要多次迭代，因此需要针对一些功能进行多次重复测试。

1.1.5 小结

前面介绍了软件开发过程的主要阶段，也介绍了几种常用的软件生命周期模型。除了上面介绍的 4 种模型之外，还有一些其他的生命周期模型。在不同的模型中，软件测试人员启动测试

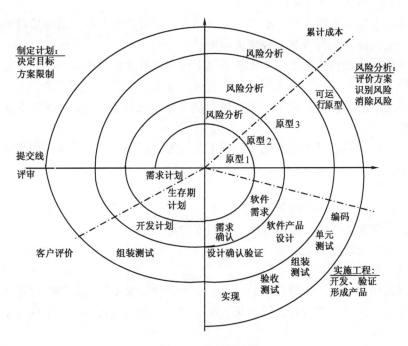

图 1-4　螺旋模型

工作的时间、在不同时间的工作内容会有所差别，但其主要的工作内容、工作目标是一致的。

从软件测试人员的角度来看软件开发过程，需要注意的是：测试贯穿在整个开发过程中，而不是在某个阶段集中地进行测试，而其他阶段不用理会测试工作。

现代的软件测试不仅在软件设计、编码完成以后来做测试工作，还将测试渗入软件开发的各个阶段。即使是在瀑布模型中，从表面上看，测试工作是集中在测试阶段来进行的，但在计划、需求和设计阶段，测试人员已经开始了测试方面的工作，如了解软件需求、编写测试计划、搭建测试环境。

前面介绍了几种典型的软件生命周期模型。在每种模型中，软件的开发过程实际上都是由一系列步骤来组成的，这些步骤都有不同的工作目标，有不同的输入和输出，也有不同的工作方式。从软件测试的观点来看，软件测试人员在不同的步骤中所做的工作也是不相同的，也具有不同的工作目标。

1.2　软件质量保证

1.2.1　软件质量的定义

首先我们来回答下面的问题：

如果公司一直为一个客户连续不断地开发产品，而且问题也连续不断地重复出现，你认为公司还会拿到订单吗？就像一家饭店的饭总是有沙子，你会一直订他们的饭吗？

从上面的问题可以看到，质量是客户的基本要求。

在软件开发中，如果客户提供了一份详细的需求规格说明，里面准确地描述了他的需求，在这种情况下，质量意味着符合客户的规格说明。但大多数的软件开发者都不会遇到具备专业知识并且表达准确的客户。对于开发者而言，衡量产品质量和服务质量的标准，就是客户的满意程度，而不是符合某个规格说明书。

什么是软件的质量？软件质量与传统意义上的质量概念并无本质差别，只是针对软件的某些特性进行了调整。从一般意义而言，质量通常会被定义为"无缺陷"。进一步讲，如果企业是以顾客为中心的，那么通常是根据顾客满意来定义质量："如果顾客不喜欢，那么该产品就是有缺陷。"

一个软件之所以被认定为质量优秀，并不是因为它获得了一个奖项，而是它的内在具备了这样一些特性：

- 满足用户的需求。
- 合理的进度、成本和功能关系。
- 具备扩展性和灵活性，能够适应一定程度的需求变化。
- 能够有效地处理例外的情况。
- 保持成本和性能的平衡。

其中，满足用户的需求是最重要的一点。一个软件如果不能满足用户的需要，设计得再好，采用的技术再先进，也没有任何意义。虽然这一点非常直白，但却是软件质量的第一个评判标准。

可靠性是质量的一个方面。作为测试人员，主要工作在于通过减少程序中的缺陷数量来提高客户满意度。如果一个项目在最后阶段修改程序，使其具备了某个特别有用的特性，即使改动后的程序不太可靠，这样做也可能是在改进程序的质量。特性和缺陷都在决定着质量。

1.2.2 软件错误定义

前面介绍了软件质量的定义，而开发高质量的软件并不是一件容易的事情。在现实中，人们已经遇到了太多的软件质量问题，这些问题轻则给使用者带来不便，重则导致重要数据丢失、重大财产损失，甚至危及生命。这些质量问题被称为软件错误。

软件错误是指软件产品中存在的导致期望的运行结果和实际结果间出现差异的一系列问题，这些问题包括故障、失效和缺陷。软件故障是指软件运行过程中出现的一种不希望或不可接受的内部状态。软件失效是指软件运行时产生的一种不可接受的外部行为结果。软件缺陷是存在于软件之中的那些不希望或不可接受的偏差。软件错误是一种人为错误，一个软件错误必定产生一个或多个软件缺陷，当一个软件缺陷被激活时，便产生一个软件故障。同一个软件缺陷在不同条件下被激活，可能产生不同的软件故障。对软件故障如果没有采取及时的容错措施加以处理，便不可避免地导致软件失效。在软件测试中，通常把软件错误称为"Bug"。Bug 的出现并不一定是代码问题，也可能是需求或设计等方面引起的。我们也可以认为软件错误是用户不喜欢的或者不能帮助用户使用应用程序达到目标的东西。这里有两种对于软件错误的定义：

- 当程序没有实现其最终用户合理预期的功能要求时，就表现为软件错误。
- 从来就没有对缺陷的绝对定义，也没有对其存在的绝对定义。程序存在缺陷的程度是由程序无法实现有用功能的程度来测量的。这是基本的人为测量。

1.2.3 软件质量保证

为了提高软件质量，人们进行了大量的研究和实践。最初的重点是着眼于技术革新，从各种软件工具（如编辑、编译、调试工具等）到各种计算机辅助软件工程（CASE）环境，同时注重对软件开发"模型"的研究，但是均未达到预期的目标。人们逐渐认识到，如果同时对软件开发过程的质量加以控制，那么软件质量大幅度提高才能成为可能。也就是说，只有从一开始就在开发过程中实施严格的过程控制，软件产品的质量才能有保证。因此，软件质量保证也从最初的以技术、方法为重心，转移到以过程管理为重心。

软件质量保证的活动主要包括：

■ 技术方法的应用。

■ 正式技术评审的实施。

■ 软件测试。

■ 标准的执行。

■ 修改的控制。

■ 度量。

■ 记录和记录保存。

软件质量保证（Software Quality Assurance，SQA）是为了确保软件开发过程和结果符合预期的要求而建立的一系列规程以及依照规程和计划采取的一系列活动及其结果评价。

软件质量保证并不等同于软件测试。软件质量保证评估过程质量，主要的目的是缺陷预防；而软件测试评估产品质量，主要目的是错误检测。软件质量保证通过评审测试结果和搜集软件质量度量监控测试的有效性，对软件测试文档的审核确定测试活动是否符合建立的标准和规范的要求。

1.3 测试一个小软件

在开始介绍软件测试的概念、方法之前，先来看一个小的软件（确切地说，应该是一个软件模块），并对这个软件进行测试工作。

1.3.1 软件功能

刚开始进入软件开发/测试行业时，往往会从一些简单的小程序或者软件中的功能模块开始。也许在刚开始工作的时候，第一项任务就是开发或者测试登录界面这样一个软件模块。千万不要小看这个登录界面。在 Microsoft Windows 2000 中，就曾经在登录界面中出现过安全问题。

（1）软件界面 如图 1-5 所示。

（2）功能描述 在登录界面中，包括两个文本输入框（用户名称和密码），然后是一个"确认"按钮和一个"取消"按钮。用户在"用户名称"文本输入框中输入用户名称，然后在"密码"文本输入框中输入密码（为了保密，密码以星号形式来显示）。用户按下"确认"按钮时，如果输入的用户名称和密码正确（指存在这个名称的用户，并且该用户的密码与所输入的一致），则显示登录成功，然后用户可以进入系统；如果输入错误，则提示"用户名称或者密码错误"，然后用户可以重新输入。如果用户按下"取消"按钮，则清除在"用户名称"和"密码"中输入的内容，用户可以重新输入。另外需要注意，无论是用户名称还是密码输入错误，系统的提示都是一样的。这是基于这样的考虑：如果某个未经授权的用户，期望猜测用户名称和密码，当他输入错误后，如果分别提示用户名称错误和密码

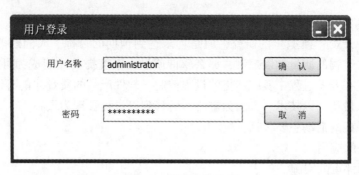

图1-5　登录软件界面

错误，那么这个攻击者就可以确定某个用户在系统中是存在的，然后再尝试找到这个用户的密码。而系统仅提示"用户名称或者密码错误"，那么对于攻击者来说，就不能确定到底是输入了错误的密码，还是所输入的用户名称根本不存在，这样就增加了对系统攻击的难度。

假定程序员已经完成了代码编写工作，作为测试人员就要来查找里面可能存在的软件错误。在开始查找错误前，要牢记一点：无论是设计、编码还是测试工作，软件需求都是这些工作的最原始依据。

1.3.2　寻找错误

在开始进行测试之前，首先建立一个表格（见表1-1），记录测试人员的操作步骤和软件的反应，然后看系统的实际反应和预期的反应是否一致。如果不一致，则说明在软件中存在错误。

表1-1　测试人员的操作步骤和软件的反应

测试人员操作	软件反应
第一步：输入正确用户名称	
第二步：输入该用户密码	弹出窗口，显示登录成功，用户进入系统
第三步：单击"确认"按钮	

如果结果显示能够进行系统登录，测试就结束了吗？上面的测试，证明了软件在输入正确的用户名称和密码的情况下，能正常工作。但系统能够登录并不表明登录不会存在问题。修改测试内容，增加操作（见表1-2）。

表1-2　新增操作步骤

测试人员操作	软件反应
输入已有用户名称 输入错误用户密码 单击"确认"按钮	弹出窗口，提示用户名称或者密码错误，用户无法进入系统
输入错误用户名称 输入错误用户密码 单击"确认"按钮	弹出窗口，提示用户名称或者密码错误，用户无法进入系统

以上测试了输入正确的用户名称和密码可以进入系统；输入用户名称或密码错误无法进入系统。测试不是盲目的，在进行显而易见的测试之后，还需要对测试内容做进一步思考。

此时人们会意识到：测试是需要设计的。所谓"设计"，指的是测试什么内容、怎么进行测试。

测试的设计可以从系统的需求和设计着手。通过阅读系统需求和设计文档发现，对系统登录有如下描述：

- 用户名称、密码不能为空。
- 必须输入正确的用户名称和密码才能登录系统。
- 系统根据用户名称判断用户类型，允许用户执行相应权限操作。

根据系统要求，重新设计测试（见表1-3）。

表1-3　重新设计测试

测试人员操作	预期结果	软件反应
输入正确的用户名称和密码（管理员用户） 单击"确认"按钮	进入管理员操作界面，允许用户执行管理员操作	
输入正确的用户名称和密码（普通用户） 单击"确认"按钮	进入普通用户操作界面，允许用户执行普通用户操作	
输入正确的用户名称和错误的密码	提示用户名称或者密码错误，不能进入系统	
用户名称为空，输入已有用户的密码 单击"确认"按钮	提示用户名称空白，不能进入系统	
输入已有用户名称，密码为空 单击"确认"按钮	提示密码空白，不能进入系统	
输入用户名称和密码 单击"取消"按钮	用户名称和密码文本框内容清除，光标定位在用户名称文本输入框	

大家是否注意到表1-3与前面所用的表格相比，加了"预期结果"这样一列？表1-3是在开始进行操作前完成的，这时要明确，在某个操作之后，软件应该有什么反应，然后在操作过程中记录软件的这个反应，再与预期结果相对比，如果不一致，则说明软件中存在错误。

1.4　理解软件测试

有一个古老的寓言：在古代的中国有一个祖传名医家庭，其中有一位被人们认为了不起的内科医生，被当地的君主所雇用。有人问这位内科医生，他的家庭中谁的医术最高。他回答说："我以很极端的疗法去医治那些垂死的病人，有时的确救活了个别病人，于是我的名声就在君主中间传开了。我二哥在疾病刚刚开始出现时就治好病人，他的技艺和名声在本地农民和邻居中间传开了。而我的大哥能觉察疾病的预兆，在疾病发出来以前就根除它。他的名字除了我们家里的人，外面的人是不知道的。"软件产品的测试工作就像这位医生的大哥所做的事情。测试人员通过测试，在软件产品的"疾病"（缺陷）发病之前就找到它，并把"疾病"排除，使得软件到了用户手里的时候，用户看不到明显的"疾病"（缺陷）。

1.4.1　基本概念

即使是有丰富经验的程序员，也难免在编码中发生错误，何况有些错误在设计甚至需求分析阶段早已埋下祸根，无论是早期潜伏下来的错误还是编码中新引入的错误，若不及时排除，轻者降低软件的可靠性，重者导致整个系统的失败。

软件测试就是为了发现程序中的错误而分析或执行程序的过程。具体地说，软件测试是分析程序或根据软件开发各阶段的规格说明和程序的内部结构而精心设计出一批测试用例，并利用测试用例来运行程序，以发现程序错误的过程。

根据软件测试的定义，测试包含了"分析"或"运行"软件。分析软件产品的过程称为静态测试（Static Testing）。静态测试不实际运行软件，包括走查、代码审查、代码评审和桌面检查。相反，在目标环境中实际运行软件的测试过程称为动态测试（Dynamic Testing）。静态测试和动态测试互为补充，各自用不同的方式检测软件错误。

软件测试有两个基本的功能：验证（Verification）和确认（Validation）。验证是指保证软件正确地实现特定功能的一系列活动。确认是指保证最终的产品满足系统需求。验证更多地关注开发过程中的各项活动，如系统测试的目的之一是保证系统设计与需求的一致性。通俗地说，验证保证产品的正确性，确认保证生产了正确的产品。

测试和改正活动可以在软件生命周期的任何阶段进行。然而，随着开发不断推进，找出并改正错误的代价会急剧地增加。在需求文档的初次评审期间对其进行修改，付出的代价会很小。如果代码已经编写完毕，再进行需求变更，代价会大得多，因为必须重新编写代码。程序员自己发现错误并进行缺陷改正，代价会很小。此时没有交流成本，因为无须把错误向其他任何人解释，也无须将其登记到缺陷跟踪数据库中。测试人员和经理无须审核缺陷的状态。错误也不会阻碍或破坏其他任何人的工作。在发布程序前改正错误，要比分发新磁盘甚至派遣技术人员到每个用户现场进行后期改正代价小得多。

与其他的技术学科一样，软件测试也是一个需要专门技术的领域。为了有效地实施测试，软件测试人员应该至少具备以下两个关键领域方面的知识：

- 软件测试技术。
- 被测应用程序及其相关应用领域。

对于每个新分配的测试任务，测试人员必须花费时间了解应用程序。没有经验的测试人员还必须学习测试技术，包括一般的测试概念以及定义测试用例。

关于软件测试，还需要了解这样一些描述：

- 测试能提高软件的质量，但是提高质量不能依赖测试。

- 测试只能证明错误存在，不能证明错误不存在。"彻底地测试"难以成为现实，要考虑时间、费用等限制，不允许无休止地测试。

- 测试的主要困难是不知道如何进行有效的测试，也不知道什么时候可以放心地结束测试。

- 每个程序员都应当测试自己的程序（分内之事），但是不能作为该程序已经通过测试的依据（所以项目需要独立测试人员）。

- 80-20 原则：80% 的错误聚集在 20% 的模块中，经常出错的模块改错后还会经常出错。

- 测试应当循序渐进，不要企图一次性干完，注意"欲速则不达"。

1.4.2　测试用例

如何对一个软件进行测试呢？假定现在需要测试一架数码照相机的拍照功能，将这样进行测试：

1）检查照相机电源正常，检查照相机存储卡有足够空间，将照相机的工作模式设置到"拍摄"，并设置为"全自动"。

2）按下快门。

3）在取景框中所看到的内容应该被拍摄下来。

4）将照相机的工作模式设置到"播放"，检查刚才拍摄的照片。

上面的例子通过4个步骤去检查照相机的拍照功能。为了检查拍照功能，需要对照相机做一些必要的检查和设置，第一个步骤就是完成这个工作的；然后就要执行某个动作，这就是第二个步骤"按下快门"；在按下快门前，操作者知道应该会发生什么样的结果；在按下快门后，检查所期望的结果有没有发生。如果按下快门后，没有把取景框的内容拍摄下来，就认为这架照相机没有做它应该做的事情；而如果按下快门后，发现以前拍的内容被覆盖了，会认为这架照相机做了我们不期望它做的事情。这都是照相机的质量缺陷。

归纳起来就是这样三个要素：前提条件和操作步骤、预期结果、实际结果。而每个测试用例，就是由这样三个要素构成的描述。

在对软件进行测试时，和前面讲的测试照相机的例子类似，需要完成：

■ 构造测试用例，测试用例包含了前提条件和操作步骤、预期结果、实际结果三个要素。

■ 执行测试用例，检查结果是否与期望的输出一致。

在编写测试用例时，要以软件需求为依据，三个要素都需要在软件需求中找到相应的依据，而不能凭着想象去写。

1.4.3　软件错误的产生原因

作为测试人员，需要了解软件错误产生的主要原因是什么，这样在进行测试工作时，能够更加有的放矢。

在软件开发的过程中常常存在许多问题，例如：

■ 开发人员不太了解需求，不清楚应该"做什么"和"不做什么"，常常做不符合需求的事情，因此产生了错误。

■ 软件系统越来越复杂，开发人员不可能精通所有的技术，如果不能正确地使用技术，将产生错误。

■ 技术文档普遍比较糟糕，文档本身就有错误，导致使用者产生更多的错误。

■ 软件需求、设计报告、程序经常发生变更，每次变更都可能产生新的错误。

■ 任何人在编程时都可能犯错误，导致程序中有错误。

■ 人们常处于进度的压力之下，急忙之下容易产生错误，尤其是在期限临近之际。

■ 人们过于自信，喜欢说"没问题"，不真实的"没问题"将产生真正的问题。

以上这些问题都可能导致软件产品的缺陷，因此软件错误的产生是不可避免的。很多公司都在测试过程中统计软件错误发生的原因，这样将有利于工作的改进。

1.4.4 测试人员的目标和主要工作

设计人员和程序员的目标是创建零缺陷的程序代码并满足用户的需要。测试人员的目标是通过分析或运行代码来暴露代码中潜在的错误。因此，程序员往往期望测试结果表明自己的代码能通过测试，但测试人员则期望测试结果更多地反映程序中的错误。当然，开发者和测试者都有一个共同的目标：产品质量得到用户的认可。

或许人们会认为软件测试员的工作目标就是查找软件错误，然而其更确切的目标是：尽可能早一些找出软件错误，并确保其得以修复。此目标包含三个含义：

（1）软件测试人员的基本目标是发现软件错误　在这里有必要把这个不言而喻的事实再次强调一下，因为有时产品开发小组要求测试人员只要证实软件可以运行即可，而不是查找错误，所以很多测试人员也就缺乏不懈努力发现缺陷的探索精神和热情。所以，我们要强调：软件测试人员的基本目标是发现软件错误，树立这种思想是做好测试的首要条件。

（2）软件测试人员所追求的是尽可能早地找出软件错误　因为软件的修复费用，随着时间的推移，将数十倍地增长，所以软件测试人员应尽可能早地找出软件缺陷。对大型的软件，在软件开发的同时，就应该有紧随其后的测试，如果等到产品已经开发完毕才开始测试，就有可能引起大量耗时费力的返工。

（3）软件测试人员必须确保找出的软件错误得以关闭　这里强调的是软件测试人员必须确保找出的软件错误得以关闭，而不是要软件错误得以修复。软件测试人员需要对自己找出的软件错误保持一种平常心，并不是辛苦找出的每个软件错误都是必须修复的。可能是由于没有足够的时间、不算是真正的软件错误、修复的风险太大等原因，产品开发小组决定对一些软件错误不做修复。在对软件错误保持一种平常心的同时，软件测试人员又必须坚持有始有终的原则，跟踪每一个软件错误的处理结果，确保软件错误得以关闭。关闭软件错误的前提可以是错误得以修复或决定不做修复。

软件测试的工作远远不只是建立和执行测试。在开始测试前，测试人员必须制订整体测试策略，包括如何记录测试中发现的问题。在项目结束时，软件测试活动的结果被记录在最终报告中。测试人员工作中应执行下列工作：

- 规划测试任务。
- 设计测试。
- 建立一个合适的测试执行环境。
- 评估、获取、安装和配置自动测试工具。
- 执行测试。
- 撰写适当的测试文档。

如果将测试人员安排在项目的后期阶段（特别是最后的期限迫在眉睫时）介入，则不可能对应用程序实施一个良好的测试计划，而且限制了测试工具的使用。在这种情况下，关键在于设计一系列测试以判断应用程序功能是否正确。

在不同的公司，测试人员的组织方式不完全相同。有些公司把所有测试人员都编在一个独立的软件测试部中；也有些公司不成立专门的软件测试部，而在项目组中建立独立的软件测试组。但无论组织方式如何，测试人员的目标和分工是基本一致的。

扫码看视频

1.5　软件测试的分类

本节将介绍软件测试的一些分类。后面的章节将对测试技术进行更加详细的介绍，本节的内容是让读者先建立起一个基本的概念。

对于软件测试，可以从下面几种不同的角度加以分类：

（1）从是否需要执行被测试软件的角度分类　可分为静态测试和动态测试。如果在测试过程中执行被测试软件，称为动态测试；反之，则称为静态测试。

（2）从测试是否针对软件结构与算法的角度分类　可以分为白盒测试和黑盒测试。如果在测试过程中，不关心软件的内部结构和具体实现算法，在无需了解软件结构与算法的情况下进行测试，称为黑盒测试；反之，如果需要针对软件的内部结构和算法进行测试，则称为白盒测试。

（3）从测试的不同阶段分类　测试工作本身有着不同的阶段，在每个阶段有着不同的目标和测试对象、测试方法，测试可分为单元测试、集成测试、系统测试和验收测试4个阶段。

表1-4更加清晰地介绍了这三种分类方式。

表1-4　软件测试分类表

分类依据	名称	说　明
基于是否关注软件结构与算法	黑盒测试	基于软件需求，而不是基于软件内部设计和程序实现的测试方式
	白盒测试	基于软件内部设计和程序实现的测试方式
基于是否执行被测试软件	动态测试	在测试过程中，执行被测试软件
	静态测试	在测试过程，不执行被测试软件
基于测试的不同阶段	单元测试	主要测试软件的单元模块。一般由开发人员而非独立测试人员来执行，因为测试者需要懂得该单元的设计与程序实现，测试者可能需要编写额外的测试驱动程序
	集成测试	将一些"构件"集成在一起时，测试它们能否正常运行。这里的"构件"可以是程序模块、客户机—服务器程序等
	系统测试	测试软件系统是否符合所有需求，包括功能性需求与非功能性需求。一般由独立测试人员执行，通常采用黑盒测试方式
	验收测试	与系统测试类似，但由客户或最终用户执行，测试软件系统是否符合需求规格说明书

除了上面提到的分类之外，在阅读一些软件测试方面的教材、文章的时候，还可以看到很多类似于"××测试"这样的名词，初学者在刚开始接触这些名词时，可能难以理解其中的内涵，并由此产生一些概念上的混淆。

每一项测试工作，都有一个具体的目标。例如，为了确认软件的性能，可以进行"性能测试"；为了确认软件功能符合该软件的功能需求，可以进行"功能测试"。类似的测试还有很多，如"兼容性测试""安装测试"等。下面列举了一些常见的内容：

■ 功能测试。测试软件的功能是否符合功能性需求，通常采用黑盒测试方式。一般由独立测试人员执行。

■ 性能测试。为了获取或验证系统性能指标而进行的测试。在多数情况下，性能测试会在不同负载情况下进行。

■ 负载测试。通过改变系统负载方式、增加负载等来发现系统中所存在的性能问题。

■ 压力测试。可以看作是负载测试的一种，通常是在高负载情况下对系统的稳定性进行测试，能更有效地发现系统稳定性的隐患和系统在负载峰值的条件下存在的功能隐患等。

■ 易用性测试。测试软件是否易用，主观性比较强。一般要根据较多用户的测试反馈信息，才能评价易用性。

■ 安装/反安装测试。测试软件在"全部、部分、升级"等状况下的安装/反安装过程。

■ 健壮性测试。又称为容错性测试，用于测试系统在出现故障时，是否能够自动恢复或者忽略故障继续运行。

■ 安全性测试。测试该系统防止非法侵入的能力。

■ 兼容性测试。测试该系统与其他软件、硬件兼容的能力。

■ 接口测试。测试软件的内部及外部接口是否工作正常，测试的重点是检查数据的交换、传递和控制管理过程。

■ 文档测试。这里的文档是指伴随着产品同时提供给用户的各种使用手册、说明书、须知等，测试文档描述与实际产品的一致性、清晰性等。

■ 回归测试。是指错误被修正后或软件功能、环境发生变化后进行的重新测试。回归测试的困难在于不好确定哪些内容应当被重新测试。

作为软件测试人员，需要好好理解这些分类方法，理清各种测试的关系，否则在实施测试工作、阅读一些测试技术文档时会感觉很吃力。

1.5.1 黑盒测试和白盒测试

按测试方式分类，可以把不关心软件内部实现的测试称为"黑盒测试"；反之，将依赖软件内部实现的测试通称为"白盒测试"。

在进行黑盒测试时，主要的测试依据是软件需求，而白盒测试的主要依据则是软件设计。

事实上，任何工程产品都可以使用以下的两种方法之一进行测试：

■ 已知产品的功能设计规格，可以进行测试证明每个实现了的功能是否符合要求。

■ 已知产品的内部工作过程，可以通过测试证明每种内部操作是否符合设计规格要求，所有内部成分是否已经经过检查。

前者就是黑盒测试，后者就是白盒测试。

在进行黑盒测试时，不关注程序本身的结构，而是注重测试软件的功能需求和性能需求。因此，黑盒测试也称为功能测试或数据驱动测试，它是在已知产品所应具有的功能的情况下，通过测试来检测每个功能是否都能正常使用。在测试时，把程序看成一个不能打开的黑盒子，在完全不考虑程序内部结构和内部特性的情况下，测试者在程序接口进行测试，只检查程序功能是否按照需求规格说明书的规定正常使用，程序是否能适当地接收输入数据而产生正确的输出信息，并且保持外部信息（如数据库或文件）的完整性。

软件的白盒测试是对软件的过程性细节做细致的检查。这种方法是把测试对象看成一个打开的盒子，它允许测试人员利用程序内部的逻辑结构及有关信息，设计或选择测试用例，对程序所有的逻辑路径进行测试。通过在不同点检查程序状态，确定实际状态是否与预期的状态一致。因此，白盒测试又称为结构测试或逻辑驱动测试。

1.5.2 静态测试和动态测试

从是否执行被测试软件来进行分类，测试可以分为静态测试和动态测试。软件本身包含了各种代码，如果只是检查代码和文档，而不执行被测试的软件，此时所进行的就是静态测试。反之，如果在测试过程中执行被测试的软件，则所进行的就是动态测试。

静态测试和动态测试之间，并不存在哪种方式更加有效的问题。针对不同的软件和不同的潜在问题，有可能是静态测试容易发现，也有可能是动态测试更加容易发现。一般情况下，软件需要经过一系列的静态测试后才会进行动态测试。在进行动态测试前，一般都需要先进行代码复查，这样能够快速地发现代码中潜在的问题。另外，诸如代码结构方面的问题，在动态测试中就难以发现，而在静态测试中就一目了然。有时会有这样的情况：软件工作一切正常，某一天，开发小组想开发这个软件的升级版本时，突然发现这个软件的结构极其难读，使得修改和升级代码极其艰难。在这个例子中，如果进行了前期的静态代码复查，就可以发现这个问题，而不是等到软件需要进行维护、升级的时候才发现。

1.5.3 测试的不同阶段

按测试阶段分类，测试可分 4 个主要阶段：单元测试、集成测试、系统测试和验收测试。这是一个从小到大、循序渐进的测试过程。

所谓"从小到大"，指的是被测试对象从小到大的变化。集成测试介于单元测试和系统测试之间，起到"桥梁"作用，一般由开发小组采用白盒测试结合黑盒测试的方式来测试，既要验证"设计"又要验证"需求"；系统测试的粒度最大，一般由独立测试小组采用黑盒方式来测试，主要测试系统是否符合"需求规格说明书"。

验收测试与系统测试非常相似，二者的主要区别是测试人员不同，验收测试由用户执行。有些用户（特别是一些自身计算机技术力量并不强大的用户）在对软件进行验收时，会委托第三方进行测试。在国外，已经有一些专业的软件测试公司提供这样的服务。

下面对这 4 个阶段进行概要介绍。

1. 单元测试

在系统设计阶段，整个系统最终被细分为许多模块，这里可以把模块理解为单元。每个单元的接口、数据结构与算法都已经设计完成。在实现阶段，程序员首先编写这些单元，然后把单元集成为子系统，再把子系统集成为最终的目标系统。在做集成之前，应当先执行单元测试，以保证单元本身正确无误。为了测试单元是否符合设计要求，必须跟踪到单元内部，检查所有的源代码，因此单元测试采用白盒测试方式。

由于单元通常不是可运行程序（如可能是一个或者几个 Java 类），因此无法直接测试。测试者必须编写额外的可运行的测试驱动程序，通过测试驱动程序调用单元的接口，从而跟踪到单元的内部。单元测试人员既要了解单元的详细设计，又要为该单元编写测试驱动程序。这样的测试人员不好找，可以让程序员兼任测试人员的角色。通常做法是，开发人员编写完成某个单元后，先自我检查，然后请同伴进行代码审查，再请同伴进行单元测试，如果发现缺陷，原开发者应当及时修正程序。

这样边开发、边审查、边测试，可以高效率地发现并排除单元中的缺陷。如果单元通过了同伴的审查与测试，就可以升级为基准文件，以后再对该单元修改时，必须遵循变更控制规则，避免修改过于频繁而失控。

一个系统的单元通常比较多，看起来单元测试的工作量比较大，但由于每个单元比较小，而且相对独立，测试与改错的难度比较低，因此单元测试并不可怕。

能否等到整个系统全部开发完成后，再集中精力进行一次性单元测试呢？这样做是否能提高单元测试的效率呢？如果这样做，在开发过程中，缺陷会越积越多，并且分布得更广、隐藏得更深，反而导致测试与改错的代价大大增加。最糟糕的是无法估计测试与改错的工作量，使进度失去控制。因此，为图眼前省事而省略单元测试或者"偷工减料"是得不偿失的做法。

2. 集成测试

软件实现一般是渐增式的，从编写单元到完成整个系统，通常要经历数次集成（除非软件的规模很小）。于是每次单元集成都要进行相应的集成测试。

如果每个单元都通过了测试，把它们集成一起还会产生问题吗？实际上，这不但有可能，而且大概率会发生问题。

要把很多个单元集成在一起肯定要靠接口耦合，这时可能会产生在单元测试中无法发现的问题。例如，数据通过不同的接口时可能出错；几个函数关联在一起时可能达不到预期的功能；在某个单元里可以接受的误差可能在集成后被扩大到无法接受的程度。所以，集成测试是必要的，不是多此一举。

集成测试介于单元测试和系统测试之间，如何测试通常取决于"集成体"的特征。

刚开始时，"集成体"的规模比较小，离目标系统比较遥远，那么要以白盒测试为主。不仅要跟踪"集成体"的那部分新代码（从语义上理解，它们不能算是单元），有时还要跟踪到那些被测试过的单元的内部（如果错误是单元造成的）。

随着集成次数的增加，"集成体"的规模越来越大，离目标系统越来越近，此时要以黑盒测试为主。可以提前做系统测试阶段的部分工作，如子系统的功能测试、性能测试等。

由于每个"集成体"并不是最终的目标系统，所以测试者还得编写测试仿真程序。集成测试工作通常让程序员承担，采用白盒测试与黑盒测试相结合的方式。

集成测试属于软件实现阶段，如何安排测试取决于集成开发的方式。常见的集成方式有两种："自顶向下"和"自底向上"。因此产生"自顶向下"和"自底向上"两种集成测试方式，一种集成测试方式的优点差不多就是另一种的缺点。我们并不建议严格按照"自顶向下"和"自底向上"的方式开发软件，折中办法是：软件结构的高层采用"自顶向下"方式开发，软件结构的底层采用"自底向上"方式开发。

如果软件系统要分若干次集成，能否只在最后一次做集成测试，以便降低集成测试的工作量呢？这是不可取的，道理如同单元测试不能等到所有单元开发完了再做一样，把集成测试拖到最后执行也会导致缺陷的累积和扩散，使集成测试与改错的代价增加。

3. 系统测试

当软件开发完毕后，需要进行全面的系统测试。系统测试采用黑盒测试方式，其目的是检查系统是否符合软件需求。系统测试的主要内容有：功能测试、健壮性测试、性能-效率测试、用户界面测试、安全性测试、压力测试、可靠性测试、安装/反安装测试等。

在集成测试的时候，已经对一些子系统进行了功能测试、性能测试等，那么在系统测试时能否跳过相同内容的测试？

答案是不能。

因为集成测试是在仿真环境中开展的，那不是真正的目标系统。再者，单元测试和集成测试通常由开发小组执行。根据测试心理学的分析，开发人员测试自己的工作成果虽然是必要的，但不能作为成果已经通过测试的依据。

为了保证测试的客观性，应当由机构的独立测试小组来执行系统测试。

4. 验收测试

验收测试的内容与系统测试的内容几乎是相同的，主要区别在于测试人员不同。验收测试人员来自客户方，而系统测试人员则来自开发方。

这不仅是"客观公正"的问题，主要原因如下：

首先是"信任"问题。对于合同项目而言，如果测试小组是开发方的人员，客户怎么能够轻易相信"别人"呢？所以当项目进行系统测试之后，客户再进行验收测试是情理之中的事。

其次，即使开发方测试人员在系统测试时恪尽职责，也不能因此省略客户验收测试。因为不论是合同项目还是非合同项目，软件的最终用户各种各样（如受教育程度不同、使用习惯不同等），测试小组至多能够模仿小部分用户的行为，但并不具有普遍的代表性。

如此说来，何不让用户取代测试小组，把系统测试和验收测试合二为一呢？

这种做法理论上是可以的，但在现实中却行不通，因为：

1）系统测试不是一时半刻就能完成的，长时间的用户测试很难组织，因为用户还有自己的事情要做。即使用户愿意做系统测试，他们消耗的时间、花费的金钱大多比测试小组还要高。

2）系统测试时会找出相当多的软件缺陷，软件需要反反复复地改错。如果让用户发现这样的"内幕"，会让用户质疑软件的质量，甚至开发方的资质。所以，还是先让测试小组做完系统测试比较好。

验收测试可以分成两类：Alpha 测试和 Beta 测试。两者的主要区别是测试的场所不同。Alpha 测试是指把用户请到开发方的场所来测试，Beta 测试是指在一个或多个用户的场所进行测试。

Alpha 测试的环境是受开发方控制的，用户的数量相对比较少，时间比较集中。而 Beta 测试的环境是不受开发方控制的，由用户随意进行测试，用户数量相对比较多，时间不集中。一般地，Alpha 测试先于 Beta 测试执行。通用的软件产品需要较大规模的 Beta 测试，测试周期比较长。如果产品通过了 Beta 测试，那么就可以正式发行了。如果是合同项目，应当在合同中说明验收测试是 Alpha 测试还是 Beta 测试，或者两个都要。

验收测试是由用户来完成的。那么，是不是就和软件测试人员没有关系了呢？不是。当开发方在为客户开发软件的时候，有可能同时从其他软件开发商那里采购软件，这个时候，开发方将作为客户来执行验收测试。

当系统测试完成后，软件产品将被递交给用户。对用户来说，要做的第一件事情是进行验收测试。如同在盖完房子，住户拿到钥匙后的第一件事情不是立即搬进去住，而是进行验收工作。

验收测试由用户参加设计测试用例，使用用户界面输入测试数据，并分析测试的输出结果，一般使用生产中的实际数据进行测试。在测试过程中，除了考虑软件的功能和性能外，还应对软件的可移植性、兼容性、错误的恢复功能等进行确认。

在本书中，将不特别开设章节对验收测试进行介绍。当读者面对验收测试问题时，在本书中所学到的系统测试知识，可以被应用到验收测试中。

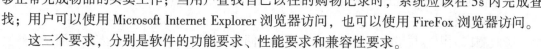

1.5.4　测试目的和内容

每个软件都具有一系列的目标和要求。例如，开发一个电子商务网站软件，这个软件就至少需要满足这样几个要求：按照操作流程里面的说明，能够正常完成物品的买卖工作；当用户查找自己以往的购物记录时，系统应该在5s内完成查找；用户可以使用 Microsoft Internet Explorer 浏览器访问，也可以使用 FireFox 浏览器访问。

这三个要求，分别是软件的功能要求、性能要求和兼容性要求。

这里所列举的三个要求，只是待开发软件的一个极小的部分。那么针对这些要求，需要进行哪些测试呢？对于第一个要求，测试人员需要按照软件需求说明书里面描述的用户操作流程，编写一系列测试用例，每个测试用例会包含多个操作步骤（如用户登录、选择商品、选择付款方式、选择交货方式等），由于在每个操作步骤中，用户可能进行不同的选择，因此会形成多个测试用例，在编写完测试用例之后，测试人员按照编写完成的操作流程进行操作，然后记录操作结果，与预期的结构进行比较，看看是否一致，如果一致，则说明软件可以完成该项功能。对于第二个要求，需要构造一个测试环境，如建立多个用户在不同的网络环境中测试，构造一个用户的购物记录，然后进行查找，此时，记录系统查找所需要的时间。对于第三个要求，需要分别在客户端使用 Microsoft Internet Explorer 和 FireFox 浏览器，然后连接到该网站，并测试各项功能是否正常。

前面所进行的三项测试，其目的是不同的，第一项测试的目的是测试软件功能是否正常，称之为功能测试；第二项测试的目的是测试软件性能是否满足软件需求中的要求（当然，所测试的这个内容，只是该软件性能要求中的一项）；第三项测试的目的是测试该软件是否可以兼容两种不同的浏览器。

针对这个软件，需要进行的测试还很多。从这个例子可以看出，对一个软件而言，需要测试的内容是多方面的，针对不同方面的测试，会有不同的测试目标，这是为了检查和验证该软件的不同方面。

在每个测试阶段（单元测试、集成测试和系统测试）中，都需要一系列的测试目标。特别是在系统测试过程中，所需要进行的测试内容是最多的。在上面这个例子中，介绍的就是需要在系统测试阶段进行的功能测试、性能测试和兼容性测试。

1.5.5　测试的各种分类之间的关系

前面介绍了测试的各种分类方法，这些不同的分类方法之间是存在联系的。按照测试的不同阶段进行的分类，在测试的不同阶段中，适合进行不同类型的测试。

不同的测试方法有各自的应用场景，测试目的也不同，其中适合采用白盒测试方式的主要有接口测试、路径测试等；适合采用黑盒测试方式的主要有功能测试、健壮性测试、性能测试、用户界面测试、安全性测试、压力测试、可靠性测试、安装/反安装测试等。

在基于测试的不同阶段的分类中，有的测试阶段更多采用静态测试方法，有的测试阶段则更多采用动态测试方法；有的测试阶段更多采用黑盒测试方法，而有的测试阶段则更多采用白盒测试方法。

上述测试阶段、测试方式和测试内容的关系见表1-5。

表1-5　测试阶段、测试方式和测试内容之间的关系

测试阶段	主要依据	测试人员、测试方式	主要测试内容
单元测试	系统设计文档	由程序员执行白盒测试	接口测试、路径测试
集成测试	系统设计文档和软件需求	由程序员执行白盒测试和黑盒测试	接口测试、路径测试、功能测试、性能测试
系统测试	软件需求	由独立测试小组执行黑盒测试	功能测试、健壮性测试、性能-效率测试、用户界面测试、安全性测试、压力测试、可靠性测试、安装/反安装测试等
验收测试	软件需求	由用户执行黑盒测试	

从表1-5中还可以看到，除了测试人员的不同，在系统测试阶段和验收测试阶段的主要测试内容是一致的。

1.6　软件测试工作流程

1.6.1　测试工作的主要步骤

软件测试工作是项目开发工作中一个重要的组成部分，也是一种典型的工程活动。同所有的工程活动一样，软件测试工作也有一个清晰的流程。一般来说，软件测试工作需要经过三个基本步骤：测试计划、测试设计与开发、执行测试。

（1）测试计划　测试人员的任务是首先对需求进行分析，最终定义一个测试集合。一些项目使用拙劣的语言而非明确的细节来描述应用程序。尽管这些需求并不完善，但对于进行测试开发来说还是足够的。通过刻画和定义测试，可以比较容易发现给定需求中的问题。然后，软件测试人员根据软件需求会同项目主管制定并确认"测试计划"。

（2）测试设计与开发　在此过程中，软件测试人员根据软件需求、软件设计说明书，完成测试用例设计并编写必要的测试驱动程序。

（3）执行测试　在执行测试的过程中，需要完成的主要工作是：建立测试环境；根据前面编写的测试计划和测试用例运行测试；记录测试结果；报告软件缺陷；跟踪软件缺陷，直至其被处理；分析测试结果。

在实际测试工作中，根据项目开发所采用的不同生命期模型，软件测试工作流程应进行更进一步细化。

准确简洁的工作流程是高质量、高效率的基础，通过规范工作流程，保证工作质量和降低工作成本，明确所有的工作产品、工作的入口和出口，特别是如何保证入口和出口的工作产品的质量。

软件测试由许多阶段组成，是一个和设计与编码任务并行开展的活动，整个软件测试的开销（包括测试计划、测试设计、开发测试环境、测试执行及其他测试任务）可以占整个进度的一半。在许多项目中，测试执行时间随着开发进度的拖延而被压缩。

前面已经介绍过，按照不同的阶段来划分，软件测试需要经过单元测试、集成测试、系统测试和验收测试阶段。单元测试和集成测试往往是由设计人员和程序员来完成的，而系统测试是由独立的软件测试组来完成的，验收测试是由用户来完成的。因此，在实际的软件开发中，往往是设计人员和程序员来编写单元测试和集成测试计划，对单元测试和集成测试进

行设计和开发，然后执行单元测试和集成测试；而软件测试人员则按照上述的三个基本步骤，对于系统测试进行计划、设计与开发、执行。本书主要针对软件测试人员，因此系统测试将是本书介绍的重点内容。

1.6.2 测试信息流

在测试工作过程中，需要面对各种各样的信息，图1-6描述了测试信息流。

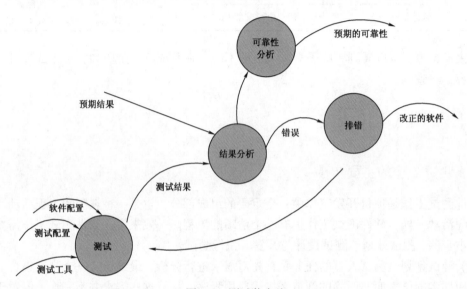

图 1-6 测试信息流

整个测试过程需要三类输入：

1）软件配置。包括软件需求规格说明、软件设计规格说明、源代码等。

2）测试配置。包括测试计划、测试用例、测试驱动程序等。

3）测试工具。为提高软件测试效率，可使用测试工具支持测试工作，其作用就是为测试的实施提供某种服务，以减轻人们完成测试任务中的手工劳动。例如，测试数据自动生成程序、动态分析程序等。

测试之后，要对所有测试结果进行分析，即将实测的结果与预期的结果进行比较。如果发现出错的数据，就意味着软件有错误，然后就需要开始排错。即对已经发现的错误进行错误定位和确定出错性质，并改正这些错误。修改后的软件一般都要经过再次测试，直到通过测试为止。

从测试信息流中可以看出，作为软件测试人员，其工作并不仅仅在于使用软件执行测试。在开始执行测试前，测试人员必须制订整体测试策略，包括如何记录测试中发现的问题。在项目结束时，软件测试活动的结果被记录在最终报告中。

1.7 测试人员的能力要求和职业前景

1.7.1 测试工程师职业素质

如同软件开发一样，在整个测试工作中，人的因素起了决定作用，一个好的测试团队才能在软件质量保证中起到积极的作用。因此，测试工程师的素

扫码看视频

质显得尤为重要。在 Bill Hetzel 编写的《The Complete Guide to Software Testing》中把 "5C" 作为优秀的测试专家的重要特征：Controlled（接受管理、有条理的）、Competent（了解正确的测试技术）、Critical（专注于发现问题）、Comprehensive（注意细节）、Considerate（能够与开发人员很好地交流）。从中可以看出，随便找个人就能做好测试工作的观点是绝对错误的。

作为职业的测试人员，其职业素质要求包括：

（1）责任心　责任心在任何工作中都是必备的职业素质，在测试工作中尤为重要。在许多公司中，测试工作都被认为是乏味的、吃力不讨好的苦差事，干测试工作很容易使人变得懒散。只有那些具有强烈责任心的人才能够使自己每天正常地工作。责任心的欠缺将会导致测试工作变得可有可无，只有不断坚持，才有可能发现错误并使错误得以改正。

（2）学习能力　这里所说的学习能力除了技术上的学习能力，还包括项目业务上的学习能力。对于系统测试来说，需要很多方面的知识融会在一起，测试工程师必须理解测试中的特定系统是如何工作的，这就要求测试人员同时也是内容专家，需要有较宽的知识面。

（3）怀疑精神　测试就是不断寻找错误的过程。每一点都可能存在问题，千万不能觉得产品的某一点看起来不会有问题，而忽略了它。要有怀疑精神，不能放过任何一点。同时，测试人员需要有适当的好奇心，有意识地扭曲和翻转测试中的系统，检查所有角度。怀疑精神和好奇心能激发一名测试人员去执行冗长乏味的测试步骤。

（4）沟通能力　从对需求的理解以及系统错误的更改来说，测试工作需要与用户和项目组进行大量沟通。测试人员必须阅读说明书，与开发人员讨论"如果……那么……"方案；当测试发现错误时，采用合适的方式让程序员了解并接受错误。

（5）专注力　刚接触测试工作的人的第一感觉就是太枯燥。面对枯燥的工作，要有足够的耐心。在测试中，很多问题的出现很随机，难以浮现，定位困难，但只要它是问题，就必须像啄木鸟那样，不管问题隐藏得多深，都要凿开一个洞把问题揪出来。

（6）洞察力　测试工作的性质要求测试人员具有对产品缺陷灵敏的捕捉能力。这种能力的具备，并非朝夕之功，而是来源于经验、逻辑思维能力和自身的敏感度。

（7）团队精神　一个软件的成功开发，是需要一个团队的共同努力的，在测试工作中，同样如此，稍具规模的软件开发团队，都需要不止一个测试人员参与。作为测试人员，需要和自己的测试工作同伴共同努力，也需要和项目组中的其他同伴共同努力。如果缺少了团队精神，一个测试工程师是根本不可能有所成就的。

（8）注重积累　软件测试不是一门理论学科，而是一门工程学科。要做好软件测试工作，就需要不断在实际的工作中学习、积累新的知识。人们常说"工作经验"，但"工作经验"并不等于工作了多么长的时间。如果不注重积累，那么工作再长的时间，其工作经验也会少得可怜。

1.7.2　测试工程师职业前景

在国内，软件测试常常被视为一种简单的工作，很多人认为做软件测试不需要太多的技术知识、没有太多的技术提高机会、没有很好的职业前景，这事实上是一个很大的误区。在软件开发产业中有一种非常普遍的习惯，那就是让那些经验最少的新手、没有效率的开发者或不适合干其他工作的人去做测试工作。而所有这些理解上的误区，产生的直接后果是不能培养出优秀的软件测试工程师，不能开发出高质量的软件。

在一个项目中，需要设计人员来设计软件结构，需要程序员来完成代码编写工作。这些工作确实包含着很高的技术含量，但测试工作是否就不包括多少技术含量呢？错。在测试工作中，同样需要设计测试环境、设计测试策略、选择测试工具、编写各种测试用例、编写自动化测试的脚本，其技术上的难度，并不比软件设计和代码编写低。

在软件开发的过程中，需要有各种不同的角色来完成。对于不同角色的职业前景，不同的人有不同的看法。当人们认为在软件开发中某个角色具有职业前景时，一般是基于这样的判断：

- 该角色在整个软件开发中不可或缺。
- 该角色需要面对巨大的技术挑战，可以不断地积累经验和技术，从而做得更好。
- 该角色所需要掌握的技术内容是无止境的，永远都需要面对新的问题，需要进行新的学习。

软件设计和代码编写这样的角色，是具有上面所提到的几个要素的。而软件测试工程师这个角色，同样也是具有这些要素的，没有人认为不需要测试工程师；测试工程师总是在面对一系列的技术挑战，要依靠学习和经验积累而不断提高；在测试技术领域中，存在着无止境的技术话题。

因此，在人们越来越重视软件质量的今天，软件测试工程师的职业前景越来越好已经是毋庸置疑的。

要成为一名优秀的软件测试人员，需要具有这样一些能力和技术：

- 对特定行业领域的了解。
- 相对全面的技术能力。
- 对软件开发过程的深入了解。

在实际的工作中，软件测试工程师一般会分为以下几个等级：初级测试工程师、中级测试工程师和高级测试工程师。不同级别的测试工程师，需要具备不同的技能并在软件测试的不同环节承担相应工作。

- 初级测试工程师。其工作通常是按照测试方案和流程搭建测试环境并对产品进行功能测试，检查产品是否有缺陷，并提交相应报告。
- 中级测试工程师。要能够编写测试方案，测试文档，与项目组一起制订测试阶段的工作计划。能够在项目中合理利用测试工具来完成测试任务。
- 高级测试工程师。需要掌握测试与开发技术，而且对所测试软件对口的行业非常了解，能够对测试方案可能出现的问题进行分析和评估。

随着测试人员能力的提升和经验的积累，在熟悉整个测试过程后，应该把自己提高到一个项目负责人的高度，在管理上同时提升自己的能力，为职业生涯的发展提供新的空间。

当然作为一个测试新手，一般不会被要求去承担重大任务，很少有公司分配新员工立刻开始制订测试计划和安排测试进度，更多的是去执行其他人编写的测试用例，进行大量的学习。这看上去是一些枯燥的工作，而作为新入门的测试人员，恰恰就是要在这些枯燥的工作中掌握测试基本功，并充分利用时间不断地学习。

小　结

在早期的软件开发中，软件测试最多是在开发结束后由程序员执行的一些活动，目的是为了表明程序是正确的。到了20世纪70年代，测试的观念发生了巨大的变化，测试的目的是证伪，而非证真。软件测试越来越受到人们的注意，人们认识到要提高软件质量，软件测试是极其重要的一个环节，并渗透到软件开发的各个阶段。

软件测试也不仅是简单的执行程序，而是包括从需求分析、测试计划、测试设计、测试执行、测试调试、系统测试到确认测试等完整的过程。

软件测试在一定程度上是直观的，但总体上是系统的。好的测试涉及的内容远不只是将程序运行几次看它是否正常。对程序的彻底分析有利于更系统、更有效地进行测试。而测试本身是需要设计的，在设计中，要事先定义结果。

软件测试并不是一项没有技术性的工作，从本章所列出的软件测试人员的职业要求来看，要成为一名优秀的软件测试人员，并不是一件容易的事情，这需要多年的学习和工作的积累。而初入门的软件测试人员，只有树立了正确的职业发展观，踏踏实实地对待软件测试工作，才能成为项目组中不可缺少的一员。

关键术语

- 软件测试。
- 软件质量。
- 软件质量保证。
- 软件生存周期。
- 黑盒测试。
- 白盒测试。
- 单元测试。
- 集成测试。
- 系统测试。
- 验收测试。

思考题

1）软件测试的目的是什么？为什么不能证明一个软件是完全正确的？

2）在软件测试过程中需要完成哪些工作？需要和项目组中哪些人员交流？

3）测试工作包含哪些主要的步骤？

4）软件测试可以如何分类？

5）为什么说软件测试并不是一个没有技术含量的工作？

6）作为测试工程师，面对一个基于 Web 的图书借阅管理系统，该系统能实现图书借还以及网上预约、续借和查询，请举例说明哪些是功能测试、性能测试、负载测试和兼容性测试。

7）使用搜索引擎，查找"软件失效"或类似的词语，看看是否可以找到以下相关事件。

- 某软件产品失效导致重大后果。
- 软件失效导致丧失生命的事情。
- 软件失效导致重大经济损失。
- 某个软件失效影响了 10 万、100 万甚至更多人。

第2章

执行系统测试

能力目标

阅读本章后，你应该具备如下能力：

✓ 了解执行测试的基本步骤。

✓ 掌握快速了解系统的方法。

✓ 熟悉测试环境搭建。

✓ 熟悉软件错误的分类方法。

✓ 掌握报告软件错误的技巧。

✓ 熟悉软件错误跟踪流程。

✓ 学会编写软件错误报告和测试报告。

本章要点

通过前面章节的学习，读者了解到关于软件测试的基础知识。由于本书的读者对象是软件测试的初学者，单元测试和集成测试并不是其工作责任。因此，本章从一个初级测试工程师的工作角度，重点介绍如何执行系统测试，而在执行测试的过程中，一个重要的环节是如何管理软件错误和编写测试报告。通过本章的学习，能够很清楚地了解系统测试过程，并根据要求搭建测试环境，提交相关测试报告。

2.1 任务概述

【工作场景】

测试组长："这是我们这个产品的测试计划，你负责模块介绍和测试用例，你花时间研究一下，明天中午新版本提交，你负责模块的测试就要开始了。"

测试新手：领到测试用例和模块的说明文档，每当有新版本提交时，按照测试用例的指示开始测试，测试完成后把测试结果提交。

初级测试工程师每天的工作基本上就是重复执行一条条的测试用例，从刚来时的兴奋很快变成了厌倦和麻木，难道测试就是这么枯燥乏味？

本书主要是供软件测试人员学习的，对他们来说，系统测试是需要重点掌握的内容，也期望初入门的软件测试人员，能够把重点首先放在系统测试上。

系统测试是针对整个产品系统进行的测试，目的是验证系统是否满足了需求规格的定义，找出与需求规格不相符合或与之矛盾的地方。系统测试是整个测试活动的一个重要的阶段。系统测试的对象不仅包括需要测试的产品系统的软件，还包含软件所依赖的硬件、外设甚至包括某些数据、某些支持软件及其接口等。因此，必须将系统中的软件与各种依赖的资源结合起来，在系统实际运行环境中来进行测试。

在目前软件开发企业中，测试新手通常会面临两种情况：

1）在较大型且规范的企业中，通常前期已经编写完测试计划和测试设计，需要初级测试工程师按照计划和设计来执行系统测试。这看上去似乎是一个很容易的过程，但在执行测试的过程中，如何报告软件错误、如何管理软件错误是一件并不容易的事情。

2）在一些小型的软件企业中，各方面规范性比较欠缺，软件测试也刚刚起步，这时初级测试工程师可能面对的是欠缺的项目文档和测试设计，需要直接执行系统测试，此时一个重要的任务是如何快速地熟悉被测试系统。

此外，作为软件测试人员，工作的基本目标是发现软件错误，如果测试结果不能被很好地记录，或者测试过程中发现的软件错误不能被很好地管理，那么测试工作将会变得一团混乱。如果在测试的过程中，不能很好地把发现的软件错误记录下来，并保持和编码小组的及时沟通，使得错误被及时处理，那么去发现这些错误、去执行测试又有多少意义呢？

图2-1描述了测试的执行过程，其中管理软件错误并不是最后一个步骤，而是贯穿在执行测试的整个过程中需要进行的活动。

测试人员的主要任务包括：

1）熟悉被测系统。

2）建立测试环境。

3）执行测试用例。

4）记录测试结果。

5）跟踪错误报告。

6）报告测试结果。

当执行测试工作时，测试结果需要通知项目组的相关人员，如测试人员发现的错误要告知开发人员、管理人员等。当测

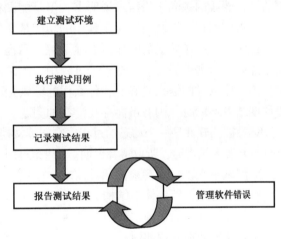

图2-1　测试执行过程

试结束时，测试人员需要简要地报告测试结果。例如，所有计划的测试都已执行，并且未解决的软件错误数量在可接受的范围内，测试人员可以报告经过测试产品满足用户需求。报告测试结果包括以下方面：

- 测试状态报告。
- 测试结果报告。

2.2　快速熟悉被测系统

对于软件测试人员来说，进行系统测试首先是能够较好地理解被测系统。对比较规范的开发企业而言，在进入系统测试时，已经对需求规格进行了充分的分析，分解出各种类型的

需求（功能性需求、性能要求、其他需求等），并在此基础之上完成了测试设计工作。因此，系统测试工作主要根据测试计划、测试用例中的要求运行测试、检查结果。看上去，系统测试的实施变得很简单，工作也并不复杂。但在实际的软件开发中，情况往往不那么令人乐观。假设项目在前期有完善的测试计划和测试设计，则按照上述步骤执行系统测试非常容易，但目前有些项目的软件测试工作在编程结束后才开始，并且也没有完善的项目文档，可能缺少需求文档或需求文档编写得非常糟糕。针对这样的软件项目，测试人员在开始任何测试前必须熟悉应用程序，可以通过以下几种形式来了解应用程序：

- 学习已有的测试指南。
- 阅读已有的工程文档。
- 请专业人员演示应用程序。
- 输入随机数据和命令。
- 执行所有操作选项。
- 尝试程序的运行状态。

首先，在不了解任何业务需求的情况下进行随机测试，通过随机测试来了解业务流程，针对不明白或不清楚的地方进行反查，在反复的过程中会更深刻地理解业务需求。总之，测试人员要积极调用身边的资源，与开发人员或客户多交流、讨论。因为每个人的想法是不一样的，虽然看的是同一份需求说明书，但是测试和开发人员的想法可能是不一样的。

探索应用程序以及熟悉应用程序的功能是学习过程中的一个必要的步骤。探索的目的在于通过对应用程序功能的操作更多地了解应用程序；探索的另一个重要任务是找到了解应用程序并能澄清需求的人。在探索的过程中，测试人员通过观察程序的行为来观察程序如何工作，感觉什么样的输入是好的，什么样的输入是不好的。当应用程序的显示结果与测试人员的预期结果不同时，则有可能存在潜在的问题。

熟悉被测软件是一个动态的过程，在阅读文档或使用软件的过程中对不理解或疑难之处应及时与开发人员沟通，听取解释说明。如果沟通中存在异议，应反复讨论，直到达成共识。

对测试员来说，理解被测软件需求，应重点关注以下方面：

- 系统的软、硬件体系结构。
- 系统要处理的业务主要包括哪些。
- 业务的处理流程如何。
- 业务处理中的数据要求。
- 业务处理中的相关规则。
- 系统功能之间的关联。

测试人员在了解应用程序的基础上，再进行系统测试工作。

2.3　建立系统测试环境

没有测试环境就无法执行测试。这里所说的测试环境，指的是由测试人员为进行软件测试而搭建的、被测试软件所运行的软件环境和硬件环境，是完成软件测试工作所需的计算机硬件、软件、网络设备和历史数据的总称。

建立测试环境包括两个方面的工作：硬件环境和软件环境。如果前期已完成测试计划和测试设计工作，测试环境在测试计划和测试用例中已事先定义。系统测试在要求的测试环境中运行设计阶段完成的测试用例，根据程序执行结果记录成功/失败信息，对有错误的部分提交错误问题报告。

建立测试环境是测试实施的一个重要阶段，测试环境适合与否会严重影响测试结果的真实性和正确性。测试环境包括硬件环境和软件环境，硬件环境是指测试必需的服务器、客户端、网络连接设备以及打印机/扫描仪等辅助硬件设备所构成的环境；软件环境是指被测软件运行时的操作系统、数据库及其他应用软件构成的环境。在实际测试中，软件环境又可分为主测试环境和辅测试环境。主测试环境是测试软件功能、安全可靠性、性能、易用性等大多数指标的主要环境。

对于不同的软件系统，其测试环境存在差异。对于"金山词霸"这样的软件，大多数测试工作都可以在一台单独的计算机上完成；而对于一套电信系统，为了执行测试，可能需要搭建一个由多台计算机以及其他网络设备组成，采用集群和负载均衡技术，并且接入互联网（Internet）的计算机网络。对测试环境，通常需要明确以下问题：

1）所需要的计算机的数量以及对每台计算机的硬件配置要求，包括中央处理器（CPU）的速度、内存和硬盘的容量、网卡所支持的速度、打印机的型号等。

2）部署被测应用的服务器所必需的操作系统、数据库管理系统、中间件、Web 服务器及其他必需组件的名称、版本以及所要用到的相关补丁的版本。

3）用来保存各种测试工作中生成的文档和数据的服务器所必需的操作系统、数据库管理系统、中间件、Web 服务器及其他必需组件的名称、版本以及所要用到的相关补丁的版本。

4）用来执行测试工作的计算机所必需的操作系统、数据库管理系统、中间件、Web 服务器及其他必需组件的名称、版本，以及所要用到的相关补丁的版本。

5）测试中所需要使用的网络环境。例如，如果测试结果与接入互联网（Internet）的线路的稳定性有关，那么应该考虑为测试环境租用单独的线路；如果测试结果与局域网内的网络速度有关，那么应该保证计算机的网卡、网线以及用到的集线器、交换机都不会成为瓶颈。

6）执行测试工作所需要使用的文档编写工具、测试管理系统、性能测试工具、缺陷跟踪管理系统等软件的名称、版本、License 数量以及所要用到的相关补丁的版本。对于性能测试工具，还应当特别关注所选择的工具是否支持被测应用所使用的协议。

7）为了执行测试，所需初始化的各项数据，如登录被测应用所需的用户名和访问权限，或其他基础资料、业务资料；对于性能测试，还应当特别考虑执行测试前应当满足的历史数据量。

对于测试人员来说，测试环境必须是可恢复的，否则将导致原有的测试无法执行，或者发现的缺陷无法重现。因此，应当在测试环境（特别是软件环境）发生重大变动（如安装操作系统、中间件或数据库，为操作系统、中间件或数据库打补丁等对系统产生重大影响并难以通过卸载恢复）时进行完整的备份，如使用 Ghost 对硬盘或某个分区进行镜像备份，以便在需要时将系统重新恢复到安全可用的状态。

另外，每次发布新的被测应用版本时，应当做好当前版本的数据库备份。在执行性能测试之前，也应当做好数据备份或准备数据恢复方案，如通过运行 SQL 脚本将数据恢复到测试执行之前的状态，以便重复地使用原有的数据，减少因数据准备和维护而占用的工作量，并保证测试的有效性和缺陷记录的可重现。

在测试计划阶段,已经定义了所需要的测试环境,具体建立测试环境的过程,在大多数时候还是比较容易的。但有些大中型系统建立测试环境也有相当的难度。例如,要建立一些比较复杂的网络结构、在 UNIX 系统中建立一些测试环境等,此时需要有相当的知识才能建立起来这些环境,如需要了解 Oracle 数据库的安装和配置、需要对系统用到的中间件进行了解。在搭建测试环境的过程中,开发人员作为辅助,有些公司中会有技术支持人员、网络管理人员来帮助建立这些测试环境。在建立测试环境的过程中,软件测试人员是可以学到很多知识的。

2.4 报告测试结果

运行测试用例后测试人员必须记录下测试结果,包括两个方面的情况:
- 程序运行结果与期望的结果一致,在相应测试用例上记录测试通过信息。
- 程序运行结果与期望的结果不一致,在相应测试用例上记录测试失败等相应信息,同时填写错误报告单。

一旦测试人员遇到软件存在的问题,应马上填写错误报告单。书写错误报告的意义就在于使错误得到改正。当然,报告软件缺陷的一种方法是"演示"给程序员看。让程序员看着测试人员启动计算机,运行程序,如何进行操作以及程序对输入有何反应,指出程序的错误。

程序员对自己编写的软件更加了解,他们知道哪些地方不会出问题,而哪些地方最可能出问题。在程序真的出错之前,他们可能已经注意到某些地方不正常,这些都会给他们提供一些线索。他们会观察程序测试中的每一个细节,并且选出他们认为有用的信息。

但大多数情况下,当有软件错误出现时,应尽可能详细地填写报告单。报告中描述一下需要经过什么样的步骤才会再次触发错误。如果报告有误,程序员会认为错误是不可重现的,因而会拒绝接受报告,这往往导致错误被轻易放过。许多测试人员会抱怨这是程序员的责任,而真实的原因恰恰是由于测试人员填写了不明确的或不完备的报告。

一份好的错误报告应该具有这样一些特征:
- 书面的。
- 已编号的。
- 简单的、易于理解的。
- 可重现的。
- 具有合适的分类信息。

2.4.1 软件错误的分类

扫码看视频

作为一份良好的软件错误报告,在报告中需要针对软件错误给出一些分类信息。这些分类信息将有助于错误的修复。可以从这样几种方式来进行软件错误的分类:按照错误等级分类;按照错误处理优先级分类;按照错误原因分类。

1. 错误等级

按照错误的严重程度、影响程度的不同,软件错误可以被分为不同的等级(有时人们也称之为"错误严重程度""错误严重等级")。在不同的公司,对于软件错误的分级方法是不同的。

所谓"严重性"指的是在测试条件下一个错误在系统中的绝对影响,忽略了在最终用户条件下发生事情的可能性,主要包括以下 5 种:

（1）致命错误　致命错误一般指影响全局的死机、通信中断、重要业务不能完成。例如，由于程序所引起的死机或非法退出；死循环；数据库发生死锁；功能错误等。

（2）严重错误　严重错误一般指规定的功能没有实现、不完整或产生错误结果；设计不合理造成性能低下，影响系统的运营；使系统不稳定或破坏数据等。

（3）一般错误　一般错误通常指不影响业务运营的功能使用。例如，操作界面错误（包括数据窗口内列名定义、含义是否一致）；打印内容、格式错误；简单的输入限制未放在前台进行控制；删除操作未给出提示；数据库表中有过多的空字段等。

（4）轻微错误　轻微错误通常指界面拼写错误或用户使用不方便等小问题或需要完善的问题。例如，界面不规范；辅助说明描述不清楚；输入输出不规范；耗时比较长的操作未给用户提示；提示窗口文字未采用行业术语；可输入区域和只读区域没有明显的区分标志等。

（5）改进建议　改进建议一般指软件中值得改良的地方。

根据严重程度对错误进行分类，其意义在于让管理人员和开发人员对错误的严重性有相应的认识，以便在时间有限的情况下优先解决严重性错误。

按照上述的 5 个分类，用数字 1~5 来表示由高到低的严重程度等级。也许在某个公司，用级别 5 来表示致命错误，级别 1 来表示建议。但无论如何表示，"高等级错误"指的都是致命的错误。

2. 错误处理优先级

当发现了软件错误之后，就需要对它们进行处理。程序员在面对一系列错误的时候，先修改哪些呢？一般情况下，需要先修改错误等级高的，但有时候并不是这样。此时，可以对错误划分处理的优先级。通常可以分为以下 4 种优先级：

（1）立即解决　要求开发人员立即修复。此错误阻止进一步测试，需要立即修复，否则会导致测试的停滞。

（2）高优先级　必须修复。此错误在产品发布前必须修复，否则会影响软件的发布和使用。

（3）正常排队　应该修复。如果时间允许，应该修复此错误。

（4）低优先级　考虑修复。此错误即使不修复，也可以发布。

优先级与严重程度有一定关系，但也不完全相同（如果完全相同，就不需要按照优先等级进行分类了）。有可能某个严重错误的修复优先级是低，也有可能某个轻微错误的修复优先级是高。

"优先级"抓住了在严重程度中没有考虑的重要程度因素。测试人员、项目经理及项目组其他成员常常会对个别错误有不同意见。在实际操作中采用严重性和优先级来处理，严重性等级由测试人员决定，而优先级则由项目经理设置。一般要避免让程序员来设定错误等级，因为程序员更喜欢把所有错误等级都设置得很低。

3. 错误原因

软件错误产生的原因多种多样，主要包括：

- 需求分析不完善造成软件不满足用户要求。
- 软件设计错误造成运行错误。
- 程序员编写代码过程中引入错误。

根据错误发生的原因对错误进行分类，可以帮助软件项目开发组总结开发过程的薄弱环节，给今后的软件项目开发提供经验数据。

另外，还可以按照错误的发生位置进行分类。如程序由多个模块组成，需要标识出错误所处的模块，这样便于识别经常出问题的软件模块，确定责任人。通过错误发生位置的统计可以帮助软件项目组进行软件质量分析，便于今后进一步的质量改进。

2.4.2 错误严重性与数量的关系

图 2-2 显示了在测试中 Bug 数量和严重性的波动情况。

1）在此可以看到，在测试的初期很少能发现 Bug。许多代码路径被少数几个非常严重的 Bug 阻塞。

2）到了测试的中期就会有不同的结果，通常 Bug 的数量会增加，而 Bug 的严重性开始降低。通过解决阻塞更多 Bug 的那几个严重 Bug，软件开始变得更稳定。

3）理想情况是，在周期结束时，Bug 的数量和严重性都减少，说明产品的稳定性得到了提高。

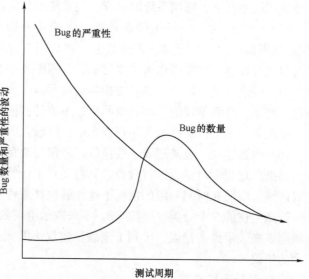

图 2-2 Bug 数量和严重性的波动情况

许多因素可以影响这张图，它绝不是对所有情况都适用，但是它大致反映了许多项目的情况。测试初期的问题一般集中在验证方面（不断地发出疑问："让它工作可能吗？"）。随着软件逐渐稳定，又会开始检测和寻找 Bug（不断地问："我该做些什么才能打破这些？"）。

2.4.3 软件错误报告的内容

软件错误报告单所需的信息类型在很多公司里都是大同小异的，不同的只是组织和标志。对错误的描述主要应该包含以下的内容：

（1）错误报告的基本信息

■ 错误报告编号（每个软件错误都需要有一个唯一的编号）。

■ 软件名称和版本号（错误所属的软件名称、版本号）。

■ 错误的严重程度（用 1~5 或者公司规定的其他形式来表示）。

■ 错误概要（描述错误的标题）。

■ 报告人。

■ 发现错误的时间。

■ 承办人（由项目经理指定相关程序员修改错误）。

■ 错误的优先级（一般由项目经理来指定）。

■ 错误状态（描述错误所处的处理状态）。

■ 注释。

（2）错误描述 之所以把这项单独列出来，是因为对错误描述的详细程度直接影响开发人员对错误的修改。描述应该尽可能详细。

（3）测试环境说明

（4）其他附件 在发现缺陷的过程中，可以使用其他的输入文件，在这里需要附上；或者，为了说明错误而使用的屏幕复制文件，也可以附在这里。

下面是对于每一项的详细说明：

■ 错误报告编号。它是独一无二的，不存在有相同编号的两份报告。

■ 软件名称。如果软件产品包含了一个以上的程序，或者公司开发了一个以上的程序，需要说明哪一个出了问题。

■ 版本号。用来识别被测的代码。如果程序员无法在代码的当前版本中重现问题，版本号会告诉他究竟是哪个版本出了问题。版本号能够避免报告已经改正的错误而引起的混淆。假设程序员在改正某个问题之后，又看到了它的报告。那么这个问题究竟是出在未经改正的旧版本中，还是做过的改正根本没有起效呢？如果他认为上报的问题源于旧版本程序，就会忽略该报告。版本号揭示出问题仍然存在于新版本中。

■ 严重性。报告人员使用严重性来为问题严重程度评分。问题究竟有多么严重？这个问题并没有明确的和立即的答案。在现实中，不同公司使用不同的评价等级，反映出他们对质量的重要程度有着不同的认识。严重性评价需要注意的是，如果错误的严重性等级被评为轻微，那么它就往往得不到改正。尽管拼写错误和打印输出错行单独看起来都是轻微的问题，但如果存在太多，程序的质量会遭到损害，因为人人都能看到这些错误。因此，如果轻微问题太多，可以写一份后续报告（评价为严重），以引起对其数量的关注。

■ 错误概要。写出一两行的错误概要是一种技巧。概要可以帮助每个人很快地评审突出的错误，并找到相应的问题报告。如果一份概要弱化了错误的严重程度，管理人员就很可能将其延期处理。错误概要应该只对问题进行描述，不用说明重现问题的步骤。例如，"当用非法文件名存盘时系统发生崩溃"。必须区分概要和描述，不要让概要流于描述。即使问题是类似的，也不要对两份不同的错误报告做相同的概要。

■ 错误描述。问题是什么？从一个清晰的起始状态出发，一步一步地说明如何去做才能看到问题的发生。描述一下所有的步骤和现象，包括错误信息。在这部分应为程序员提供足够的信息。

■ 报告人。报告人的名字必须填写。如果程序员看不懂报告，他必须知道应该找谁。

■ 日期。这里的日期是指发现问题的日期，而不是填写报告的日期或将报告输入计算机的日期。发现问题的日期非常重要，因为它有助于识别程序的版本。这样可以避免因有些程序员忘了改变代码的版本号而产生的错误。

■ 承办人。负责处理该问题的小组或管理人员的名称。项目经理会将此报告交给某个程序员处理。

■ 注释。在基于书面文档的错误跟踪系统中，注释字段是留给程序员和项目经理填写的。程序员在这里简短地说明为什么要推迟处理或说明是如何改正问题的。

■ 优先级。优先级由项目经理设置。项目经理要求程序员依据优先顺序依次改正错误。

■ 状态。所有的报告开始时都处于开放状态。当已确定完成了改正或者人们一致同意此份报告已不再是该版本的一个问题时，将状态改为关闭。在许多项目里，仅有一定权限的人才能将状态改为关闭。基本的错误状态有三种：开放、关闭和已修复。程序员在数据库中搜索状态为"开放"的错误，测试人员搜索状态则为"已解决"的错误。错误的状态除了基本的三个状态之外，还可以增加其他的状态描述，这将在后面介绍。

表2-1描述了一份软件错误报告单实例，其内容和格式可根据不同的项目要求做适当修改。

表2-1 软件错误报告单

错误编号：B1.1.1	
程序名：测试管理工具 TMT	版本标识：V1.0
严重性：严重	
错误概要：×××××××××××××××××××××××××××××××××	
错误描述：×××××××××××××××××××××××××××××××××	
报告人：××××	报告日期：2020－04－18
承办人：××××	处理日期：2020－04－20
优先级：1	
状态：开放	
注释：	

2.4.4 报告错误的技巧

报告软件错误的目的是为了保证修复错误的人员可以重复报告的错误，从而有利于分析错误产生的原因，定位错误并修正。测试人员可以亲自示范，但通常测试人员会通过软件错误报告单给出能导致程序出错的、详尽的操作步骤。程序员会根据收集到的信息查找错误的原因。因此，报告软件错误的基本要求是准确、简洁、完整、规范。

测试人员能越高效地提交错误报告，程序员就越有可能改正错误，软件错误报告对程序员有直接的影响。如果错误报告不清楚且很难理解，错误就无法得到改正。作为软件测试人员，应该在要求的最短时间内对问题进行描述，使之最大可能地在将来得到改正。错误报告说明如何让问题重现，对错误进行分析，以便用最少的步骤描述问题。如果报告中含有不必要的步骤，问题会比实际情况显得缺乏概括性，还会误导阅读报告的人。程序员很有可能会延期处理看来冗长而混乱的报告。

1. 报告错误的要点

报告错误的意义就在于使错误得到改正。作为程序员，大约没有人想看到包含下列内容的软件错误报告：

- 在报告中说"不好用"。
- 所报告的内容毫无意义。
- 在报告中用户没有提供足够的信息。
- 在报告中提供了虚假信息。
- 所报告的问题是由于用户的过失而产生的。
- 所报告的问题是由于其他程序的错误而产生的。
- 所报告的问题是由于网络错误而产生的。

要写出非常高效的报告，需要做到以下几点：

（1）要重点说明让问题重现的步骤和方法 如果程序员不能亲眼看到问题，他就会对问题报告置之不理。

（2）分析错误，用最少的步骤描述 如果报告中含有不必要的步骤，缺乏对实际情况的

扫码看视频

概括，会影响程序员对问题的分析和判断，甚至误导程序员的改错工作，造成程序员今后可能对测试报告的不信任。

（3）写出的报告应该完备、易读而且没有敌意 所谓"有敌意"，是指测试人员在错误报告中用了类似这样的语句"有这样的错误实在太糟糕了，如果仔细地编写，根本就不应该写出这样的代码"，程序员见此，很可能会不愿意改正错误。

（4）不要轻易猜测错误的原因 在发现错误之后，项目组需要分析错误原因。作为测试人员，也往往忍不住去推测为什么出现这个错误。一般情况下，这不是测试人员的责任。当测试人员试图去分析错误产生的原因时，他们很容易得出错误的判断，如果程序员受这个错误判断的引导，就有可能在原本正确的代码中反复查找而一无所获。因此，当测试人员出于热心、好奇心等动机去试图揭示错误产生的原因时，需要牢记的是：准确地描述问题对测试人员来说已经够了，查找原因和修正错误是程序员的事情。但是，如果测试人员所进行的是白盒测试，则常常需要找到错误发生的原因，甚至定位到错误代码行。

（5）进行演示和使用文件附件 所有的问题都能够用文字准确地表达出来是理想情况。但在实际工作中，有些问题往往难以只用文字来表达。这个时候，可以在报告中描述基本信息，然后找到程序员去演示。可以让程序员站在计算机前，运行他们的程序，指出程序的错误。让他们看着你重复发现错误的整个过程。

有时候，还需要一些附件去描述软件错误。例如，在程序打开某个文件的时候出现的错误，这时就需要把这个文件发送给程序员。

（6）立即记录错误 当一个错误发生的时候，立刻停止正在进行的任何操作。所有其他的操作，都有可能导致结果出现变化。当测试人员在进行系统测试时，应该在得到测试结果的同时或刚完成测试之后编写错误报告。如果测试人员运行许多测试，记录出现的各种错误，然后一直等到堆积了许多问题才写报告，这时测试人员很可能忘记了相关的资料，因此应及时报告错误，不要等到忘记了一些关键细节才报告。

在记录错误完毕之后，测试人员可以继续做一些测试工作。测试人员在系统测试过程中发现编码错误时，如果看到的是小失效，不要只是重现该失效并写入报告。此时程序处于脆弱状态，继续使用这个程序，任何情况都可能发生，也许内部错误的实际影响非常严重。例如，测试人员在屏幕的一角看到一些乱七八糟的显示数据，如果此时测试人员继续使用软件可能发生系统崩溃或数据损坏，这些都是因为缓冲区溢出，而最初的表象是出现一些异常。如果测试人员只报告出现了乱码，就可能遗漏了重要的错误。此时测试人员可以变化自己的行为，如尝试与该任务相关的其他操作，或者变化程序选项和设置，如使用不同的数据库，改变程序允许测试人员修改的任何其他选项，最后测试人员可以尝试变化软件或硬件环境。

（7）不要遗漏 如果测试人员认为出现的错误是小错误，如拼写错误、小的屏幕格式问题、鼠标遗迹、图形比例不准、在线帮助错误、不起作用的快捷键、不正确的错误信息，作为测试人员仍然要报告而不能忽略它。一个程序小错误较多，同样会降低客户对产品其他部分的信心。

有时候，测试人员会在发现错误之后马上告诉程序员，程序员也开始了修复工作。在这种情况下，仍旧不要遗漏这个错误的书面报告。这是因为程序员可能不能马上修复这个问题，而到了第二天，大家可能都忘记了这个错误，以后仍旧可能发现这个问题。

2. 如何描述软件错误

在错误报告中，核心的内容是"错误描述"。它是错误报告中测试人员对问题的陈述，是错误报告的基础信息。错误描述是测试人员就一个问题与开发小组交流的最好机会。如果完成得好，那么它就可以使用简单的语言来抓住错误的本质。如果完成得很糟糕，那么它就使信息变得含糊不清，并会误导读者。

优秀的错误描述主要由三个基本部分组成：摘要、重建步骤和隔离。其中，摘要写在报告"错误概要"部分，重建步骤和隔离写在报告"错误描述"部分。

"摘要"又叫主题或标题，是关于错误的一两句话的描述，强调它对顾客或系统用户的影响。摘要至关重要，因为项目经理检查还没有修改或不打算修改的错误表时，要看摘要。较弱摘要的程序错误可能会被放弃或延期处理。好的摘要应该向读者提供足够的信息，以帮助读者决定是否索取更多信息。摘要应该包含简要描述，要足够具体，使阅读者能够想象出该失效；简要指出程序错误的局限性或依赖关系，如涉及这个程序错误的环境有多宽；简要指出程序错误的影响或后果。例如，"我的屏幕分辨率有问题"是一个糟糕的描述，可以改为"将屏幕分辨率设置为（800×1024）像素会使屏幕无法阅读"，这样使摘要简明而有力。

"重建步骤"提供了如何重复这个失败的精确描述。对于大多数错误，测试人员可以写下重建这个问题的步骤。这些信息对程序员来说是很关键的，他们使用报告作为复制问题的向导，这是调试的第一步。当然，也可能存在测试在下一次运行将出现不同的症状，甚至可能根本没有错误，好的错误报告可以包括一些声明，如"我尝试了4次以上步骤，并观察到3次这种错误"。

"隔离"是指测试人员收集到结果和信息，以确认错误确实是一个问题，并标识那些影响到错误表现的要素。记录隔离使测试人员不是简单地将异常情况抛给开发人员，而是报告了一个很有特色的问题。

因此，如何写好错误报告是测试人员的一项基本技能。

测试人员在报告错误时应注意以下一些方面：

（1）描述清楚、精确、简洁　表意清楚对一份错误报告是最基本的要求，至少语言要明确无歧义。如果程序员不知道报告说的是什么意思，那就跟没说一样。如果做相同的事情有两种方法，报告中需要说明用的是哪一种方法。例如，"选择了'载入'"，可能意味着"用鼠标单击'载入'按钮"或"按下了<Alt＋L>组合键"，错误报告中应说明测试人员使用了哪种方法。在报告中尽量不要使用诸如"它""窗口"这些代词。例如，"运行了程序后，它弹出一个警告窗口，试着关掉它，它就崩溃了。"这种表述并不清晰，用户究竟关掉了哪个窗口？是警告窗口还是整个程序？可以把错误报告改成："运行程序时弹出一个警告窗口，试着关闭警告窗口，整个程序崩溃了。"这样虽然啰嗦，但是不容易产生误解。因此，在错误报告中包含错误发生时的用户界面（UI）是个良好的习惯。例如，记录对话框的标题、菜单、按钮等控件的名称。用户界面最好加引号，可以用单引号，推荐使用双引号，以便于区分用户界面与普通文本。

另外，要注意报告书写的简洁性。在书写报告时注意一个错误一个报告，不要在一个报告中合并两个错误。每个错误报告只包括一个错误，可以使错误修正者迅速定位一个错误，集中精力每次只修正一个错误，使校验者每次只校验一个错误是否已经正确修正。此外，没有人愿意读一份用400多字来描述一个错误的报告。当测试人员在系统测试过程遇到相似的问题该如何处理呢？如果10份报告说的都是同一个问题，处理它们对于程序员和项目经理来说都是浪费时间。测试人员应该避免重复报告。测试人员应记下看来相似的问题，在报告中采用交叉引用的方法，在注释字段记下相似问题的报告编号。另一方面，测试人员不应以重复为由关闭相似的报告，除非可以确定两份报告确实都指向相同的问题。交叉引用这些报告比丢弃更安全。建议不要将似乎相似的报告合并为一份大的报告。

（2）内容详细　信息宁多毋少。如果报告中说了很多，程序员可以略去一部分，可是如果报告内容太少，程序员就不得不回过头再去询问测试人员一些问题。例如，错误报告中说明"程序不好用"。程序员不知道怎么不好用，因为在他们看来程序工作得很正常。所以，错误报告中需要写明在什么环境下执行什么操作，哪些步骤让程序不好用。程序员需要确切、详细的信息。

如果测试人员看到了错误消息，一定要仔细、准确地告诉程序员。在这种情况下，程序员只需要修正错误，而不用去找错误。他们需要知道是什么出问题了，系统所报的错误消息正好帮助了他们。特殊情况下，如果有错误消息号，一定要把这些号码告诉程序员。不要以为程序员看不出任何意义，它就没有意义。错误消息号包含了能被程序员读懂的各种信息，并且很有可能包含重要的线索。在这种情形下，程序员的排错工作会变得更加高效。错误消息、错误消息号以及一些原因不明的延迟，都是很重要的线索。

（3）描述事实而不是推测　在错误报告中，要设法搞清什么是事实（如"我在计算机旁"和"××出现了"）、什么是推测（如"我想问题可能是出在……"）。在错误报告中应尽量只描述看到的事实，而省去测试人员的推测，因为这可能会误导程序员对错误的定位。

确切地告诉程序员，测试人员做了些什么。如果是一个图形界面程序，告诉他们按了哪个按钮，依照什么顺序按的。如果是一个命令行程序，精确地告诉他们输入了什么命令。报告中应该尽可能详细地提供测试所输入的命令和程序的反应。

把测试人员能想到的所有的输入方式都告诉程序员，如果程序要读取一个文件，可能需要发一个文件的复制件给他们。如果程序需要通过网络与另一台计算机通信，至少需要说明一下计算机的类型和安装了哪些软件。

在错误报告中要减少一些关于错误的意见。如果测试人员的观点正确，那的确是一件好事，但事实上却常常是错的。这就会使程序员花上大量时间在原本正确的代码里来回寻找错误，而实际上问题出在其他的地方。正如人们生病看医生时，会描述一下症状，哪个地方不舒服，哪里疼、起皮疹、发烧……让医生诊断得了什么病，应该怎样治疗。而不是对医生说："大夫，我得了××，给我开个方子"，人们知道不该对一位医生说这些。

做测试也是一样，即便测试人员的"诊断"有时真的有帮助，也要只说"症状"。"诊断"是可说可不说的，但是"症状"一定要说，否则只会使事情变得更糟。

（4）报告错误如何重现　如果测试人员在错误报告中给了程序员一长串输入和指令，而程序员执行以后没有出现错误，那是因为报告中没有提供足够的信息，可能错误不是在每台计算机上都出现，测试的系统可能和程序员的系统在某些地方不一样。有时候程序的行为可能和测试人员预想的不一样，这也许是误会，但是测试人员会认为程序出错了，程序员却认为这是对的。

测试人员在遇到错误发生时最好不要不做思考就在错误报告中填写操作的每一步，这时需要重复刚才的测试步骤确认问题是否能够重现，即复现故障再写错误报告。此时测试人员必须分析错误、更改条件复测进行错误隔离，尝试找到触发错误的条件，去掉复现错误时不须要的操作步骤，使用最少步骤重现错误。此外，测试人员还应该进一步归纳其他模块是否也有相同的错误，最后在错误报告中填写触发错误的所有必须的操作步骤和运行条件。

（5）妥善处理间歇性错误　并不是所有的错误都需要重现，测试人员经常会遇到程序刚才还不好用，运行一段时间后又好了。"间歇性错误"让测试人员非常烦恼。相比之下，进行一系列简单的操作便能导致错误发生的问题是简单的。

大多数"间歇性错误"并不是真正的"间歇"。其中的大多数错误与某些地方是有联系的。有一些错误可能是内存泄漏产生的，有一些可能是其他的程序在不恰当的时候修改某个重要文件造成的，还有一些可能发生在每一个小时的前半个小时中。

太多的问题在这种情况下不能解决，如程序每星期出一次错，或者偶然出一次错，或者在程序员面前从不出错（只要程序员一离开就出错）。当然，还有就是程序的截止日期到了，那肯定要出错。

面对"间歇性错误"，测试人员应该如何处理呢？这时应该如何书写错误报告呢？此时，测试人员应努力探测错误产生的条件，如果测试人员能够找到"间歇性错误"的根源并使错误重现，则在错误报告中说明错误出现的环境或触发条件；如果测试人员无法再次触发一个错误，尝试了很多次仍然不成功，无论如何都要承认现实并填写报告。错误报告应该说出测试人员尝试过的做法，尽可能完全地描述所有的错误信息，这些可能会将问题完全暴露出来，同时报告中应说明该错误出现的频度。

另外，程序员想要确定他们正在处理的是一个真正的"间歇性错误"，还是一个在另一类特定的计算机上才出现的错误。他们需要知道有关测试计算机的许多细节，以便了解与他们的计算机有什么不同。因此报告中一定要提供版本号，包括程序的版本、操作系统的版本以及与问题有关的程序的版本。

有时程序员不能重现错误，那很有可能是他们的计算机和测试的计算机在某些地方是不同的，由这种不同引起了问题。

（6）在递交前检查报告　重新读一遍书写的错误报告，检查它是否清晰。如果报告中列出了一系列能导致程序出错的操作，那么照此再操作一遍，看看是不是有漏写的步骤。要确认步骤完整、准确、简短，保证快速准确地重复错误。"完整"即没有缺漏，"准确"即步骤正确，"简短"即没有多余的步骤。

（7）其他需要注意的方面

1）每一个步骤中，尽量只记录一个操作，这样将容易重复操作步骤。

2）根据错误类型，选择图像捕捉的方式。

3）为了直观地观察错误现象，通常可以附加提供错误出现的界面。

4）附加必要的特殊文档。

5）如果是打开某个特殊的文档而产生的错误，则必须附加该文档，从而可以迅速再现错误。

6）当一个错误发生的时候，测试人员应立刻停止正在做的任何操作。不要按任何按钮，仔细地看一下屏幕，注意那些不正常的地方，记住它或者写下来。然后慎重地单击"确定"或"取消"按钮，选择一个最安全的方法。要养成一种条件反射：一旦计算机出了问题，先不要动，不要关掉受影响的程序或者重新启动计算机。

3. 错误报告示例

本节给出了三种错误报告示例。

表 2-2 是一份优秀的错误报告示例，表 2-3 是一份含糊不清的错误报告示例，表 2-4 是一份冗长混乱的错误报告示例。

表 2-2 优秀的错误报告示例

错误 ID：B1.1.1	
程序名：文本编辑工具 Note	版本标识：V1.0
严重性：一般	
错误概要：Windows 7 下 Note 在新建文件中选择设置 Arial 字体时出现乱码	
错误描述 重建步骤：1）打开 Note 创建一个新文件。 2）随意输入两行或多行文本。 3）选中一段文本，右击并在弹出菜单中选中"格式"选项，选择"Arial"。 4）文本被改变成无意义的乱写的符号。 5）尝试了三次该步骤，同样的问题出现了三次。	
隔离：1）保存新建文件，关闭 Note，重新打开该文件，问题仍然存在。 2）如果在把文本改成 Arial 字体前保存文件，该错误不会出现。 3）该错误只存在于新建文件时，不出现在已存在的文件。 4）该现象只在 Windows 7 下出现。 5）该错误不会出现在其他字体改变中。	
报告人：××××	报告日期：2020-01-18
承办人：××××	处理日期：2020-01-20
优先级：3	
状态：开放	
注释：	

表 2-3 含糊不清的错误报告示例

错误 ID：B1.1.1	
程序名：文本编辑工具 Note	版本标识：V1.0
严重性：一般	
错误概要：Note 程序在使用 Arial 字体时出现问题	
错误描述 重建步骤：1）打开 Note 程序。 2）输入一些文本。 3）选择 Arial 字体。 4）文本显示异常。	
报告人：××××	报告日期：2020-01-18
承办人：××××	处理日期：2020-01-20
优先级：3	
状态：开放	
注释：	

表 2-4 冗长混乱的错误报告示例

错误 ID：B1.1.1	
程序名：文本编辑工具 Note	版本标识：V1.0
严重性：一般	
错误概要：在 Windows 7 和 Mac 上运行 Note，一些数据在设置成某种格式时会出现显示异常	
错误描述 重建步骤：1）我在 Windows 7 下打开 Note 程序，编辑一个已存在的文件，该文件有多行，且包括多种字体格式。 　　　　2）我选择文件打印，工作正常。 　　　　3）我新建并打印一个包含图形的文件，工作正常。 　　　　4）我新建一个新文件。 　　　　5）接着我输入一连串随机文本。 　　　　6）高亮选中几行文本，选择右键弹出菜单中"Font"选项，并选择"Arial"字体。 　　　　7）文本显示变得异常。 　　　　8）我试着运行了三次，每一次都出现同样问题。 　　　　9）我在 Mac 上运行了 6 次，没有看到任何问题。	
隔离：我尝试选择其他字体形式，但只有 Arial 字体有这个问题出现。然而，该问题可能仍然在我没有测试的其他字体下出现	
报告人：××××	报告日期：2020-01-18
承办人：××××	处理日期：2020-01-20
优先级：3	
状态：开放	
注释：	

2.4.5 错误的重现

扫码看视频

所谓"重现错误"，就是让所找到的软件错误再次发生。有时候，程序员只是阅读错误报告，也能够知道错误出在什么地方、是什么原因引起的、应该怎么修复。在这种情况下，重现错误不是必需的工作。但在多数情况下，重现错误是必需的。这是因为：

■ 如果不能重现错误，程序员可能不能理解到底发生了什么。

■ 程序员需要知道错误发生的步骤，对程序进行动态调试，以修复问题。

■ 如果程序员不能亲眼看到问题，有时程序员会对软件错误报告置之不理（至少是把不能亲眼看到的问题放到最后去处理）。

重现错误非常重要，但是会经常遇到无法重现某些错误的情况：有时候，是程序员不能重现错误；有时候，是在某些计算机上不能重现错误；最不幸的情况是，包括测试人员自己，谁也不能在任何计算机上重现错误。

当所发现的错误不能被重现时，测试人员要努力地重复发现错误时的操作环境和操作步骤，努力地重现错误。

当测试人员发现一个错误时，他所看到的只是现象，并不是根源。程序的不正常表现是由代码中的错误导致的结果。由于测试人员看不到代码，因此也看不到错误本身，他所看到的只是程序运行不正常。根本的错误也许在很多步骤前就已经发生了：在错误包含的所有步骤中，可能就是其中的某个步骤触发了错误。如果能将这个触发步骤分离出来，测试人员就能够非常容易地重现错误，程序员也能够更加容易地改正它。因此在测试中，测试人员要能够准确地记录所有的操作步骤，特别是关键步骤。

如果依次执行事件 A、B、C，程序执行到 C 的时候进行了某些错误操作，测试人员就可以知道错误可能出在 B 上。再试一下执行 A、B、D，看一看程序执行到 D 的时候可能再出现什么问题。测试人员可以一直变换着下一个步骤，看看程序会发生什么情况。

如果找到的问题很复杂，包含了很多步骤，那么如果跳过了其中的一些或是稍微进行了改动，会出现什么样的情况？错误还存在吗？消失了还是变成了其他的问题？步骤去除的越多越好。应该对每个步骤进行测试，看看它是不是重现错误的必要环节。至于改变步骤，可以在每个步骤中查找是否存在边界条件。如果某个程序每行显示 3 个姓名，而且已经知道了每行正好显示 6 个姓名时程序会失效，那么每行正好显示 3 个会发生什么呢？

软件错误是不会间歇发生的，即使出现概率很小，但一旦满足了确切的条件，错误会再次显现出来。任何错误都应该是可重现的。有很多原因使测试人员不能立即重现某个错误，例如：

（1）竞争条件　一旦测试人员熟悉了如何进行测试，可能会将测试步骤走得很快。一旦发现了某个错误，速度通常就会慢下来。第一次会做得很快，再做一次的时候要仔细地观察所有的操作。如果测试人员未能再次触发某个错误，它就可能是与时间相关的。当程序运行速度超过其能力，竞争条件就会出现。按照第一次运行时的节奏，再将程序快速地测试一遍。应该重复进行几次，直到实在无法重现再放弃努力。

（2）错误依赖于特定执行顺序　错误可能是由于测试人员以特定顺序执行一系列相关的任务引起的。在执行这个失效任务前还做了什么？如果测试是随时进行，在测试中发现某个问题后测试人员却无法重现它，那么很可能是测试人员忘记了一些环节。出现这种情况，是因为测试人员没有一个详细的计划，几乎是随心所欲地敲击键盘的。

（3）错误造成的影响导致无法重现　错误可能会破坏文件、对无效的内存单元进行写操作、使中断失效或是关闭 I/O 端口。如果发生了这些情况，除非复原文件或将计算机恢复到正确（或之前）状态，否则测试人员将无法重现问题。程序错误可能依赖于特定的数据取值或被破坏了的数据库。因此切记：永远也不要直接使用原始数据，应总是使用其副本。

（4）错误与内存内容相关　程序可能只在特定容量或特定类型的内存下才会失效。还有一种与内存有关的情况，即可用内存总的容量似乎是足够了，但碎片太多。

（5）仅仅在初次运行时出现错误　例如，当程序初次运行时，其中的一个工作就是在磁盘上初始化配置数据文件。如果程序在初始化之前执行任何操作，程序就会不正常，而一旦数据文件初始化完成，程序就会正常工作。此种错误只会出现在程序初次运行时。使用 Drive Image、Ghost 或类似工具，有助于创建干净系统的确切复制。恢复干净系统，重新装载应用程序，检查现在是否能够重现该问题。

（6）间歇性的硬件故障　硬件故障通常都是完整的。例如，内存芯片要么工作正常，要么无法工作。但热量的积累或电源的波动可能会导致内存芯片发生间歇性故障，也可能导致内存工作不精确，通信时断时续。

（7）与时间相关的错误　有的程序错误出现在特定的时间上，应该检查一下程序跨日、周、月、年、闰年及世纪等边界情况。

（8）错误依赖于资源　例如在一个多处理系统，有两个以上的进程共享中央处理器（CPU）、资源及内存。当一个进程使用打印机，其他的进程就必须等待。如果一个进程占用了 90% 的可用内存，其他的进程可能需要等待，这些进程必须能在资源请求被拒后恢复状态。要重现某个由错误恢复而产生的故障，必须重现资源请求受拒的情形。

（9）错误由长期积累形成 程序错误可能有延迟效应，错误可能不会立即产生影响。某个错误可能需要重复几十次，程序才处于崩溃边缘。在此时，几乎任何操作都会导致程序崩溃，哪怕一个完全无关且不含错误的处理程序都会神奇地让崩溃发生。测试人员可能会指责后续的程序，而不是那些缓慢地破坏系统的例程。例如，很多程序都使用到了堆栈。堆栈是为临时数据预留的一部分内存区域。假设堆栈规模很小，很快就被填满，这时若再往堆栈中放入数据，堆栈就会发生溢出。堆栈溢出常常会导致程序崩溃。此外，可能还有内存泄漏或指针越界。如果问题出现在测试人员进行了一系列操作之后，不是测试人员想让它出现它就会出现的，这就有可能是长时间运行或处理大文件所导致的错误。如果怀疑有不断严重的问题出现，可以考虑使用 BoundChecker、Purify 或类似工具来检测软件运行时内存等的情况。

（10）有人动了计算机 这是可能发生的。测试人员可能在测试的中途离开，当测试人员不在的时候有人输入了新的数据而后来又忘了告诉测试人员。

此外，如果测试人员能使错误重现，而程序员不能，那很有可能是他们的计算机和测试所使用的计算机在某些地方是不同的，由这种不同引起了问题。有可能的话，测试人员最好到另一台计算机上再试试，多试几次（两次、三次），看看问题是不是经常发生。

2.5 管理软件错误

扫码看视频

管理软件错误是测试工作的一个重要部分，测试的目的是为了尽早发现软件系统中的错误，因此，对错误进行跟踪和管理，确保每个被发现的错误都能够及时得到处理，这是测试工作的一项重要内容。对错误的跟踪一般需要达到以下的目标：

- 确保每个被发现的错误都能够被解决。
- 这里解决的意思不一定是被修正，也可能是其他处理方式（如在下一个版本中修正或是不修正）。总之，对每个被发现的错误的处理方式必须能够在开发小组中达成一致。
- 收集错误数据，并根据错误趋势曲线识别测试过程的阶段。
- 决定测试过程是否结束有很多种方式，通过错误趋势曲线来确定测试过程是否结束是常用并且较为有效的一种方式。
- 收集错误数据并在其上进行数据分析，作为组织的过程财富。

上述的第一条是最受到重视的一点，然而对第二条和第三条目标却很容易忽视。其实，在一个运行良好的组织中，错误数据的收集和分析也是很重要的，从错误数据中可以得到很多与软件质量相关的数据。

软件测试错误跟踪管理系统可以实现错误跟踪管理，是管理软件测试错误的专用数据库系统，能够高效率地完成软件错误的报告、验证、修改、查询、统计、存储等任务。很多从事多年软件测试的公司，都有内部的软件测试错误管理数据库，这些内部数据库大部分是公司内部开发的，也有一些是直接从市场上购买的。公司内部开发的功能更符合实际要求、具有良好的扩展性。

1. 软件错误状态

在学习管理软件错误时，首先要了解软件错误状态。

从错误跟踪管理流程可以看到，错误从最初被提交到最终解决，测试人员、项目经理、开发人员均使用错误报告作为沟通的桥梁。为了便于管理，通常通过定义错误状态来让测试人员、项目经理、开发人员等了解错误处理情况，提高错误解决效率。

在不同的公司，对于软件错误状态的定义可能会有所差异（如果使用不同的软件错误跟踪和管理软件，在不同的软件中，也可能会给出不同的定义方法）。下面给出了一种错误状态定义的例子，在这个例子中，软件错误的6个状态包括：开放、已分配、被拒绝、忽略、已修复和关闭。下面介绍每个状态的含义：

（1）开放（Open）　这是错误的初始状态。当测试人员发现错误之后，就设置错误的状态为"开放"。项目经理（或者程序经理）会定时地去浏览所有标记为"开放"的错误。

（2）已分配（Assigned）　项目经理在浏览了标记为"开放"状态的错误之后，需要判断每个错误需要由谁来处理。当确定了处理的负责人之后，项目经理就把相应的错误状态标记为"已分配"。

对于标记为"开放"状态的错误，程序员一般是不会去看的。程序员的责任是去查看和处理被分配给自己的错误。

（3）被拒绝（Rejected）　如果所报告的错误无法被重现、错误报告不完善、报告难以被阅读和理解，那么这个错误就有可能被项目经理拒绝，此时，错误的状态就被记录为"被拒绝"。测试人员将纠正报告的不足，然后再次提交它。

有时候，程序员发现所分配给自己的错误跟自己没有关系，这个时候，程序员也可能会拒绝接受这个错误。

（4）忽略（Ignored）　测试人员所报告的错误有可能是误报（如对软件需求的理解产生了偏差），这时，项目经理将把这个错误的状态设置为"忽略"。另外，如果某个问题很微小，而不同的人对于这是不是一个问题还存在争议，在这种情况下，项目经理也有可能把这个错误的状态设置为"忽略"。

程序员不会去理会被设置为"忽略"的错误。一般来说，程序员没有把错误状态设置为"忽略"的权限——如果有这个权限，程序员就可以把自己不喜欢改、一下子改不了的错误设置为"忽略"。

项目经理、公司的质量主管往往会定期地检查那些被设置为"忽略"的错误，要审核一下是不是真的可以把这些错误设置为"忽略"。

（5）已修复（Fixed）　程序员会去努力地修改标记为"已分配"的软件错误。当程序员完成了修改之后，就把错误状态改成"已修复"。这表示程序员认为这个错误已经被修复了。

（6）关闭（Close）　程序员认为错误"已修复"，但错误有可能仍旧存在。测试人员将检查这个错误是不是真的被修复了，如果错误真的被修复了，则会把这个错误的状态设置为"关闭"。这个时候，这个错误就算是彻底地被解决了。如果测试人员发现错误其实没有被修复，就会把这个错误的状态设置为"开放"。

不同的公司可能使用不同的错误状态名称，也可能增加一些其他状态（前面列出的状态，很少有公司会去减少，如果减少，一般只会取消"忽略"状态）。例如：

- 符合设计。上报的问题不是错误，报告中描述的程序运行情况反映的是程序的预订操作。
- 由报告人撤回。如果报告的撰写人觉得不应该报告这个错误（如重复报告了一个错误；写完后再查阅其他文档，发现这不是错误），可以把它撤回。但除了报告者，谁也不能撤回它。
- 不同意建议。设计上不会做任何更改。
- 重复。很多公司使用这个状态，并且关闭重复上报的错误。但如果关闭的是相似而不是相同的错误，就会带来风险。看起来相似的错误，其原因可能不同。
- 暂缓处理。项目经理确信这是一个真正的错误，但是因为一系列原因，不打算对这个问题立即处理。

2. 错误管理流程

错误管理有时也被叫作"错误跟踪"，或者"错误跟踪与管理"。这些说法描述的都是同一个意思。错误管理的流程如图 2-3 所示。

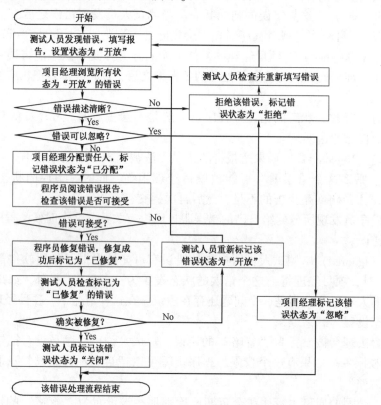

图 2-3　软件错误管理流程图

在图 2-3 中包含了这样一些处理：

（1）测试人员填写错误报告，将发现的错误设置为"开放"状态　这是错误管理流程的起点。在前面章节中，已经介绍了错误报告的内容、要点和技巧。

（2）项目经理浏览所有状态为"开放"的错误　项目经理（或者程序经理）会定期地（如每天一次或者两次）去浏览所有标记为"开放"状态的错误，在浏览的过程中，项目经理会进行一系列的判断：描述是否清晰；该错误是否必须被修改；该错误应该由谁来负责处理。

有时候，项目经理也会去试着重现错误。但更多的时候，这个工作将由程序员在修复错误的时候去做。

（3）项目经理判断错误描述是否清晰　如果项目经理发现测试人员所描述的错误看不明白，项目经理将会拒绝这个错误，要求测试人员重新填写错误报告。

（4）项目经理判断错误是否可以被忽略　如果项目经理发现这个错误是可以被忽略的，则会将其状态标记为"忽略"。这个错误的处理就到此结束了。

在实际的项目开发中，被忽略的错误应该只有很少的比例。而作为测试人员，也要看一下被忽略的错误。如果测试人员认为这个错误是不应该被忽略的，需要及时提出自己的意见。有时候，项目经理会被说服，那么，测试人员就要重新把这个错误的状态设置为"开放"。

（5）项目经理指派相应程序员解决此错误　在多数情况下，项目经理会对报告进行评价、加注意见、划分优先级，然后转交给程序员处理。这个时候，项目经理将把错误状态设置为"已分配"。

（6）程序员判断此错误是否属于自己的修改范围，判断错误是否可以重现 程序员将检查状态为"已分配"，且分配给自己的错误。

如果程序员发现分配给自己的错误是和自己没有关系的，则可能拒绝接受这个错误；如果程序员发现错误报告无法看懂，也可能拒绝接受这个错误（当然，程序员还可以请测试人员到自己旁边来进行现场演示）；如果程序员发现这个缺陷需要重现，但实在无法重现，则也可能拒绝这个错误；如果程序员发现这根本不是错误（设计就是如此），也可能拒绝这个错误。

程序员可能会因为一系列原因去拒绝接受一个错误。在拒绝接受错误时，程序员需要把错误状态修改为"拒绝"。但任何人在把错误状态设置为"拒绝"时，都必须要清楚地阐述理由，并写在错误说明中。

（7）程序员修复错误 测试人员报告的大多数错误，都会被项目经理指派到相应的程序员去处理（如果大多数错误被拒绝或者忽略，作为测试人员，需要检查一下自己的错误报告是否写得不合适，检查一下自己的测试用例是否与需求和设计不符，有太多的错误）。

程序员在修复了错误之后，把错误状态设置为"已修复"。

个别错误，程序员可能实在修复不了，那么只好保持该错误状态为"已分配"，项目经理需要关心那些"已分配"但久久不能被修复的错误。

（8）测试人员检查错误是否被真正修复 程序员根据错误报告改正了某个错误之后，会重新提交程序进行测试。对已改正的错误重新测试，最好还是由上报该问题的测试人员来做。当错误报告又回到测试人员手中，再次执行报告中的那个测试用例，很可能做过的改正根本不起作用。如果改正的程序通过了原先的测试，那么就再试着做一些变化。做过的改正会影响到程序的哪些部分？变动破坏了哪些东西？做一些测试，测试一下由变动带来的副作用。

当程序员说问题已经解决时，测试人员要尽可能地迅速检验，如果迅速发现更改问题并迅速报告给程序员，他可能仍然记得自己是怎么修改的代码。

如果先前通不过的测试程序现在仍然没有通过，就应在原先的错误报告上注明，并将其再次递交给项目经理或程序员。这个时候，需要把错误状态再次修改为"开放"。

如果一切正常，那么测试人员就把错误状态修改为"关闭"。这个错误的处理流程就到此结束。

在进行错误管理时，要注重这样几个方面：

- 问题一旦报告，所有需要了解该问题的人必须立即获知。
- 不能有任何错误仅因为被某人遗忘而未得到改正。
- 不能有任何错误因为某个程序员的一念之差而未得到改正。
- 使仅因为沟通不畅而未得到改正的错误尽量少。

3. 统计软件错误

错误数据统计也是错误跟踪管理的目标。对项目管理者而言，需要在产品的开发周期结束时对整个系统的质量有一定的了解，测试人员可以通过系统测试的结果数据提供相应的统计数据，以给产品开发或测试工作的改进提供依据。如能够统计一段时期每个人发现的错误数量，错误的平均修正时间，一个产品周期发现的错误总数等，这些统计数字对于软件测试具有重要意义。有些公司，会要求在测试报告中提供一些统计数字。

对错误的统计有多种方式，下面是几种常用的统计方法：

（1）按照错误的严重程度进行统计　这种方法主要是让项目管理者对产品的质量有定量的了解。通常把严重性分成5种：致命错误（1级）、严重错误（2级）、一般错误（3级）、轻微错误（4级）和改进建议（5级）。例如，从以上提出的错误严重性来统计等级和数量的一个分布情况，见表2-5和图2-4所示。

表2-5　统计错误等级和数量

错误等级	1 级	2 级	3 级	4 级	5 级
错误数量	9	17	25	59	34

（2）按照错误发生的根本原因进行统计　根本原因数据在统计中是非常重要的，列出每种类型的错误不仅有助于测试提升，而且可以使开发人员的注意力集中到那些引起最严重、最频繁问题的领域。通常错误发生的根本原因包括：需求问题、系统设计问题、代码问题、数据问题、文档问题等。统计结果也可以图表的形式输出。

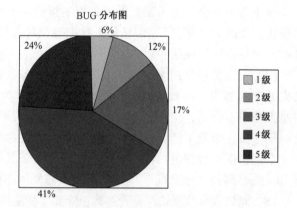

图 2-4　错误严重性统计图表

（3）按照功能模块进行统计　如同根本原因细分一样，把错误按模块分类或子系统分类，告诉项目开发人员哪一个模块或子系统出现的错误最多，因为通常有两个或者三个模块或子系统出现最多的问题。这样，项目开发者可以根据统计数据进行重点分析。

（4）按照每天发现的错误数量进行统计　按照每天发现的错误数量统计错误，生成错误趋势图，给项目管理者判断测试是否结束提供数据依据，测试项目最后找到一个点，在这一点上，进一步的测试获得的效果将逐步减少。当错误趋势图在较低水平逐步稳定下来，通常就认为该测试完成了。

4. 基于 WEB 错误管理应用实践

实践要求：

（1）四人一组，利用 redmine 部署基于 web 的项目管理系统。

（2）项目团队包括：1 名项目经理、2 名程序员和 1 名测试员。

（3）项目经理职责：创建项目、组建团队、任务分工、项目监控；测试员：提交错误报告并跟踪错误报告处理；程序员：对错误报告进行反馈。

（4）利用 redmine 系统，项目组实现错误管理完整流程，记录可能出现的不同处理流程。

（5）从管理系统中导出项目错误统计信息。

2.6　测试报告

在系统测试过程中为了便于管理，测试人员通常需要书写项目状态报告，对被测试软件项目的情况进行定期整理汇报，让管理层了解项目的测试状态和质量状态。

测试工作的作用，除了发现软件中存在的错误之外，还有一个很重要的作用是对软件当前质量评估提供一个参考数据。在某公司开发一个软件产品时，当离预计的发布日期还有两个月的时候，测试主管每天编写一份当日的质量报告并发送给该产品开发组的全体成员和管理层人员。

测试状态报告主要内容包括：有多少错误尚未被关闭，有多少错误被关闭，有多少错误被忽略等。这些报告显示出项目的每周进展以及进展的总体情况。同时因为有些问题报告会被丢失，有些会被有意搁置起来，还有些被分配了较低的优先级，最终被遗忘掉。为了确保没有任何未解决的问题被人遗忘，最好每隔一定时间就发放一份报告，列举出所有暂缓处理的报告。表2-6是一个简单的测试状态报告的列表。

其中，测试用例数是指测试设计时所产生的关于该模块的测试用例数量，"失败"栏表明了到目前为止运行测试用例有多少没有通过，"没有运行"表明有多少测试因为各种问题被阻塞。

测试活动结束后测试人员需要进行测试结果总结和分析，对测试项及测试结果在测试报告中加以总结归纳。它简要描述了已完成的测试，并对结果进行评价。它主要表明什么已经被测试（包括版本ID），在什么环境下进行的测试，并总结对它的评价。报告测试过程相对指定测试过程的任何偏离，并解释原因。同时进行广泛性评估，如测试是否与测试计划要求的一样广泛？什么模块、特征或特征组合没有得到足够测试，为什么？总结对什么问题进行了报告，哪些问题得到了解决以及解决方案是什么？哪些问题仍然没有解决？最后在测试结果基础上对每个已测试的项（程序或模块）做全面评价。

表2-6　测试状态报告

报告日期					
报告编号					
开始日期					
测试模块	测试用例数	通过	失败	没有运行	运行比例
输入	20	12	2	6	70%
编辑	15	10	4	1	93%
备份恢复	25	12	6	7	72%
通信	18	8	8	2	89%
总计	78	42	20	16	79%

下面是一个测试分析报告的示例。

1　概述

1.1　编写目的

编写本文档的目的在于通过对测试结果的分析得到对软件的评价；为纠正软件错误提供依据；使用户对系统运行建立信心。

1.2　参考资料

说明软件测试所需的资料（需求分析、设计规范等）。

1.3　术语和缩写词

说明本次测试所涉及的专业术语和缩写词等。

2　测试对象

包括测试项目、测试类型、测试批次（本测试类型的第几次测试）、测试时间等。

3　测试分析

3.1　测试结果分析

列出测试结果分析记录，并产生错误分布表和错误分布图。如从软件测试中发现的并最终确认的错误等级数量来进行评估。

3.2　对比分析

若非首次测试时，将本次测试结果与首次测试、前一次测试的结果进行对比分析比较。

3.3　测试评估

通过对测试结果的分析提出一个对软件能力的全面分析，需标明遗留错误、局限性和软件的约束限制等，并提出改进建议。

3.4　测试结论

根据测试标准及测试结果，判定软件能否通过测试。

2.7　进行有效沟通

2.7.1　测试人员需要从其他人那里得到什么

在执行测试中良好的沟通是有效工作的保证，测试人员应懂得从其他的角色那里得到什么，才能有助于更加有效地进行测试工作。

项目管理团队会帮助测试人员理解目标用户（如是公司用户、儿童、老年人还是技术人员）和产品使用。这些信息能够帮助测试人员准确定位测试中可能碰到的问题。

测试人员必须与开发团队建立良好的沟通，有必要从开发人员那里获取一些实际实现细节的信息以及项目不同部分的状态：

■ 和开发人员交流，理解工作所涉及的组件的内部工作原理，了解产品的"连接点"在哪里。这里的"连接点"，是指两个组件衔接的地方，或者两个不同开发人员的代码接口等，这些"连接点"是最可能发现问题的地方。

■ 与开发人员沟通交流，了解代码的改动状况。

■ 从开发人员那里及时获取功能实现和改动代码的进度安排。

■ 与开发人员交流关于 Bug 修复状况的问题，这种沟通并不是指测试人员坐在办公室上网直到开发人员修改完成，也不是指测试人员每隔几小时就到开发人员办公室去看看，而是应该建立双方之间公开的信息交换。

作为测试人员同样需要测试团队之间的良好合作，作为测试新手希望从测试团队的其他人那里得到项目的特定信息，包括产品的功能模块、已知的 Bug 从哪里发现、测试用例记录在哪里、什么人能提供信息、什么工具对测试有帮助等。作为测试新手不可能指望每次需要得到帮助的时候，其他人都能放下手头的工作来指导自己。因此，当需要从其他人那里寻找信息的时候，必须清醒地知道自己要找什么或者从其他人那里需要什么。在提问之前要先进行调查研究，调查研究有助于更好地理解得到的答案。

2.7.2　其他人需要从测试人员那里得到什么

正如测试人员需要其他人给自己提供信息帮助自己工作一样，软件开发项目的其他人也需要从测试人员这里获取信息。

开发人员需要知道测试人员在寻找什么问题。因此，需要告诉开发人员测试什么，什么时候开始测试。如果发现至关重要的 Bug，需要确保开发人员得到关于这个 Bug 的足够信息。

进度问题是测试人员需要和管理者沟通的问题。如果测试人员分配到一个 3 天必须完成的测试任务，不要等到第三天下午 5 点才告诉管理者自己无法按时完成，应尽早沟通。如果测试人员不理解某些事情或某些事情不清楚，必须沟通并提问题。

作为测试团队中的一员，共享工具、技术、产品信息是非常重要的。在工作中，某些个人可以通过独占信息来超越他们的同事，这样的独占可能在短期内有效，但是不能加强专业技能、推动测试的训练和产品的开发。

小　　结

初级测试工程师工作通常从执行系统测试开始，本章介绍了如何执行测试。对测试比较规范的企业，测试人员需要根据前期的测试计划和测试用例执行测试、发现并报告错误、进行错误的跟踪管理、测试完成后进行测试分析和总结。对一些刚开展测试工作的企业，在没有前期的规划和设计的前提下，测试人员需要通过各种方式探索被测系统，以期更好地开展测试工作。

在系统测试阶段对测试人员的挑战主要在三个方面：一是快速学习被测试系统；二是搭建测试环境；三是如何处理发现的错误和报告错误。其中，前两个方面需要测试人员其他知识和技能的积累，第三个方面是测试人员必须掌握的测试方面的技能。测试人员需要了解软件错误如何分类，如何对软件错误进行管理。编写错误报告是测试人员的基本功，这项工作看起来很简单，但是，如果不掌握编写错误报告的技巧，即使发现了很多软件错误，但这些错误也不能让程序员快速地理解，这些错误将不能得到及时的修复。作为软件测试人员，发现更多的错误是最基本的工作目标，但是也要关注这些错误是否会被及时地处理。

在系统测试阶段，作为一个初级测试工程师，还需要知道如何在项目中与其他成员进行沟通，良好的关系促进更好的交流。知道对其他人期望什么和其他人对自己期望什么能帮助团队成长，并可以帮助每个团队和个人以最好的方式协同工作。

关键术语

- 测试环境。
- 软件错误分类。
- 软件错误报告。
- 软件错误管理。
- 软件错误重现。

思考题

1）系统测试的主要工作是什么？
2）错误报告的内容是什么？在错误报告中应该注意哪些问题？
3）错误通常有哪些状态？不同的状态之间是如何转换的？
4）有哪些原因导致软件错误难以重现？
5）选择一个简单的程序进行系统测试，编写错误报告。

第3章

测试用例设计

本章要点

测试用例是为了实现测试有效性的一种常用工具，一个成功的测试，将在很大程度上依赖于所设计和使用的测试用例，归根结底，是需要靠好的测试用例来发现软件中存在的缺陷。不进行良好的测试设计，测试过程将变得混乱而没有目标。本章介绍设计和开发测试用例的过程、方法。

测试可以分为白盒测试和黑盒测试。本章分别介绍了两种测试中所使用的测试用例设计方法。作为初学者，更多的是要掌握黑盒测试用例的设计方法。

好的测试用例可以在测试过程中重复使用，是指对一项特定的软件产品进行测试任务的描述，体现测试方案、方法、技术和策略。内容包括测试目标、测试环境、输入数据、测试步骤、预期结果和测试脚本等，并形成文档。设计测试用例不是一件简单的工作，也并非是每个人都可以编写的，一般是由对产品的功能规格说明书、设计、用户场景以及程序、模块的结构透彻了解的有经验的测试工程师来设计和编写，也是每一个测试工程师成长必须经历的一个过程。

3.1 任务概述

扫码看视频

【工作场景】

测试组长："产品有一个新功能在准备测试，现在设计文档已经完成了，你这几天为这个功能开发一下测试用例。"

测试工程师：领到新功能的需求规格说明书。在以前的测试工作中，虽然天天在读测试用例，执行测试用例，但真要写起来，却感到无从下笔。

在项目测试中，初级测试工程师随着知识的学习和经验的积累，对测试工作有了一定的认识，测试用例设计的工作一般需要有一定经验的测试工程师承担。

在该阶段测试人员的主要任务包括：

1）理解需求文档。

2）理解设计文档。

3）开发测试用例。

扫码看视频

3.2 开发测试用例

在对不同的软件进行测试时，需要开发不同的测试用例。开发良好的测试用例，需要对被测试软件有充分的了解，同时也需要有丰富的测试知识。在为不同的软件开发测试用例的时候，有着一些共性的知识需要掌握。下面就介绍在开发测试用例时，需要掌握的一些共性的知识。

3.2.1 了解测试用例

要了解测试用例，需要从这样三个方面入手：什么是测试用例？什么是好的测试用例？测试用例的作用是什么？下面从这三个方面对于测试用例进行介绍。

1. 什么是测试用例

我们把软件测试定义为一个分析或操作软件的过程，因此，一项测试是一组操作，其设计目标是在一个软件系统中得到一个或多个预期的结果。如果得到了所有预期的结果，那么测试就通过了。如果实际结果与预期的不同，那么测试就失败了。每项测试都有三个部分：一组操作、一组预期结果和一组实际结果。一组操作就是测试步骤，这些测试步骤组成了测试过程。应该得到的结果被称为预期结果。为了使测试有效，过程和预期结果都需要进行清楚而无歧义地定义。

测试用例是为特定目标开发的测试输入、执行条件和预期结果的集合。这些特定目标可以是：验证一个特定的程序路径或核实是否符合特定需求。换句话说，一个测试用例就是一个文档，描述输入、动作或者时间和一个期望的结果，其目的是确定应用程序的某个特性是否正常工作。一个测试用例应当有完整的信息，如测试用例 ID 号、测试用例名字、测试用例的目的、测试条件、输入数据需求、步骤和期望结果等。如果某项测试涉及一个较长的过程，预期得到多种结果，那么最好将其划分为一些测试用例。测试用例是最小的测试单元，每个测试用例至少有一个预期的结果。

什么时候开始设计测试用例？测试用例该怎么写？什么时候算是完成了测试用例的设计工作？这是经常被人提起的三个问题。

注意开发测试用例的过程有助于在应用的需求和设计中发现问题。这主要是由于需要完整地考虑应用的整个操作。正因为这样，需要在开发的早期准备测试用例。

如果已经在工作中开展了测试需求的整理工作，那么测试用例的设计工作就会变成一件自然而然的事情。如果在需求阶段就开始了对测试需求的整理，那么当这部分测试需求整理完后，就可以开始相应测试用例的设计了。而随着开发工作的继续，在测试需求被不断地增补、调整后，也应该添加或修改相应的测试用例，以保证测试用例的有效性。需要特别强调一点：测试用例的完成不是一劳永逸的，因为测试用例来源于测试需求，而测试需求的来源包括了软件需求、系统设计、详细设计，甚至包括了软件发布后，在软件产品生命周期结束前发现的所有软件错误。来源的多元化使得测试需求非常容易发生变化。一旦测试需求发生变化，则测试用例必须重新维护。

测试用例应该与用户需求进行对应。它们应该提供较好的测试覆盖，至少测试所有的高优先级的需求。

2. 什么是好的测试用例

我们知道测试的目的是发现软件错误，因此好的测试用例应该容易发现软件错误（或者是能够发现以往还没有发现过的软件错误）。在设计测试用例时假设软件的任何功能都可能出错是非常重要的。例如，假设软件不能正常安装，或数据库结构与设计不匹配。

另一方面，好的测试用例要有可重复性。如果运行一个测试失败，精确地重现失败的情景是非常重要的。因此，测试用例包含系统的初始状态、软件的版本、硬件配置、在线的用户数量等信息是非常重要的。

好的测试用例必须清晰地定义一个或多个期望的结果以及测试通过和失败标准。如果执行完定义的行为没有产生期望的结果，则测试失败，反之测试通过。例如，用户在界面上的数据输入区域输入 zip 文件名称，单击"显示状态"按钮后，界面上的相应位置能显示正确的状态信息，则测试通过。

好的测试用例的另外一个特征是没有冗余。通常在产品发布前要进行足够的测试以发现软件错误，但冗余的测试将浪费大量的时间。正如上面提到的例子，我们不需要显示每一个 zip 文件的状态。

在很多测试用例中，需要描述输入条件（或者输入数据），在进行测试用例设计时，应当包含合理的输入条件和不合理的输入条件。

3. 测试用例的作用

在软件测试工作中，测试用例具有下面 4 种作用。

（1）指导测试的实施　测试用例主要在实施测试时作为测试的标准，测试人员按照测试用例严格执行用例和测试步骤，逐一实施测试。并将测试情况记录在测试用例管理软件中，以便自动生成测试结果文档。根据测试用例的测试等级，集成测试应测试哪些用例，系统测试和回归测试中测试哪些用例，在设计测试用例时都已做了明确规定，实施测试时测试人员不能随意变动。

（2）作为编写测试脚本的"设计规格说明书"　软件测试自动化可以大大提高测试效率。自动测试的主要任务是编写测试脚本，开发测试软件，正如软件编程必须有设计规格说明书，测试脚本的设计规格说明书就是测试用例。

（3）评估测试结果的度量基准　完成测试实施后需要对测试结果进行评估，并且编制测试报告。判断软件测试是否完成，衡量测试质量需要一些量化的结果。例如，测试覆盖率是多少、测试合格率是多少、重要测试合格率是多少等。

（4）分析缺陷的标准　通过收集缺陷，对比测试用例和缺陷数据库，分析确认是漏测还是缺陷复现。漏测反映了测试用例的不完善，应立即补充相应测试用例，最终达到逐步完善软件质量的目的。而已有相应测试用例，则反映实施测试或变更处理存在问题。

3.2.2　定义详细测试过程

测试用例必须说明测试输入、执行条件以及被测项的预期结果。IEEE 将测试过程定义为"说明执行一系列测试用例的步骤，或更一般地说，测试过程是为了评估一系列功能而进行软件项分析的步骤"。因此，测试用例是特定的输入和预期结果的组合，而测试过程是一个由许多输入步骤组成的列表，每个输入步骤都具有中间预期结果。

详细的测试过程是在测试设计的基础上开发的。书面测试过程的详细程度取决于执行测试的人的技能和知识。如果由对产品不熟悉的人来执行系统测试，测试过程应该写得较为详细，以确保测试步骤能正确执行；如果测试人员对产品有较多的了解，那么测试过程就不必写得太详细。

3.2.3 定义预期结果

动态测试是对软件执行一组受控的操作，然后将实际结果与预期结果进行比较。表3-1显示了一个预期结果的示例，测试者可以在第四列上记录每一步执行的结果，测试过程的每一步都需要明确预期的结果。

表3-1 预期结果的示例

步骤	动　作	预期结果	通过/失败
1	在主菜单中单击"成绩输入"按钮	显示成绩输入对话框	
2	在成绩栏输入"101"	显示错误信息"无效的成绩"	
3	在成绩栏输入"−1"	显示错误信息"无效的成绩"	
4	在成绩栏输入"85"	成绩显示为"85分"	

有几种来源可以确定期望的输出结果：

■ 项目专家或其他方面的专家（主要的程序员、设计者、项目经理等）将知道如何确定输出结果。

■ 用户文档可以包含一些用户场景范例。

■ 需求文档可以提供必要的信息。

■ 其他相关文档也可以提供相关线索。

■ 最终用户也许能够描述所期望的响应结果。

对有些应用程序，项目专家必须确定什么是可以接受的错误极限。如果实际结果与预期结构不同，则测试不通过，说明发现了问题。问题并不一定就是错误，测试所得到的只是有可能发生错误的提示。下面是可能导致测试不通过的几种情况：

■ 预期结果描述不正确。这种情况有可能在需求不清楚或有二义性或预期结果计算错误的情况下发生。

■ 在测试过程中发生错误。可能是测试人员输入了错误的数据，也可能是测试软件有缺陷。测试软件并非绝对可靠，其本身也可能存在错误。

■ 应用程序确实存在错误。

3.2.4 设置与清除

测试的一项基本原则是：被测试的系统始终应该处于一种已知的状态。如果发现一个缺陷，但是测试者不知道导致这个缺陷的全部步骤，那就很难重现这个缺陷。从一种已知的状态开始测试，这就意味着每个测试用例需要将硬件和软件初始化到一种已知状态。

为了避免测试系统进入不可重现的状态，可以采取一些实际的措施。例如，在开始测试之前重新加电启动系统，或者周期性地清除数据库并删除测试记录，通过自动化操作可以经常进行数据库的清除工作。此外，如果被测系统在执行中去修改系统或其他软件，测试人员需要在运行之前做好备份工作，最好在测试结束时把系统恢复到初始状态。

3.2.5　测试用例内容

软件产品或软件开发项目的测试用例一般以该产品的软件模块或子系统为单位,形成一个测试用例文档,但并不是绝对的。测试用例文档由简介和测试用例两部分组成。简介部分描述了测试目的、测试范围、定义术语、参考文档、概述等。测试用例部分逐一列出各测试用例。每个具体测试用例都将包括下列详细信息:用例编号、用例名称、测试等级、入口准则、验证步骤、期望结果(包含判断标准)、出口准则、注释等。以上内容涵盖了测试用例的基本元素:测试索引、测试环境、测试输入、测试操作、预期结果和评价标准。

当然,测试用例的内容并不是唯一确定的,可能会因各标准而异,表3-2列出了测试用例中可能有的内容。其中,ISO 9001是由国际标准化组织 TC 176(质量管理体系技术委员会)制定的质量保证国际标准;ISO/IEC 12207是ISO/IEC颁布的关于软件研发工业上的国际标准;SW-CMM是美国卡内基-梅隆大学软件工程研究所推出的评估软件能力与成熟度的标准;IEEE 829是计算机软件测试文件编制规范国际标准。

表3-2结构如下:

- 列1为测试用例字段名称。
- 列2为该字段内容的简短描述。
- 列3~6说明哪些字段是标准必需的(用√表示),或哪些字段是标准建议的(用∗表示)。
- 列7说明了可以与实际测试用例分开存储的信息,是对后者的进一步说明。其中,CM工具是指使用配置管理工具。

表3-2　测试用例内容

测试用例域	描　述	ISO 9001	ISO/IEC 12207	SW-CMM	IEEE 829	外部引用
测试描述						
测试标识符	唯一测试用例标识符	∗	√	∗	√	
需求可跟踪性	标识被测试的需求	∗	√		∗	需求矩阵
目标/测试项	测试特性简短描述		√		√	
相关测试用例	列出运行此测试用例前必须执行的其他测试用例;标识前置条件		√		√	
系统配置						
应用程序版本	软件编译或应用程序版本	∗	∗	∗	∗	CM工具
操作系统版本	运行被测应用程序的操作系统版本	∗	∗	∗	∗	CM工具
硬件版本	运行应用程序的硬件版本	∗	∗	∗	∗	CM工具
测试工具版本	用于执行测试的测试工具版本(如果使用了测试工具)	∗	∗	∗	∗	CM工具
测试环境和输入信息						
环境需求	列出需要的软件、硬件、数据及文件等	∗	√	∗	√	测试计划

（续）

测试用例域	描述	ISO 9001	ISO/IEC 12207	SW-CMM	IEEE 829	外部引用
初始设置	列出测试人员在执行测试前必须执行的步骤	*	√	*	√	
特定过程需求	描述任何特定操作干预、输出确定过程或其他必要的过程	*	√	*	√	
输入说明	列出输入序列及测试人员必须输入的数据	*	√	*	√	
结果信息						
预期结果	指明所有输出，包括响应时间和接受的预期值	*	√		√	
评估准则	确定测试成功或失败准则		√		√	测试计划
实际结果	执行测试后，记录应用程序的响应	*	√		√	测试日志
测试执行记录						
测试日期	测试被执行的日期		√	√		测试日志
测试人员姓名	执行测试的人员姓名或头衔				√	测试日志
结果： ____通过 ____失败	指明测试执行结果是成功还是失败	*	√		√	测试日志
问题报告号： _____	如果测试失败，输入问题报告号	*			√	测试日志或问题报告系统
测试用例历史						
测试用例版本	该测试用例的版本号	*	*	*	*	CM 工具
测试建立日期	测试建立的日期	*	*	*	*	CM 工具
测试作者	编写测试用例的人员姓名	*	*	*	*	CM 工具
评审人员	评审该测试用例的人员姓名	*	*	*	*	评审日志
评审日期	评审测试用例的日期	*	*	*	*	评审日志
批准	批准测试用例的人员姓名	*				评审日志

ISO 9001 并没有明确说明在测试文档中应记录什么，仅列出了推荐字段。在测试方面，ISO 9001 声明了验证的要求，由此可以推测测试用例必须具备基本的输入和输出描述部分。

ISO/IEC 12207 规定了测试文档中的特定信息。它要求配置管理和评审，因此与之相关的字段也可能成为测试文档的一部分。该标准还要求列出测试过程中遇到的问题，因此测试人员可以通过在测试用例中包括问题报告号交叉引用这一信息，或者通过问题报告工具访问失败的测试。

每个组织都会定义自己的内部过程并确定测试用例格式，包括确定哪些建议信息应该包括在测试用例中。

除非被已有的过程指定，测试人员应确定实际测试用例格式，该格式因不同的组织而各异。一些组织用表格或电子表格形式简单说明测试用例，而一些组织建立详细的测试用例（见表3-3～表3-6），还有一些组织利用测试工具捕获和存储测试用例信息。

表3-3　测试用例范例1

说明	
测试用例 ID：TC-001	软件版本：
子系统：用户名字段测试	操作系统：
测试人员姓名：	测试日期：

初始设置

1）打开注册会话框

2）在用户名字段放入字符"王"

3）确保所有其他输入字段为空

输入

1）将光标置于用户名字段

2）输入字符"帅"

预期结果

用户名字段出现字符"王帅"

实际结果	□通过	□失败

表3-4　测试用例范例2

说明

测试用例 ID：TC-002

子系统：彩色版本

被测系统

开发版本：02.13

操作系统版本：Windows 7

硬件平台：PC Pentium

初始设置：

将图像系统配置为处理（256×1024）像素的图像

输入

1）加载并显示图像 Flip1024. bmp

2）输入命令……

预期结果

1）屏幕显示图像 Flip1024. bmp

2）……

实际结果

测试记录

测试日期：	结果：	□通过	□失败
测试人员姓名：	问题报告号：		
测试机器：			

表 3-5　测试用例范例 3

测试用例信息
测试用例 ID：TC‐003
测试用例作者：Henry
测试位置（路径）：TestServer：C＼TestProject＼TestSuit＼……
最后版本日期：mm/dd/yy
需求编号：SC 001
测试配置号：ST 02
测试用例依赖：运行该测试前需要先运行测试用例 TC‐001
测试目标：验证系统能进行有效的用户注册，对无效的用户注册给出错误提示

测试过程		
测试设置	None	N/A
详细步骤	期望结果	通过（√）
1）在主菜单中单击"注册"按钮	界面上显示用户注册窗口	√
2）在用户名字段输入……	……	
3）……	……	
测试清除	None	N/A

测试结果		
测试人：XuFang	测试日期：mm/dd/yy	测试结果（P/F/B）：F
说明：测试在第 3）步出现失败，没有错误信息显示		
Bug 报告 BR 005 有同样问题报告		

表 3-5 中相关内容说明如下：

- 最后版本日期：帮助测试人员查看测试是否针对当前版本软件。
- 测试位置（路径）标明测试产品所在的完整路径，包括服务器。
- 需求编号：这是一个唯一的编号，使测试与需求相对应。
- 测试目标是对测试内容的简要而清晰的说明。
- 测试配置包括输入说明、输出说明和测试环境。
- 测试用例依赖定义任何必须在该测试用例前运行的测试用例。

表 3-6　测试用例范例 4

测试用例 ID	输入			预期结果			实际结果			测试统计		
	利率	贷款期限/年	贷款金额/元	月支付	总支付	总利息	月支付	总支付	总利息	通过/失败	测试日期	测试人员
TC‐001	8%	30	80000	587.01								
TC‐002	8.5%	30	80000	615.13								
TC‐003	8.5%	15	80000	787.79								

没有将测试数据和测试逻辑分开的测试用例可能显得非常庞大，不利于测试人员理解，导致难以控制和执行；通过将用例参数化，可以简化用例，使测试用例逻辑清晰，数据与逻辑的关系明了，易于理解，有利于提高测试用例的复用性。

哪些内容需要参数化？测试用例中需要通过使用不同数据来重复执行测试的部分，包括：输入（数据或操作等）和输出（结果数据或预期结果等），见表 3-7 和表 3-8。

表 3-7　登录界面测试

步骤：

1）输入 < < <用户名> > >

2）输入 < < <口令> > >

3）单击"确定"按钮

结果：

< < <预期结果> > >

表 3-8　测试数据

用户名	口令	预期结果	说明
user10	pass10	进入系统	正确的用户名和口令（6 位）
user789	pass789	进入系统	正确的用户名和口令（7～9 位）
user000010	pass000010	进入系统	正确的用户名和口令（10 位）
空格	pass	提示输入用户名，不能进入系统	用户名为空
	pass	提示无效用户名，不能进入系统	用户名为空格
user	userpass	提示用户名太短，不能进入系统	用户名小于 6 位
user0000011	userpass	提示用户名太长，不能进入系统	用户名大于 10 位
…	…	…	…

3.2.6　白盒测试用例设计

　　基于控制流的白盒测试是查找许多种类的编码缺陷的成本最低的手段，由于许多缺陷都是在控制流中的错误，这些错误完全存在于一行或者一个单元内少数几行代码中。早期由程序员来完成的白盒单元测试可以非常有效地提高系统的质量，并且降低项目后期由于低质量所带来的额外开销。作为一名专业测试人员，本节的内容可能不能应用到自己的日常工作中，但如果对良好的单元测试实践有基本了解的话，会有助于测试人员与开发人员进行对话。

　　白盒测试作为结构测试方法，是按照程序内部的结构测试程序，对软件的过程性细节做细致的检查，测试人员利用程序内部的逻辑结构及有关信息，设计或选择测试用例。如果对源代码中的某个函数进行白盒测试，那么要跟踪到函数的内部，检查所有代码的运行状况。初看起来，白盒测试可获得 100% 的正确性。但不幸的是，即使一段很小的程序，它的逻辑路径可能多得让人无法彻底地进行白盒测试。

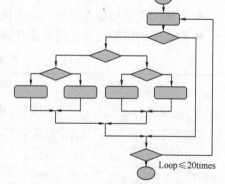

　　如图 3-1 所示的程序结构中，代码总数少于 100 行，但逻辑路径却有 10^{13} 条。假设我们有能力在 1 秒

图 3-1　含有 10^{13} 条逻辑路径的程序结构

钟测试 1000 条路径，那么不分白天黑夜需要 3170 年才能将全部路径测试完。

　　因此，穷举测试是不现实的。为了提高测试效率，就必须精心设计测试用例，也就是要从数量极大的可用测试用例中精心地挑选少量的测试数据，使得采用这些测试数据能够达到最佳的测试效果。通常可以采用逻辑覆盖法和基本路径法进行白盒测试用例设计。

1. 逻辑覆盖法

逻辑覆盖是以程序内部的逻辑结构为基础的白盒测试用例设计技术，要求测试人员对程序的逻辑结构有清楚的了解。由于覆盖测试的目标不同，逻辑覆盖可分为语句覆盖、判定覆盖、条件覆盖、判定—条件覆盖、条件组合覆盖及路径覆盖。图 3-2 所示是一个简单的程序流程图，下面以此为例分别介绍各种逻辑覆盖。

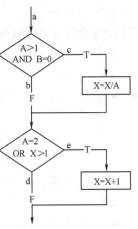

（1）语句覆盖　语句覆盖就是设计若干个测试用例，运行所测试程序，使得每一可执行语句至少执行一次。例如，在图 3-2 中有 4 条可执行语句，设计一个测试用例通过路径 ace 即可实现语句覆盖。输入数据 A = 2，B = 0，X = 4，使 4 条语句都得到执行，完成语句覆盖。

图 3-2　示例程序流程图

语句覆盖使程序中每个语句至少执行一次，但这种覆盖对检测错误而言并不是完美无缺的。假设图 3-2 程序中两个判断的逻辑运算有问题，如第一判断中的逻辑"AND"错写成逻辑"OR"，利用上面的测试数据仍可覆盖 4 个可执行语句。当第二个条件语句中"X > 1"误写成"X > 0"时，上述测试数据也不能发现这一错误。

因此，测试用例虽然做到了语句覆盖，但可能发现不了判断中逻辑运算中出现的错误。和下面介绍几种逻辑覆盖相比，语句覆盖是最弱的逻辑覆盖。

（2）判定覆盖　判定覆盖就是设计若干个测试用例，运行所测试程序，使得程序中每个判断的取真分支和取假分支至少经历一次。判定覆盖又称为分支覆盖。

例如，对于图 3-2 所给出的例子，如果选择路径 ace 和 abd，就可得满足要求的测试用例，测试用例见表 3-9。

表 3-9　测试用例 1

A，B，X	（A > 1）AND（B = 0）	（A = 2）OR（X > 1）	执行路径
2，0，3	真	真	ace
1，0，1	假	假	abd

此外，也可通过路径 acd 和 abe 达到"判定覆盖"的标准，测试用例见表 3-10。

表 3-10　测试用例 2

A，B，X	（A > 1）AND（B = 0）	（A = 2）OR（X > 1）	执行路径
3，0，1	真	假	acd
2，1，1	假	真	abe

所以，测试用例的取法不是唯一的。通过了判定覆盖测试仍然可能存在问题。例如，如果程序中第二个判定条件"X > 1"误写为"X < 1"，执行上述测试用例仍能正确通过。因此，仅仅满足判定覆盖仍然无法确定判断内部条件的错误。

以上仅讨论了两出口的判断，对多出口判断（如 CASE 语句），判定覆盖要求每一个判定获得每一种可能的结果至少一次。

（3）条件覆盖　条件覆盖就是设计若干个测试用例，运行所测试程序，使得程序中每个判断的每个条件的可能取值至少执行一次。

在图 3-3 中，第一个判定（A > 1）AND（B = 0）包含了两个条件：A > 1 及 B = 0，测试中应考虑各种条件取值的情况：

- A > 1 为真，记为 T1。
- A > 1 为假，记为 - T1。
- B = 0 为真，记为 T2。
- B = 0 为假，记为 - T2。

同样，对于第二个判定（A = 2）OR（X > 1）应考虑如下情况：

- A = 2 为真，记为 T3。
- A = 2 为假，记为 - T3。
- X > 1 为真，记为 T4。
- X > 1 为假，记为 - T4。

对于以上 4 个条件 8 种可能，可以选取测试用例（见表 3-11 或表 3-12）来实现条件覆盖。

表 3-11　测试用例 3

A，B，X	执行路径	覆盖条件	覆盖分支
2，0，3	ace	T1，T2，T3，T4	c　e
1，1，1	abd	- T1，- T2，- T3，- T4	b　d

表 3-12　测试用例 4

A，B，X	执行路径	覆盖条件	覆盖分支
1，0，3	abe	- T1，T2，- T3，T4	b　e
2，1，1	abe	T1，- T2，T3，- T4	b　e

前一组两个测试用例覆盖了 4 个条件的全部 8 种情况，而且将两个判定的 4 个分支 b、c、d、e 也同时覆盖了，即同时达到了条件覆盖和判定覆盖。但后一组测试用例虽然满足了条件覆盖，但只覆盖了第一个判断的取假分支和第二个判断的取真分支，不满足判定覆盖的要求。条件覆盖不一定包含判定覆盖；判定覆盖也不一定包含条件覆盖，为解决这一矛盾，需要对条件和分支兼顾，考虑下面的判定—条件覆盖。

（4）判定—条件覆盖　判定—条件覆盖就是设计足够的测试用例，使得判断中每个条件的所有可能取值至少执行一次，同时每个判断本身的所有可能判断结果至少执行一次。即要求各个判断的所有可能的条件取值组合至少执行一次。

对于图 3-3 所示的程序，可以选取测试用例（见表 3-13）来实现判定—条件覆盖。

表 3-13　测试用例 5

A，B，X	执行路径	覆盖条件	覆盖分支
2，0，3	ace	T1，T2，T3，T4	c　e
1，1，1	abd	- T1，- T2，- T3，- T4	b　d

从表面上来看，上述测试用例测试了所有条件的取值，但情况并非如此。因为往往某些条件掩盖了另一些条件。对于条件表达式（A > 1）AND（B = 0）来说，若（A > 1）的测试结果为真，则还要测试（B = 0），才能决定表达式的值；而若（A > 1）的测试结果为假，

可以立刻确定表达式的结果为假。这时，往往就不再测试（B = 0）的取值了。因此，条件（B = 0）就没有检查。同样，对于条件表达式（A = 2）OR（X > 1）来说，若（A = 2）的测试结果为真，就可以立即确定表达式的结果为真。这时，条件（X > 1）就没有检查。因此，采用判定—条件覆盖，逻辑表达式中的错误不一定能够查得出来。

为了彻底地检查所有条件的取值，可以将图 3-2 给出的多重条件判定分解，形成图 3-3 所示的由多个基本判断组成的流程图，这样就可以有效地检查所有的条件是否正确。

（5）条件组合覆盖 条件组合覆盖就是设计足够的测试用例，运行所测试程序，使得每个判断的所有可能的条件取值组合至少执行一次。

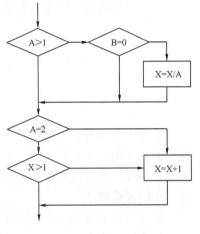

图 3-3 分解为基本判定的例子

在图 3-3 所示的程序中，每个判定包含了两个条件，这两个条件在判定中有 8 种可能的组合，如下所示：

1）A > 1，B = 0，记为 T1，T2。

2）A > 1，B < 0 或 B > 0，记为 T1，−T2。

3）A ≤ 1，B = 0，记为 −T1，T2。

4）A ≤ 1，B < 0 或 B > 0，记为 −T1，−T2。

5）A = 2，X > 1，记为 T3，T4。

6）A = 2，X ≤ 1，记为 T3，−T4。

7）A < 2 或 A > 2，X > 1，记为 −T3，T4。

8）A < 2 或 A > 2，X ≤ 1，记为 −T3，−T4。

可以选取测试用例（见表 3-14）来覆盖上述 8 种条件。

表 3-14 测试用例 6

A，B，X	执行路径	覆盖条件	覆盖组合号
2，0，3	ace	T1，T2，T3，T4	①、⑤
2，1，1	abe	T1，−T2，T3，−T4	②、⑥
1，1，1	abd	−T1，−T2，−T3，−T4	④、⑧
1，0，3	abe	−T1，T2，−T3，T4	③、⑦

这组测试用例覆盖了所有条件的可能取值的组合，覆盖了所有判断的可取分支，但路径漏掉了 acd，测试还是不完全。

（6）路径覆盖 路径覆盖就是设计足够的测试用例，覆盖程序中所有可能的路径。对图 3-3 所示程序，可以选取测试用例（见表 3-15）来覆盖该程序段的全部路径。

表 3-15 测试用例 7

序号	A，B，X	执行路径	覆盖条件
1	2，0，3	ace	T1，T2，T3，T4
2	1，0，1	abd	−T1，−T2，−T3，−T4
3	2，1，1	abe	−T1，−T2，−T3，T4
4	3，0，3	acd	T1，T2，−T3，−T4

在软件测试中路径能够覆盖是很重要的问题，因为程序要得到正确的结果，就必须能保证程序总是沿着特定的路径顺序执行。只有当程序中的每条路径都经受了检验，才能使程序

受到了全面检验。

图 3-3 的例子程序非常简单，只有 4 条路径，在实际问题中，一个不太复杂的程序，其路径都是一个庞大的数字，因此在实际测试中需要把覆盖的路径数压缩到一定限度内。例如，程序中的循环体只执行一次。可以采用循环覆盖或基本路径测试，在此不做详细讨论。

以上介绍的每一种覆盖方法都各有其优缺点，这 6 种覆盖方法关系如图 3-4 所示。

用例设计容易度

语句覆盖　判定覆盖　条件覆盖　判定—条件覆盖　条件组合覆盖　路径覆盖

用例覆盖程度

图 3-4　覆盖方法关系

通常在设计测试用例时应该根据代码模块的复杂度，选择覆盖方法。一般的代码的复杂度与测试用例设计的复杂度成正比。因此，设计人员必须做到模块或方法功能的单一性、高内聚性，使得方法或函数代码尽可能简单，这样将大大提高测试用例设计的容易度，提高测试用例的覆盖程度。

另外，对于测试用例的选择，除了满足所需要的覆盖程度（或覆盖标准）外，还需要尽可能地采用边界值分析法、错误推测法等常用的设计方法。采用边界值分析法设计合理的输入条件与不合理的输入条件；条件边界测试用例应该包括输入参数的边界与条件边界（if、while、for、switch、SQL Where 子句等）。错误推测法列举出程序中所有可能的错误和容易发生错误的特殊情况，根据它们选择测试用例；在编码、单元测试阶段可以发现很多常见的错误和疑似错误，对于这些错误应该做重点测试，并设计相应的测试用例。

2. 辅助模块设计

白盒测试往往和单元测试联系在一起。在进行单元测试时，需要学会设计和实现辅助模块。

单元测试是在软件开发过程中要进行的最低级别的测试活动，在单元测试活动中，软件的独立单元将在与程序的其他部分相隔离的情况下进行测试。这里"单元"具有一些基本属性，如明确的功能、规格定义、与其他部分的明确的接口定义等。在一种传统的结构化编程语言中，如 C 语言，要进行测试的单元一般是函数、子过程或一组函数。在类似 C++ 语言这样的面向对象的语言中，要进行测试的基本单元是类。

在单元测试过程中，测试者需要模拟被测单元与其他模块间的管理，因此需要设置一些辅助的测试模块。辅助测试模块分为两种：一种是驱动模块（Driver），用来模拟被测试模块的上一级模块，相当于被测模块的主程序。驱动模块在单元测试中接收数据，把相关的数据传送给被测的模块，启动被测模块。另一种是桩模块（Stub），用来模拟被测模块工作过程中所调用的模块。桩模块由被测模块调用，一般只进行很少的数据处理。驱动模块和桩模块设计都是额外的工作，这两种模块虽然在单元测试中必须编写，但并不需要作为最终产品提供给用户。

一个模块或一个方法（Method）并不是一个独立的程序，在考虑测试它时要同时考虑它和外界的联系，用一些辅助模块去模拟与所测模块相联系的其他模块。这些辅助模块分为两种：

■ 驱动模块（Driver）。相当于所测模块的主程序。它接收测试数据，把这些数据传送给所测模块，最后再输出实际测试结果。

■ 桩模块（Stub）。用于代替所测模块调用的子模块。桩模块可以做少量的数据操作，不需要把子模块所有功能都带进来，但不允许什么事情也不做。

所测模块与它相关的驱动模块及桩模块共同构成了一个"测试环境",如图3-5所示。驱动模块和桩模块的编写会给测试带来额外的开销。因为它们在软件交付时不作为产品的一部分—同交付,而且它们的编写需要一定的工作量。特别是桩模块,不能只简单地给出"曾经进入"的信息。为了能够正确地测试软件,

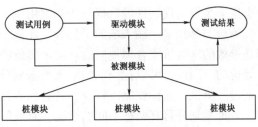

图3-5 单元测试的测试环境

件,桩模块可能需要模拟实际的子模块的功能,这样桩模块的建立就不是很轻松了。

编写桩模块是困难、费时的,其实也是完全可以避免编写桩模块的,只需在项目进度管理时将实际桩模块的代码编写工作安排在被测模块前编写即可。而且这样可以提高测试工作的效率,提高实际桩模块的测试频率,从而更有效地保证产品的质量。但是,为了保证能够向上一层提供稳定可靠的实际桩模块,为后续模块测试打下良好的基础,驱动模块还是必不可少的。

对于每一个包或子系统,可以根据所编写的测试用例来编写一个测试模块类用做驱动模块,用于测试包中所有的待测试模块。而最好不要在每个类中用一个测试函数的方法,来测试跟踪类中所有的方法。这样的好处在于:

- 能够同时测试包中所有的方法或模块,也可以方便地测试跟踪指定的模块或方法。
- 能够联合使用所有测试用例对同一段代码执行测试,发现问题。
- 便于回归测试,当某个模块做了修改之后,只要执行测试类就可以执行所有被测的模块或方法。这样不但能够方便地检查、跟踪所修改的代码,而且能够检查出修改对包内相关模块或方法所造成的影响,使修改引进的错误得以及时发现。
- 可以复用测试方法,使测试单元保持持久性,并可以用既有的测试来编写相关测试。
- 可以将测试代码与产品代码分开,使代码更加清晰、简洁;提高测试代码与被测代码的可维护性。

3. 逻辑覆盖法在单元测试中实践

实践要求:

(1)编写计算个人所得税的方法:返回应纳税额 PIT(税前工资,各项社会保险,专项附加扣除)。

(2)应用逻辑覆盖法,针对方法 PIT( )代码设计测试用例,实现语句覆盖。

(3)利用单元测试框架(如 JUnit)执行测试用例。

(4)在单元测试框架中查看测试代码覆盖率,验证设计的测试用例是否实现语句覆盖。

3.2.7 黑盒测试用例设计

扫码看视频

黑盒测试在测试时把程序看成一个不能打开的黑盒子,在完全不考虑程序内部结构和内部特性的情况下,对于软件进行测试。黑盒测试方法主要有等价类划分、边界值分析、因果图、判定表法、场景法、错误推测等。

1. 等价类划分

等价类划分是一种典型的黑盒测试方法,也是一种经常使用的重要测试方法。使用这一方法时,完全不考虑程序的内部结构,只依据程序的规格说明来设计测试用例。

对软件进行穷举测试是不可能的,只能从全部可供输入的数据中选择一个子集进行测试。等价类划分是把所有可能的输入数据,即程序的输入域划分成若干部分,然后从每一部

分中选取少数有代表性的数据作为测试用例。

等价类是指某个输入域的子集合，在该子集合中，各个输入数据对于揭露程序中的错误都是等效的。等价类合理地假设：某个等价类的代表值与该等价类的其他值，对于测试来说是等价的。因此，可以把全部的输入数据划分成若干的等价类，在每一个等价类中取一个数据来进行测试。这样就能以较少的具有代表性的数据进行测试，而取得较好的测试效果。

等价类划分可有两种不同的情况：有效等价类和无效等价类。

（1）有效等价类　是指对于程序的规格说明来说是合理的、有意义的输入数据构成的集合。利用有效等价类可检验程序是否实现了规格说明中所规定的功能和性能。有效等价类可以是一个或多个。

（2）无效等价类　是指对于程序的规格说明来说是不合理的、无意义的输入数据构成的集合。利用无效等价类可测试软件功能和性能的实现是否有不符合规格说明要求的地方。无效等价类可以是一个或多个。

设计测试用例时，要同时考虑这两种等价类。因为软件不仅要能接收合理的数据，也要能经受意外的考验，这样的测试才能确保软件具有更高的可靠性。

下面给出几条确定等价类的原则：

1）如果输入条件规定了取值范围，则可划分出一个有效的等价类（输入值在此范围内）和两个无效的等价类（输入值小于最小值、输入值大于最大值）。例如，在程序的规格说明中，对输入的条件有一个规定："……输入数值为 1 ~ 999……"，则有效等价类是："1≤数值≤999"；两个无效的等价类是："数值 < 1"或"数值 > 999"。

2）如果输入条件规定了输入数据的个数，则可相应地划分出一个有效的等价类（输入数据的个数等于给定的个数要求）和两个无效的等价类（输入数据的个数少于给定的个数要求、输入数据的个数多于给定的个数要求）。例如，一个学生一学期只能选修 1 ~ 3 门课程，则有效等价类是："选修课程 1 ~ 3 门；两个无效等价类是"不选修"和"选修超过 3 门"。

3）如果输入条件规定了输入值的集合或者规定了"必须如何"的条件的情况下，可确立一个有效等价类和一个无效等价类。例如，程序规格说明中要求用户名以字母打头的串，那么以字母打头的构成有效等价类，而不在此集合内的（不以字母打头的）归于无效等价类。

4）如果输入条件是一个布尔量，可确定一个有效等价类和一个无效等价类。

5）如果输入条件规定了输入数据的一组可能的值，但是程序对不同的输入值做不同的处理，则每个输入值是一个有效的等价类，此外还有一个无效的等价类（所有不允许值的集合）。例如，输入条件说明学历可为专科、本科、硕士或博士 4 种之一，则分别取这 4 种4 个值作为 4 个有效等价类，另外把 4 种学历之外的任何学历作为无效等价类。

6）如果输入条件规定了输入数据必须遵循的规则，则可以划分一个有效的等价类（符合规则）和若干个无效的等价类（从各种角度违反规则）。

7）如果确知划分的等价类中各元素在程序中的处理方式不同，则应将此等价类进一步划分成更小的等价类。

那么，如何找出等价类呢？

即使是同一个程序，等价类的划分也因人而异。这是一个主观过程。找出所有能找到的等价类，这是非常值得的，因为它们有助于挑选测试用例，避免因重复执行实际上相同的测试而浪费时间，可以执行属于同一个等价类的一个或少量几个测试用例，其他的就可以不管。下面是一些查找等价类的建议：

- 不要忘记查找无效输入的等价类。
- 用表格或概要的形式组织分类。
- 可以找出很多输入和输出条件及相关等价类，因此需要采取一种方式进行组织。
- 查找数值的范围。
- 每找到一个数值范围（如1~99），也就找出了几个等价类。通常会有三个无效的等价类：低于范围内的最小值、高于范围内的最大值以及非数字。
- 查找等价类分组的成员。
- 如果某个输入必须隶属于某个组，那么一个等价类就包含了该组的全部成员，其他的等价类则包含所有剩余的输入。例如，如果需要输入某个国家的名称，那么一个有效等价类就包含了所有国家的名称，而无效的等价类则包含了非国家名称的全部输入。当然，将等价类进行进一步划分是有可能的。
- 分析程序对列表与菜单的反馈。
- 所有可能的输入组成了一个列表，选择其一进行输入，程序反馈各不相同。实际上每个输入都是自己的等价类，无效等价类则包括了所有不在列表中的输入。例如，如果程序提问"你能确定吗？（Y/N）"，那么一个等价类包含了 Y（还应包含 y），另一个等价类包含了 N（n），其他的任何输入都是无效的。
- 查找必须相等的变量。
- 创建由时间决定的等价类。例如，可以在打印机空闲、正在打印或刚刚结束打印时将文件发送给打印机。
- 查找运算结果为特定值或范围的变量集合。
- 查找等价的输出事件。
- 查找等价的运行环境。

在划分等价类时，还需要考虑边界问题。

从每个等价类中选用一两个测试用例。最好的用例应位于类的边界上。边界值是该类中最大、最小、最早、最短、最响亮或最快的值，即最极端的值。必须对等价类的每个边界，即每个边界的所有方面都进行测试。程序若能通过这些测试，就很有可能通过此类中的其他任何测试。例如：

如果有效的输入范围是1~99，那么有效的测试用例是1和99，用0和100测试无效输入。

如果程序填写支票的金额从 $ 1 ~ $ 99，那么你能让它填写的金额出现负数、$ 0 或 $ 100吗？这些都需要试一试。

如果程序要求输入大写字母，就输入 A 和 Z。再试一下@，它的 ASCII 码值仅低于 A；试一下 [，它的 ASCII 码值仅高于 Z。然后再试试 a 和 z。

在确立了等价类后，可建立等价类表，列出所有划分出的等价类，见表3-16。

表3-16 等价类表

输入条件	有效等价类	无效等价类
…	…	…
…	…	…

然后从划分出的等价类中按以下三个原则设计测试用例：
- 为每一个等价类规定一个唯一的编号。
- 设计一个新的测试用例，使其尽可能多地覆盖尚未被覆盖的有效等价类，重复这一步，直到所有的有效等价类都被覆盖为止。

■ 设计一个新的测试用例，使其仅覆盖一个尚未被覆盖的无效等价类，重复这一步，直到所有的无效等价类都被覆盖为止。

下面是等价类划分的例子：

保险费率计算程序需求如下：某保险公司承担人寿保险已有多年历史，该公司保费计算方式为：投保额×保险率，保险率又依点数不同而有别，10点以上费率为0.6%，10点以下费率为0.1%。输入数据说明见表3-17。

表3-17 数据说明

年　龄	20～39岁	6点
	40～59岁	4点
	60岁以上20岁以下	2点
性　别	男性	5点
	女性	3点
婚　姻	已婚	3点
	未婚	5点
抚养人数	一人扣0.5点，最多扣3点（四舍五入取整数）	

接下去，使用前面介绍的方法来划分等价类。

（1）分析输入数据形式　首先对输入数据形式进行分析，主要包括以下输入：

年龄：一或两位数字。

性别：以英文"Male""M""Female""F"表示。

婚姻："已婚""未婚"。

抚养人数：空白或一位数字。

保险费率：10点以上，10点以下。

（2）划分输入数据　接下来对所有输入数据在其值域范围进行等价类划分，其结果见表3-18。

表3-18 划分数据

年　龄	数字范围	1～99
	等价类	20～39岁
		40～59岁
		60岁以上、20岁以下
性　别	类型	英文字
	等价类	集合："Male""M"
		集合："Female""F"
婚　姻	等价类	已婚
		未婚
抚养人数	选择项	抚养人数可以有，也可以没有
	范围	1～9
	等价类	空白
		1～6人
		6人以上
保险费率	等价类	10点以上
		10点以下

（3）设计输入数据　根据上一步的工作，继续分析细分有效等价类和无效等价类，其结果见表3-19。

表3-19 细分数据

	有效等价类	无效等价类
年　龄	20～39岁任选一个	
	40～59岁任选一个	小于、等于0选一个
	60岁以上、20岁以下任选一个	大于99选一个
性　别	英文Male、M、任选一个	非英文字，如"男"
	英文Female、F任选一个	非Male、M、Female、F的任意英文字，如"Child"
婚　姻	已婚 未婚	非"已婚"或"未婚"的任意字符，如"离婚"
抚养人数	空白	
	1～6	小于1选一个
	7～9	大于9选一个
保险费率	10点以上（0.6%）	
	10点以下（0.1%）	

（4）设计测试用例　根据等价类划分的结果，测试人员需要设计测试用例，测试用例见表3-20。

表3-20 设计测试用例

用例编号	年龄	性别	婚姻	抚养人数	保险费率	备　注
1	27	Female	未婚	空白	0.6%	有效 年龄：20～39岁 性别：集合［Female，F］ 婚姻：集合［未婚］ 抚养人数：空白 保险费率：0.6%
2	50	Male	已婚	2	0.6%	有效 年龄：40～59岁 性别：集合［Male，M］ 婚姻：集合［已婚］ 抚养人数：1～6人 保险费率：0.6%
3	70	F	未婚	7	0.1%	有效 年龄：60岁以上、20岁以下 性别：集合［Female，F］ 婚姻：集合［未婚］ 抚养人数：6人以上 保险费率：0.1%
4	0	M	已婚	4	无法推算	年龄类无效，因此无法推算保险费率

（续）

用例编号	年龄	性别	婚姻	抚养人数	保险费率	备　注
5	100	Female	未婚	5	无法推算	年龄类无效，因此无法推算保险费率
6	1	男	已婚	6	无法推算	性别类无效，因此无法推算保险费率
7	99	Child	未婚	1	无法推算	性别类无效，因此无法推算保险费率
8	30	Male	离婚	3	无法推算	婚姻类无效，因此无法推算保险费率
9	75	Female	未婚	0	无法推算	抚养人数类无效，因此无法推算保险费率
10	17	Male	已婚	10	无法推算	抚养人数类无效，因此无法推算保险费率

2. 边界值分析

关于软件错误，有这么一句谚语："缺陷遗漏在角落里，聚集在边界上"。这是由于人们容易疏忽边界情况造成的。人们在长期的测试中发现，程序往往在处理边界值的时候容易出错，如数组的下标、循环的上下界等。针对这种情况，设计测试用例的方法就是边界值分析方法。

例如，在做三角形计算时，要输入三角形的 3 个边长：A、B 和 C。应注意到这 3 个数值应当满足 $A > 0$、$B > 0$、$C > 0$、$A + B > C$、$A + C > B$、$B + C > A$，才能构成三角形。但如果把 6 个不等式中的任何一个大于号"$>$"错写成大于等于号"$\geq$"，那就不能构成三角形。问题恰好出现在容易被疏忽的边界附近。这里所说的边界，是指相对于输入等价类和输出等价类而言，稍高于其边界及稍低于其边界值的一些特定情况。

使用边界值分析方法设计测试用例时，首先要确定边界情况。通常输入等价类和输出等价类的边界，就是应该着重测试的程序边界情况。也就是说，应该选取恰好等于、小于和大于边界的值作为测试数据，而不是选取每个等价类内的典型值或任意值作为测试数据。如果 A 和 B 是输入空间的边界值，那么除了典型值外，还要用 A 和 B 作为测试用例。边界值分析可以看成是对等价类划分的一个补充。

在应用边界值分析法进行测试用例设计时，要遵循下面的几条原则：

1）如果输入条件规定了值的范围，则应取刚刚达到这个范围的边界的值以及刚刚超越这个范围边界的值作为测试输入数据。例如，若输入值的范围是 $-0.1 \sim 1.0$，则可选取 -1.0、1.0、-1.001、1.001 作为测试输入数据。

2）如果输入条件规定了值的个数，则用最大个数、最小个数、比最小个数少 1、比最大个数多 1 的数作为测试数据。例如，一个输入文件可有 $1 \sim 255$ 个记录，则可以分别设计有 1 个记录、255 个记录以及 0 个记录和 256 个记录的输入文件。

3）根据规格说明的每个输出条件，使用前面的原则 1）。例如，某程序的功能是计算折扣量，最低折扣量是 0 元，最高折扣量是 1050 元。则设计一些测试用例，使它们恰好产生 0 元和 1050 元的结果。此外，还可考虑设计结果为负值或大于 1050 元的测试用例。

4）根据规格说明的每个输出条件，应用前面的原则 2）。例如，一个信息检索系统根据用户的命令，显示有关文献的摘要，但最多只显示 4 篇摘要。这时可设计一些测试用例，使得程序分别显示 1 篇、4 篇、0 篇摘要，并设计一个有可能使程序错误地显示 5 篇摘要的测试用例。

5）如果程序的规格说明给出的输入域或输出域是有序集合，则应选取集合的第一个元素和最后一个元素作为测试用例。

6）如果程序中使用了一个内部数据结构，则应当选择这个内部数据结构的边界上的值作为测试用例。例如，如果程序中定义了一个数组，其元素下标的下界是 0，上界是 100，那么应选择达到这个数组下标边界的值，如 0 和 100 作为测试用例。

7）分析规格说明，找出其他可能的边界条件。

在设计测试用例时，往往联合等价类划分和边界值分析这两种方法。结合等价类划分中计算保险费率的例子，在设计测试用例选取数据的时候，测试人员要注意结合边界值分析，尽量选取边界数据。例如，年龄值可选取 19、20、21、39、40、41、59、60、61，同时还可以考虑一些异常值，如 0、-1、100 等。因此，在进行测试用例设计中，要充分考虑到输入典型值、边界值以及异常值。

寻找边界条件：如果预计两个测试具有相同的结果，那么只使用一个就行了。在选择一类测试的代表用例时，总是选取那些被认为程序最有可能失败的用例。最佳测试用例总在一类测试的边界处，一旦超过边界，程序的行为将发生改变。

应用程序的极限（或边界）是由数据定义的。这些极限根据数据类型的不同可以有许多种形式，其中包括：

- 数据范围的最小和最大值。
- 最小和最大字段长度，如字符数。
- 最下和最大值缓冲区长度。
- 测试边界的一般原则是建立三个测试用例覆盖以下情况：边界值；边界值 -1；边界值 +1。

3. 因果图

前面介绍的等价类划分方法和边界值分析方法，都是着重考虑输入条件，但未考虑输入条件之间的联系、相互组合等。考虑输入条件之间的相互组合可能会产生一些新的情况，但要检查输入条件的组合不是一件容易的事情，即使把所有输入条件划分成等价类，它们之间的组合情况也相当多，因此必须考虑采用一种适合于描述对于多种条件的组合，相应产生多个动作的形式来考虑设计测试用例，这就需要利用因果图（逻辑模型）。

因果图方法最终生成的就是判定表，它适合于检查程序输入条件的各种组合情况。利用因果图生成测试用例的基本步骤如下：

1）分析软件规格说明描述中哪些是原因（即输入条件或输入条件的等价类），哪些是结果（即输出条件），并给每个原因和结果赋予一个标识符。

2）分析软件规格说明描述中的语义，找出原因与结果之间，原因与原因之间对应的关系。根据这些关系，画出因果图。

3）由于语法或环境限制，有些原因与原因之间、原因与结果之间的组合情况不可能出现。为表明这些特殊情况，在因果图上用一些记号表明约束或限制条件。

4）把因果图转换为判定表。

5）把判定表的每一列拿出来作为依据，设计测试用例。

通常在因果图中用 c_i 表示原因，用 e_i 表示结果，其基本符号如图 3-6 所示。节点表示状态，可取值 "0" 或 "1"。"0" 表示某状态不出现，"1" 表示某状态出现。下面是其主要的原因和结果之间的关系。

恒等：表示原因与结果之间一对一的对应关系。若原因出现，则结果出现；若原因不出现，则结果也不出现。

非：表示原因与结果之间的一种否定关系。若原因出现，则结果不出现；若原因不出

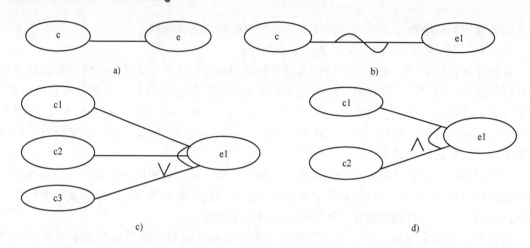

图 3-6　因果图的图形符号

a) 恒等　b) 非　c) 或　d) 与

现，反而结果出现。

　　或（∨）：表示若几个原因中有一个出现，则结果出现，只有当这几个原因都不出现时，结果才不出现。

　　与（∧）：表示若几个原因都出现，结果才出现。若几个原因中有一个不出现，结果就不出现。

　　为了表示原因与原因之间，结果与结果之间可能存在的约束条件，在因果图中可以附加一些表示约束条件的符号。若从输入（原因）考虑，有4种约束，如图3-7所示。

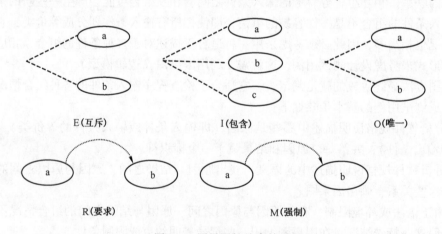

图 3-7　因果图的约束符号

　　E（互斥）：它表示 a、b 两个原因不会同时成立，两个中最多有一个可能成立。

　　I（包含）：它表示 a、b、c 三个原因中至少有一个必须成立。

　　O（唯一）：它表示 a 和 b 当中必须有一个，且仅有一个成立。

　　R（要求）：它表示当 a 出现时，b 必须也出现。不可能 a 出现，b 不出现。

　　若从输出（结果）考虑，还有一种约束。

　　M（强制）：它表示当 a 是 1 时，b 必须是 0。而当 a 为 0 时，b 的值不定。

　　下面介绍一个因果图实例。

某软件规格说明中包含这样的要求：第一列字符必须是 A 或 B，第二列字符必须是一个数字，在此情况下进行文件的修改。但如果第一列字符不正确，则给出信息 L；如果第二列字符不是数字，则给出信息 M。

1) 分析这段说明，分开原因和结果。

原因：1——第一列字符是 A。

2——第一列字符是 B。

3——第二列字符是一数字。

结果：21——修改文件。

22——给出信息 L。

23——给出信息 M。

2) 画出因果图，如图 3-8 所示。

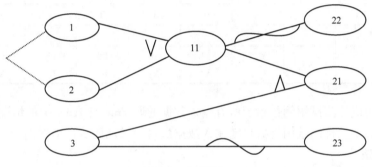

图 3-8 因果图 1

将原因和结果用因果图的逻辑符号连接起来，其中编号为 11 的中间节点是导出结果的进一步原因。因为原因 1、2 不可能同时为 1，即第一个字符不可能既是 A 又是 B，在因果图上可对其施加 E 约束，得到具有约束的因果图。

3) 转换成判定表。判定表（DecisionTable）是分析和表达多逻辑条件下执行不同操作的情况下的工具。由于它可以把复杂的逻辑关系和多种条件组合的情况表达得既具体又明确，在程序设计发展的初期，判定表就已被当做编写程序的辅助工具了。判定表通常由 4 个部分组成：

- 条件桩（ConditionStub）。列出了问题的所有条件。通常认为列出的条件的次序无关紧要。
- 动作桩（ActionStub）。列出了问题规定可能采取的操作。这些操作的排列顺序没有约束。
- 条件项（ConditionEntry）。列出针对它左列条件的取值。在所有可能情况下的真假值。
- 动作项（ActionEntry）。列出在条件项的各种取值情况下应该采取的动作。

规则：任何一个条件组合的特定取值及其相应要执行的操作。在判定表中贯穿条件项和动作项的一列就是一条规则。显然，判定表中列出多少组条件取值，也就有多少条规则，即条件项和动作项有多少列。

判定表的建立步骤（根据软件规格说明）：

- 确定规则的个数。假如有 n 个条件，每个条件有两个取值（0，1），故有两种规则。
- 列出所有的条件桩和动作桩。
- 填入条件项。
- 填入动作项。等到初始判定表。

■ 简化、合并相似规则（相同动作）。

根据因果图可以建立判定表，见表3-21。表中8种情况的最左面两列，原因1、2同时为1是不可能的，应排除这两种情况。根据此表，可设计出若干个测试用例。

表 3-21　判定表

		1	2	3	4	5	6	7	8
条件	1	1	1	1	1	0	0	0	0
	2	1	1	0	0	1	1	0	0
	3	1	0	1	0	1	0	1	0
	11			1	1	1	1	0	0
结果	22			0	0	0	0	1	1
	21			1	0	1	0	0	0
	23			0	1	0	1	0	1
	不可能	1	1						
测试用例				A3 A8	AB A?	B5 B4	BN B!	C2 X6	SD P $

从因果图生成的测试用例包括了所有输入数据的取 True 与取 False 的情况，构成的测试用例数目达到最少，且测试用例数目随输入数据数目的增加而线性地增加。

4. 判定表法

判定表法经常和因果图法一起使用，先进行因果图分析，再结合判定表，最后完成测试用例。在多个条件决定多个动作，并且每个条件的取值只有两种情况下，就可以采用因果图和判定表方法。条件和动作之间的逻辑关系是明确的，可以直接使用判定表法；如果条件和动作关系不明确，则要先使用因果图法。

判定表通常由4个部分组成，见表3-22。

表 3-22　判定表

条件桩	条件项
动作桩	动作项

每一个部分之间用双线或粗条线分开，左上部分称为条件桩，它列出决定一组条件的对象；右上部分称为条件项，它列出各种可能的条件组合；左下部分称为动作桩，它列出所有的操作；右下部分称为动作项，它列出在对应的条件组合下的动作。表的右半部分一般有很多列。

【举例】订购单的检查。如果金额超过500元，又未过期，则发出批准单和提货单；如果金额超过500元，但过期了，则不发批准单；如果金额低于500元，则不论是否过期都发出批准单和提货单。在过期的情况下还需要发出通知单。将这段需求进行判定表分析，可以得到表3-23所示判定表。

在很多情况下，一个判定表写出来以后是很复杂的，需要对其进行简化。如果表中有两条或多条规则具有相同的动作，并且其条件项之间存在极为相似的关系，就可以将其合并。例如，表3-23中条件：>500、未过期；≤500、未过期，这两个条件项导致的结果是一样的，并且条件项之间很相似，就可以将它们合并。结果见表3-24。

表3-23 订购单的检查

金额	>500	>500	≤500	≤500
状态	未过期	已过期	未过期	已过期
发出批准单	√		√	√
发出提货单	√		√	√
发出通知单				√

表3-24 简化判定表

金额		>500	≤500
状态	未过期	已过期	已过期
发出批准单	√		√
发出提货单	√		√
发出通知单			√

在这里引入一个概念：规则。以上判定表中，右部的每一列（条件项和对应的动作项）都是一条规则。以上判定表中的每一条规则都可以转化为测试用例，见表3-25～表3-27。

表3-25 测试用例1

测试用例编号	TC_001
测试项目	订购单的检查
测试标题	状态为未过期
重要级别	高
预置条件	无
输入	499
操作步骤	1）输入金额：499 2）选择未过期 3）单击"确定"按钮
预期输出	发出批准单和提货单

表3-26 测试用例2

测试用例编号	TC_002
测试项目	订购单的检查
测试标题	金额>500，状态为已过期
重要级别	中
预置条件	无
输入	501
操作步骤	1）输入金额：501 2）选择已过期 3）单击"确定"按钮
预期输出	批准单、提货单和通知单都不发出

表 3-27 测试用例 3

测试用例编号	TC_003
测试项目	订购单的检查
测试标题	金额≤500，状态为已过期
重要级别	中
预置条件	无
输入	499
操作步骤	1）输入金额：499 2）选择已过期 3）单击"确定"按钮
预期输出	发出批准单、提货单和通知单

5. 场景法

测试需要以客户需求（业务需求）为基础，因此，测试员首先要用心分析需求文档、每个细节、每个业务流程，对于不懂的或者与现有系统矛盾的地方，应及时与熟悉这个系统的相关人员沟通。如果开发文档不齐全，则只有依靠测试员的分析和与开发人员的沟通了。

交付用户使用的系统要想获得用户的认可，必须站在用户的角度，以用户的使用逻辑及操作习惯为出发点，使用例设计更贴近实际，从而最大限度地满足用户的需求。

首先要知道什么是场景。场景是从用户的角度来描述系统的运行行为，反映系统的期望运行方式，是由一系列的相关活动组成的。它就像一个剧本，是演绎系统未来预期的使用过程。场景可以看作是用户需求的内容，完全站在用户的视角来描述用户与系统的交互，之后的功能需求说明，则是用户需求分解的结果，定义了必须实现的软件功能。设置场景的目的是让所有人员明白用户的目标是什么以及用户希望怎样做，不涉及具体的界面展现是怎样的，也不关注具体的实现方式是怎样的。

现在的软件几乎都是用事件触发来控制流程的。事件触发时的情景形成了场景，而同一事件不同的触发顺序和处理结果就形成了事件流。这种在软件设计方面的思想可以引入软件测试中，可以生动地描绘出事件触发时的情景，有利于设计测试用例，同时使测试用例更容易被理解和执行。

什么是基于场景的测试方法呢？简单地说，就是在场景的基础上进行的测试，通过执行测试场景或与需求以及系统可操作的流程相关的测试用例来验证系统的功能。一个场景测试用例仅测试一个场景、事务或业务流程。基于场景技术的软件测试，首先需要完成对被测试系统进行分析建模，通过分析需求规格说明书，获得系统级的输入/输出变量，然后模拟用户的各种使用场景，基于该使用场景对测试对象进行测试。

在测试一个软件的时候，在场景法中，测试流程是软件功能按照正确的事件流实现的一个正确流程，称为该软件的基本流；而凡是出现故障或缺陷的过程，就用备选流加以标注，这样，备选流就可以是起源于基本流，或是由另一个备选流引出的。当业务流、场景都确定下来以后，一个业务的具体操作流程就确定了，基于场景的测试主要集中在用户和系统之间的交互，用来检测业务需求的正确性，而不是代码本身的正确性。场景法示意图如图 3-10 所示。

基本流和备选流如图 3-10 所示，图中经过用例的每条路径都用基本流和备选流来表示。

直黑线表示基本流，是经过用例的最简单的路径。一个备选流可能从基本流开始，在某个特定条件下执行，然后重新加入基本流中（如备选流1和3）；也可能起源于另一个备选流（如备选流2），或者终止用例而不再重新加入到某个流（如备选流2和4）。

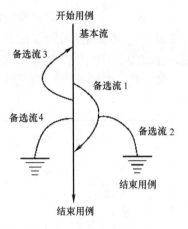

图3-9　场景法示意图

在图3-9中，有1个基本流和4个备选流。每个经过用例的可能路径，可以确定不同的用例场景。从基本流开始，再将基本流和备选流结合起来，可以确定以下用例场景。

1）场景1：基本流。

2）场景2：基本流、备选流1。

3）场景3：基本流、备选流1、备选流2。

4）场景4：基本流、备选流3。

5）场景5：基本流、备选流3、备选流1。

6）场景6：基本流、备选流3、备选流1、备选流2。

7）场景7：基本流、备选流4。

8）场景8：基本流、备选流3、备选流4。

例如银行ATM的取款操作，其一般的用户使用场景：

- 用户插入有效银行卡。
- 输入正确密码。
- 输入取款金额。
- ATM机吐钱。
- 退卡。

通过以上的描述，并结合业务需求和规则，如三次无效密码输入ATM机将没收银行卡，从中确定哪些是基本流、哪些是备选流。ATM机取款模块的业务流见表3-28。

表3-28　ATM机取款模块的业务流

基本流	输入银行卡号，输入密码，输入取款金额，ATM机吐钱，退卡
备选流1	银行卡号无效
备选流2	密码错误
备选流3	银行卡账户余额不足
备选流4	ATM机内现金不足

应根据基本流和备选流来确定场景。ATM机取款模块的测试场景见表3-29。

表3-29　ATM机取款模块的测试场景

场景1：成功提款	基本流	
场景2：账户不存在/账户信息有误	基本流	备选流1
场景3：密码输入有误（还有输入机会）	基本流	备选流2
场景4：密码输入有误（没有输入机会）	基本流	备选流2
场景5：账户余额不足	基本流	备选流3
场景6：ATM机内现金不足	基本流	备选流4

对于每一个场景都需要确定测试用例。对于每个测试用例，存在一个测试用例 ID、条件（或说明）、测试用例中涉及的所有数据元素（作为输入或已经存在于数据库中）以及预期结果。在表 3-30 中，V（有效）表明这个条件必须是 Valid（有效的）时才可执行基本流，I（无效）表明这种条件下将激活所需备选流，n/a（不适用）表明这个条件不适用于测试用例。

表 3-30　ATM 机取款模块的测试用例

测试用例 ID	场景/条件	账号	密码	输入金额	账面金额	ATM 机内金额	预期结果
1	场景1：成功提款	V	V	V	V	V	成功提款
2	场景2：账户不存在/账户信息有误	I	n/a	n/a	n/a	n/a	提示银行卡账户错误，操作终止
3	场景3：密码输入有误（还有输入机会）	V	I	n/a	n/a	n/a	提示密码输入错误，请重新输入
4	场景4：密码输入有误（没有输入机会）	V	I	n/a	n/a	n/a	提示密码连续输入错误，ATM 机吞卡
5	场景5：账户余额不足	V	V	V	I	V	提示取款账面金额不足，重新输入取款金额
6	场景6：ATM 机内现金不足	V	V	V	V	I	提示 ATM 机内金额不足，重新输入取款金额

一旦确定了所有的测试用例，则应对这些用例进行复审和验证以确保其准确且适度，并取消多余或等效的测试用例。测试用例一经认可，就可以确定实际数据值（在测试用例实施矩阵中）并且设定测试数据，见表 3-31。

表 3-31　ATM 机取款模块的测试数据

测试用例 ID	场景/条件	账号	密码	输入金额	账面金额	ATM 机内金额	预期结果
1	场景1：成功提款	9558801201231453678	123456	100	500	5000	成功提款，账户余额被更新为400元
2	场景2：账户不存在/账户信息有误	12341234123412341234567	n/a	n/a	n/a	n/a	提示银行卡账户错误，操作终止
3	场景3：密码输入有误（还有输入机会）	9558801201231453678	654321	n/a	n/a	n/a	提示密码输入错误，请重新输入
4	场景3：密码输入有误（还有输入机会）	9558801201231453678	111111	n/a	n/a	n/a	提示密码输入错误，请重新输入
5	场景4：密码输入有误（没有输入机会）	9558801201231453678	222222	n/a	n/a	n/a	提示密码连续输入错误，ATM 机吞卡
6	场景5：账户余额不足	9558801201231453678	123456	1000	500	5000	提示取款账面金额不足，重新输入取款金额
7	场景6：ATM 机内现金不足	9558801201231453678	123456	1000	5000	500	提示 ATM 机内金额不足，重新输入取款金额

总结：场景法的基本设计步骤如下：

1）根据说明，描述程序的基本流及各项备选流。

2）根据基本流和各项备选流生成不同的场景。

3）对每一个场景生成相应的测试用例。

4）对生成的所有测试用例重新复审，去掉多余的测试用例，测试用例确定后，对每一个测试用例确定测试数据值。

在早期不稳定的代码上，场景测试的效果不如其他方式，因为场景测试比较复杂，包含许多特性，一旦第一个特性出错，就会阻碍其他特性的测试。此外，场景测试不是为了全部覆盖整个程序；场景测试经常发现的是设计问题，而不是代码问题，代码问题更适合由其他的测试方法来发现。

什么时候适合运用场景法进行测试用例设计呢？主要适用于业务流程或事件比较复杂的程序，主要用来探索对于比较有经验的用户是怎么来使用软件的，并查找出更加有说服力的Bug。不同的触发顺序和处理结果形成事务流，通过设计足够多的测试用例来覆盖基本流和各种备选流。流程性比较强，显然一个一个模块测试是不明智的，各个模块之间需要有数据流的流动才能运转，这是可以采用场景法确定数据流的一般情况。有些软件有明确的但是复杂的各种输入（原因），它们会导出许多复杂的输出，这个时候可用因果图方法理清因果之间的关系。但是只用这两个方法显然是不够的，针对每一个输入，有无数种情况，要用等价类的方法把无限测试变为有限测试。当然，边界值、错误测试都是很有用也必要的测试案例的补充。对于一个软件，如果没有很明确的流程，也不需要使用因果图、场景法等方法，但是它依然需要等价类、边界值与错误输入等技术。对于这类软件，可以分模块通过进行功能的"扫菜单"方式组织用例的编写。

6．错误推测

在软件测试中，人们也可以靠经验和直觉推测程序中可能存在的各种错误，从而有针对性地编写检查这些错误的例子，这就是错误推测法。

错误推测法的基本想法是：列举出程序中所有可能有的错误和容易发生错误的特殊情况，根据它们选择测试用例。例如，输入数据为0或输出数据为0的地方往往容易出错，因此可选择输入数据为0，或使用输出数据为0的例子作为测试用例。又如，输入表格为空或输入表格只有一行，也是容易发生错误的情况，可选择表示这种情况的例子作为测试用例。再如，若两个模块间有共享变量，则要设计测试用例检查当让一个模块去修改这个共享变量的内容后，另一个模块的出错情况等。

经验和直觉可能存在于人们的潜意识中，基于人们对错误的记忆，因为每个人都犯过错误。列举程序中所有可能有的错误和容易发生错误的特殊情况，形成经验库。

3.2.8 黑盒测试与白盒测试的比较和选择

前面介绍了黑盒测试和白盒测试的用例设计方法，下面对二者进行对比，并给出一些关于什么时候选择黑盒测试、什么时候选择白盒测试的建议。

无论黑盒测试还是白盒测试，都是为了发现软件中的缺陷。黑盒测试是以软件需求为依据进行的，而白盒测试是以软件设计、软件结构和算法为依据进行的。二者有着不同的测试依据和测试方法，被用来发现不同类型的软件错误。

黑盒测试主要是为了发现以下几类错误：

- 是否有不正确或遗漏的功能？
- 在接口上，输入是否能正确地接受？能否输出正确的结果？
- 是否有数据结构错误或外部信息（例如数据文件）访问错误？
- 性能上是否能够满足要求？
- 是否有初始化或终止性错误？

所以，用黑盒测试发现程序中的错误，必须在所有可能的输入条件和输出条件中确定测试数据，来检查程序是否都能产生正确的输出。

白盒测试则被程序员用来对程序模块进行检查，在检查的过程中：

- 对程序模块的所有独立的执行路径至少测试一次。
- 对所有的逻辑判定，取"真"与取"假"的两种情况都能至少测试一次。
- 在循环的边界和运行界限内执行循环体。
- 测试内部数据结构的有效性。

在编码阶段，程序员编写程序并对其进行测试。白盒测试是编码期间可供程序员很好使用的测试类型。在白盒测试中，程序员要运用自己的理解能力，深入到源程序中以开发测试用例。

"黑盒"和"白盒"都是比喻。"黑盒"表示看不见盒子里面的东西，意味着黑盒测试不关心软件内部设计和程序实现，只关心外部表现，即通过观察输入与输出即可知道测试的结论。任何人都可以依据软件需求来执行黑盒测试。

白盒测试关注的是被测对象的内部状况，需要跟踪源代码的运行。白盒测试者必须理解软件内部设计与程序实现，并且能够编写测试驱动程序，一般由开发人员兼任测试人员的角色。

黑盒测试与白盒测试的对比见表3-32和表3-33。

表 3-32　黑盒测试与白盒测试的对比 1

测试方式	特　征	依　据	测试人员	测试驱动程序
黑盒测试	只关心软件的外部表现，不关心内部设计与实现	软件需求	任何人（包括开发人员、独立测试人员和用户）	一般无需编写额外的测试驱动程序
白盒测试	关注软件的内部设计与实现，需要跟踪源代码的运行	设计文档	由开发人员兼任测试人员的角色	需要编写额外的测试驱动程序

黑盒测试和白盒测试有着各自针对的目标，也有着各自的不足，在实际的测试工作中，需要对二者结合使用。

对于用户来说，最关心的是软件是否符合既定的需求，而不关心软件是如何设计与实现的。进行黑盒测试，能够更好地验证软件是否符合用户需求，而进行白盒测试，是因为：

1）黑盒测试只能观察软件的外部表现，即使软件的输入、输出都是正确的，却并不能说明软件就是正确的。因为程序有可能用错误的运算方式得出正确的结果，如"负负得正，错错得对"，只有白盒测试才能发现真正的原因。

2）白盒测试能发现程序里的隐患，如程序中的某条路径没有被执行，而这条路径是在出现某种少见的错误时进行处理的，通过黑盒测试，有可能难以测试到这种情况。在这方面，黑盒测试存在严重的不足。

表 3-33 黑盒测试与白盒测试的对比 2

	白盒测试	黑盒测试
程序结构	已知程序结构	未知程序结构
规模	小规模测试	大规模测试
依据	详细设计说明	需求说明、概要设计说明
面向	程序结构	输入输出接口/功能要求
适用	单元测试	组装、系统测试
测试人员	开发人员	专门测试人员/外部人员
优点	能够对程序内部的特定部位进行覆盖	能站在用户的立场上进行测试
缺点	无法检验程序的外部特性，不能检测对要求的遗漏	不能测试程序内部特定部位，如果规格说明有误，则无法发现

如果仅仅进行白盒测试也是不够的，通过了白盒测试，只能说明源代码编写符合设计要求，但并不能说明最终的软件符合用户需求。如果软件设计偏离了用户需求，那么100%正确的程序也不是用户想要的。尽管结构测试非常有用，并且也有了很好的测试工具，但大多数进行的测试仍然是功能性的。任何一种方法通常都可能找到其他方法找不到的错误。在寻找软件错误方面，不存在谁比谁更有效。

3.2.9 常见错误分析

在开发测试用例时，还需要考虑一些常见的错误。如果在开发测试用例时，能够猜测到哪些错误很容易发生，然后开发相应的测试用例，则可以有效地避免一些错误。

在软件测试中除了软件产品的功能和性能不能正确实现，还有一些显而易见的、容易被程序员忽略的错误，这些错误可能是容易修改的或是容易避免的，但是对于测试组或用户来说可能却是非常头痛和不方便的。下面列举了一些典型的问题。

（1）用户界面问题

■ 输入无合法性检查和值域检查，允许用户输入错误的数据类型，并导致不可预料的后果。

■ 界面中的信息不能及时更新，不能正确反映数据状态，甚至对用户产生错误的误导。例如，数据库中剩余记录个数，参数设置对话框中的预设值。

■ 表达不清或过于模糊的信息提示。

■ 要求用户输入多余的、本来系统可以自己得到的数据。

■ 为了达到某个设置或对话框，用户必须做许多冗余操作，如对话框嵌套层次太多。

■ 不能记忆用户的设置或操作习惯，用户每次进入都需要重新操作一次初始环境。

■ 不经用户确认就对系统或数据进行重大修改。

（2）形象类问题

■ 不符合用户操作习惯。例如，快捷键定义不科学、不实用（键位分布不合理、按键太多，甚至没有快捷键）。

■ 不够专业，缺乏基本知识。

■ 界面中英文混杂，而且还拼错单词。

■ 说明书或帮助的排版格式不专业：中英文搭配不对、标点符号全角半角不分、没有排版准则。

■ 界面元素参差不齐，文字不能完全显示。

（3）稳定性问题

■ 不可重现的死机，或不断申请但不完全释放资源，系统性能越来越低。

■ 主系统和子系统使用同样的临界资源而互相不知道。例如，使用同样的类名或临时文件名、使用同样的数据库字段名或登录账号。

■ 不能重现的错误，许多与代码中的未初始化变量有关，有些与系统不检查异常情况（如内存申请不成功、网络突然中断或长时间没有响应）有关。

（4）其他问题

■ 运行时不检查内存、数据库或硬盘空间等。

■ 无根据地假设用户环境：硬件/网络环境；有些动态库；安装程序换台机器不正确；假设网络随时都是连通的。

■ 提供的版本带病毒。

■ 提供错误的版本给测试组或测试用户，或程序员与测试组使用不同版本。

■ 用户现场开发和修改，又没有记录和保留。

■ 版本中部分内容和接口倒退，或版本管理出现混乱。

■ 有些选项永远是灰色的；有些选项、菜单项在应该变成灰色（表示当前不可使用）时，没有变成灰色。

3.3 评审测试用例

在完成编写测试用例之后，需要进行复查，以下是在复查测试用例时应该考虑的一些问题：

■ 测试或测试组件完全针对的是需求中列出的功能吗？

■ 测试组件是否覆盖了所有需求？

■ 有冗余的测试吗？

■ 每一个测试步骤都有清楚描述的预期结果吗？

此外，在评审测试用例时可以给出每个测试用例的优先级。优先级旨在根据某种合理的而非任意的准则减少测试用例，目的是选择最适当的测试。优先级模式主要基于以下关键考虑：

■ 必须测试什么功能？

■ 如果一些功能没被测试会出现什么后果？

最简单的分类模式是对每个测试用例直接赋予一个优先级代码。考虑下面三级优先级分类模式。

1）优先级1：这个测试必须执行。

2）优先级2：如果时间允许，执行这个测试。

3）优先级3：即使不执行这个测试，也不会导致大的质量问题。

若采用5级分类，则如下所示。

1）优先级1：这个测试必须通过，否则产品发布存在着危险。

2）优先级2：这个测试在发布前必须被执行。

3）优先级3：如果时间允许，执行这个测试。

4）优先级4：这个测试可以等到下一次发布或发布后短期内执行。

5) 优先级5：可以不做这个测试。

小　结

测试设计和开发阶段主要完成测试用例的设计和编写，每个测试用例都应该有清楚的目标，这样可以清楚地知道测试的是什么。每个测试用例都要有定义良好的测试环境和已知的初始条件，这样可以预期每次运行测试都将得到相同的结果。最后，每个测试用例都应该有定义清楚的预期结果（输出），这样可以得到无二义性的通过/失败标准。一个优秀的测试用例应该有以下特点：

- 很可能发现缺陷。
- 可重现。
- 清楚定义了预期结果和通过/失败标准。
- 没有冗余。

通常可以利用白盒测试设计方法的逻辑覆盖以及黑盒测试设计方法的等价类划分、边界值分析、因果图、错误推测等进行测试用例的设计。最终完成测试用例文档的编写和评审。测试用例中常用信息见表3-34。

测试用例按照测试对象有一些不同，有的粒度密，有的粒度稀，有的可能5s就能测完，有的可能要花一天时间。但无论如何，它们所包含的内容都是一样的。

格式是文档的面子，写得糟糕的文档给测试带来很大困扰，形式和内容一样重要，做事规范是职业素养里最难培养的素质。

对于测试初学者来说，系统测试是主要的工作重点，在系统测试中，将大量使用黑盒测试的方式来进行。因此，读者需要重点掌握黑盒测试用例的设计方法。而其中的等价类划分，则需要读者注意积累更多的知识和工作经验，这样才能更好地划分等价类。

表3-34　测试用例中记录的常用信息

应用版本			需要的设备				
测试工具版本			测试用例评审				
操作系统版本			评审日期				
硬件版本			批准测试用例				
测试 用例ID	需求 地址	输入	预期 结果	实际 结果	通过/ 失败	问题 报告号	测试用 例作者

关键术语

- 测试用例。
- 等价类。
- 边界值分析。
- 因果图。

- 错误推测。
- 逻辑覆盖法。
- 场景测试。
- 桩模块删除。
- 驱动模块。

思考题

1）你认为测试用例和测试过程有什么区别？测试设计中是否需要定义详细的测试过程？

2）你认为在测试设计中测试环境的设计和定义是否重要，为什么？

3）程序如下所示，请设计测试用例分别实现语句覆盖、条件覆盖和判定覆盖。

```
0:
1: if ( ( a < 150) || ( b < 200))
2: {
3:    for ( i = a; i < 100; i + + )
4:       {
5:    println ( "A" );
6: }
7: }
8: else
9: {
10: println ( "B" );
11: }
```

4）为什么要进行等价类的划分？在划分等价类的时候需要遵循哪些原则？

5）一个在线购物网站在对图书的管理中，产品规格说明书的要求：图书编号的取值是6～10位的正整数，且图书编号具有唯一性，请用等价类分析和边界值分析法设计相关测试用例。

6）请以当当网为例，根据在线图书订购的流程，试用场景法进行测试用例设计。

7）一个网站登录程序流程如图3-10所示。

请用逻辑覆盖法进行测试用例设计。

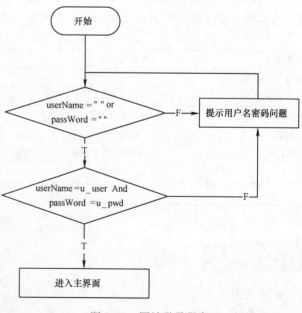

图 3-10　网站登录程序

第4章

测试工具应用

能力目标

阅读本章后，你应该具备如下能力：

✓ 了解自动化测试。

✓ 了解常见测试工具类型。

✓ 掌握负载测试工具 LR 的使用。

✓ 掌握开源测试工具 Selenium 和 JMeter 的使用。

✓ 能在软件测试实践中运用功能和性能测试工具。

本章要点

本章介绍了全国职业院校技能大赛软件测试赛项中使用的三个主流软件测试工具的使用：负载测试工具 LoadRunner 以及开源测试工具 Selenium 和 JMeter，重点帮助读者树立对测试工具中运用的基本技术和概念的理解。作为软件测试的初学者，通过对这些典型的测试工具的学习，对测试工具的应用场合以及基本使用方法有一定了解，能够帮助测试人员在今后的项目测试中合理选择和灵活运用不同的测试工具奠定良好的基础。

4.1 任务概述

【工作场景 1】

测试组长：开发组已经把提交的问题进行了修改，接下来需要对系统进行回归测试。今后可能还需要多次回归。

测试工程师：要把前面执行过的测试用例再执行一遍？

测试组长：是的，因为后面还要执行回归测试，所以可以考虑采用测试工具。

测试工程师：编写测试脚本，执行回归测试，并通过缺陷管理软件提交错误报告。

【工作场景 2】

测试组长：接下来要利用测试工具对系统进行负载测试，重点测试在不同负载下系统的性能情况，找出影响系统性能的因素。

测试工程师：学习使用自动化测试工具并进行负载测试，提交测试结果报告。

软件测试的工作量很大。据统计，会占用 40% 的开发时间，一些可靠性要求非常高的软件，测试时间甚至占到总开发时间的60%，但测试却是在整个软件过程中极有可能应用计算机进行自动化的工作，原因是测试的许多操作是重复性的、非智力创造性的、需要细致注意力的工作。计算机就最适合代替人类去完成这些任务。

对于测试人员来说，编程技能未必是必不可少的技能，但如果能掌握基本的编程技巧，则会对测试有很大的帮助。大部分的自动化测试工具需要测试人员具备一定的编码能力和语言知识。

4.2　手工测试与自动化测试

手工测试和自动化测试是两种测试方法。软件测试的一个显著特点是重复性，重复让人产生厌倦的心理，重复使工作量倍增，因此，人们想到用工具来解决重复问题。另外，手工测试还存在精确性的问题，尤其是面对大量的数据需要检查时，人工的比较和搜索不仅存在效率问题，而且容易出错，覆盖面偏低。手工测试存在效率问题，这在软件产品的研发后期阶段尤其明显，因为随着产品的日趋完善、功能日渐增多，需要测试和检查的内容越来越多，很容易遗漏。加之产品发布日期临近，人工重复进行回归测试的难度加大，很难在短时间内完成大面积的测试覆盖。

何谓自动化测试？自动化测试的一般定义为：各种测试活动的管理和实施，包括测试脚本的开发和执行，均使用一种自动化测试工具来验证测试的需求。简而言之，所谓自动化测试就是将现有的手动测试流程自动化。自动化测试最实际的应用与目的是自动化回归测试。也就是说，用户必须有用来储存详细测试用例的数据库，而且这些测试用例是可以重复执行于每次应用软件被变更后，以确保应用软件的变更没有产生任何因为不小心所造成的影响。

通常为实施自动化测试工作，开发人员或测试人员用编程语言或更方便的脚本语言（Script Language，如Perl等）编写测试程序来产生大量的测试输入（包括输入数据与操作指令）、执行测试动作、比较程序执行结果，使测试过程无须人工干预，方便地进行重复和大量的测试工作。

使用自动化的测试工具可以帮助人们进行自动化测试。到现在为止自动化测试工具已经足够完善了，完全可以通过在软件的测试中应用自动化的测试工具来大幅度地提高软件测试的效率和质量，减少测试过程中的重复劳动，实现测试自动化。在测试中应用测试工具，可以发现正常测试中很难发现的缺陷。当然，测试工具的使用只是进行自动化测试的一部分，而非全部。

从管理的角度来说，100%的自动化目标只是一个从理论上可能达到的，但是实际上达到100%的自动化的代价是十分昂贵的。一个40%～60%的测试自动化，其利用的程度已经是非常好的了。达到这个级别以上将增加测试相关的维护成本。此外，自动化测试不会取代手动测试或是帮助缩编原本的测试团队。对于一个测试流程，应该将自动化测试看成是附加的选项。因此，在自动化测试中，要将自动化测试与手工测试结合起来使用。

通常，当具有下列情况时采用手工测试。

- 手工很容易测试的程序。
- 只需要测试一次的程序。
- 要马上进行测试的程序。
- 要使用直觉和经验才能测试的程序。
- 不可预知结果的程序。

下列情况采用自动化测试：

■ 要经常执行测试的程序。

■ 压力测试（如多用户执行、一个程序执行几万遍）。

扫码看视频

4.3　自动化测试工具选择

测试工具的种类很多，有用于管理测试的，有帮助实现测试自动化的，有开源的，有免费共享的。软件测试工具按照其用途，可大致分成以下几大类：

■ 测试管理工具。

■ 自动化功能测试工具。

■ 性能测试工具。

■ 单元测试工具。

■ 白盒测试工具。

■ 测试用例设计工具。

如果按测试工具的收费方式，又可分为以下几类。

■ 商业测试工具。

■ 开源测试工具。

■ 免费测试工具。

测试管理工具贯穿整个软件测试过程，包括制订测试计划、测试用例设计、测试执行、缺陷跟踪等，它管理整个测试过程中所产生的文档、数据统计、版本信息等。此类管理工具一般采用 Web 系统，因为它易于访问修改，便于团队之间的沟通协作。这类工具中比较主流是 Micro Focus 公司的 ALM/QC、IBM 公司的 Rational Quality Manager、TestLink（开源组织）、Atlassian 公司的 JIRA 以及禅道项目管理软件。

此外，还有一些缺陷管理工具，常用的有：

■ IBM Rational ClearQuest。这是目前比较专业、功能强大的商业缺陷管理工具，原 Rational 产品，如今它已集缺陷管理、变更管理于一身，贯穿到整个软件开发过程中。IBM Rational ClearQuest 支持 BS 和 CS 两种模式。

■ TestCenter。泽众软件旗下的 TestCenter（简称 TC）是面向测试流程的测试生命周期管理工具，可迅速建立完善的测试体系，提高测试效率与质量，实现对测试的过程管理。

■ 免费 Bugzilla。目前业内比较成熟的开源免费缺陷管理工具 Bugzilla，可与 Perforce、CVS 进行无缝集成。

功能测试自动化工具是回归测试主要用到的工具，通过它的脚本录制和回放功能可以大大减轻测试人员的工作量，此外它还具有可编程和检验功能，使得测试更加灵活。目前比较主流的功能测试自动化工具有：

■ Micro Focus 公司的 UFT。UFT 的前身是 HP 公司的 QTP，2017 年 HP 公司将旗下软件部门出售给 Micro Focus 公司，产品更名为 UFT。

■ Micro Focus 公司的 SilkTest。SilkTest 是针对 Web、移动、客户端以及企业级应用程序的功能测试。

■ Selenium。Selenium 是一款开源的 Web 应用程序自动化测试工具。

■ soapUI。soapUI 是一款开源测试工具，既可以实现功能测试，也能提供性能测试。

简单来说，性能测试工具就是为了模拟软件实际工作中可能产生的高并发、不稳定的网络带宽、有限的服务器资源等环境。目前比较主流的性能测试自动化工具有：

■ LoadRunner。Micro Focus 公司的 LoadRunner 是一款历史悠久、行业地位高、市场份额大、使用广泛、功能强大的专业的预测系统行为和性能的负载测试工具。

■ Micro Focus SilkPerformer。这是原 Segue 公司性能测试工具主打产品，如今被 Micro Focus收购。它是仅次于 LoadRunner 的大型性能测试工具，支持的协议众多，而且突出增强了对 Web Service 性能测试的能力。它的性能瓶颈诊断与分析功能，在某些方面比 LoadRunner 还强大。可与原 Segue SilkCentral TestManager 和 Borland StarTeam 等集成。

■ IBM Rational Performance Tester。

■ Quest BenchMark Factory for Database。Quest 公司的 BenchMark Factory for Database 性能测试工具，它的性能测试偏向的是数据库，也是专门对数据库做性能测试和容量规划的工具。

■ JMeter。Apache JMeter 是 Apache 组织开发的基于 Java 的压力测试工具。由于其开源免费、安装简单，学习门槛较低，对于一般简单的性能测试能够满足要求，因此近几年发展异常快速。

单元测试工具主要通过模拟程序的输入和预期结果进行比对，来提高程序的质量，它一般在一个单元的开发完成之后，由开发者自行对模块进行单元测试。目前流行的单元测试工具是 xUnit 系列框架，常用的根据语言不同分为 JUnit（Java）、CppUnit（C）、NUnit（.net）、PhpUnit（Php）以及 Python 单元测试工具 doctest 和 unittest。

白盒测试工具可以完成对代码进行自动化的静态分析、检测和诊断，主要包括以下产品：

■ Parasoft JTest。这是 Parasoft 公司推出的强大的针对 Java 技术的商业白盒测试工具。可对 Java 进行自动化的代码静态分析、代码评审，由于内建 JUnit，可实现自动化 Java 单元测试。可与目前主流的 Java IDE，如 Eclipse 等集成。

■ Parasoft C++Test。这是 Parasoft 公司推出的强大的针对 C/C++ 技术的商业白盒测试工具。可对 C/C++ 进行自动化的代码静态分析、代码评审，也可对 C/C++ 实现自动化单元测试。可与目前主流的 MS Visual Studio 等集成。

■ Parasoftdot TEST。这是 Parasoft 公司推出的强大的针对 .NET 技术的商业白盒测试工具。可对 .NET 框架下所有的语言，如 C#、VB. NET、ASP. NET、MC++ 等进行自动化的代码静态分析、代码评审、单元测试。可与目前主流的 MS Visual Studio 等集成。

■ Parasoft Insure++。这是 Parasoft 公司推出的针对 C 和 C++ 代码进行运行时内存检查和错误监测的工具。

■ IBM Rational Software Analyzer。这是 IBM 公司推出的专业工具，可对 Java、C++ 等主流开发代码进行静态检查和分析。可与 Rational Application Developer 和 Rational Software Architect集成使用。

■ Micro Focus DevPartner。DevPartner Studio 系列工具主要侧重 Java、.NET 与 C++ 几种主流技术，包括 DevPartner Studio Server、DevPartner Studio Professional、DevPartner for Visual C++ BoundsChecker Suite、DevPartner Java Edition 几个组件。主要功能是对这些不同开发技术进行代码层面的错误检测、性能分析、安全扫描、内存泄漏检查、覆盖率分析等。

随着移动互联网的高速发展，测试工程师会接触到各种 App 应用，目前比较主流的 App 测试工具主要包括以下产品：

■ Appium。Appium 是一款开源的、跨平台的自动化测试工具。支持自动化 IOS、Android 和 Windows 桌面平台上的原生、移动 WEB 和混合应用，主要实现 UI 自动化测试。

■ Monkey。Monkey 是 Android 中的一个命令行工具，可以运行在模拟器或实际设备中。它向系统发送伪随机的用户事件流，如按键输入、触摸屏输入、手势输入等，实现对正在开发的应用程序进行压力测试。

■ MonkeyRunner。AndroidSDK 中自带的工具之一，MonkeyRunner 提供了一个 API，使用此 API 通过编写脚本可控制 Android 设备或模拟器，从而实现功能测试、回归测试等。

面对如此多的测试工具，对工具的选择是一个重要的问题。在考虑选用工具的时候，建议从以下几个方面来权衡和选择。

选择一个测试工具首先就是看它提供的功能。当然，这并不是说测试工具提供的功能越多就越好，在实际的选择过程中，适用才是根本。事实上，目前市面上同类的软件测试工具之间的基本功能都大同小异，各种软件提供的功能也大致相同，只不过有不同的侧重点。除了基本的功能之外，测试工具可否跨平台，是否适用于公司目前使用的开发工具，这些问题也是在选择一个测试工具时必须考虑的问题。除了功能之外，价格应该是较重要的因素。

测试工具是测试自动化的重要步骤之一，在引入/选择测试工具时，必须考虑测试工具引入的连续性。也就是说，对测试工具的选择必须有一个整体的考虑，分阶段、逐步地引入测试工具。

测试工具的选择既需要考虑测试工具的功能和价格，同时还要考虑被测项目的特性等因素。例如，如果一个公司所开发的软件属于工程性质的软件，在整个开发过程中需求和用户界面变动较大，这种情况下就不适合引入黑盒测试软件，因为黑盒测试软件的基本原理是录制/回放，对于不停变化的需求和界面，可能修改和录制脚本的工作量还大过测试实施的工作量，运用测试工具不但不能减轻工作量，反而加重了测试人员的负担。针对这种情况，可以采用白盒测试工具提升代码质量。

4.4　负载测试工具 LoadRunner

4.4.1　LR 的作用

人们经常会抱怨浏览网页速度慢、下载文件速度慢，这些都属于软件系统性能问题。用户在得益于软件功能方面的质量提升后，开始对性能有了新的认识和要求。在一些 Web 系统中，经常需要知道在多少用户使用的情况下完成某事情需要多少时间，或者在多少用户并发访问时整个系统是否还能正常工作。例如，奥运会门票销售网站在刚开始运行时，由于大量的数据访问而导致系统的瘫痪。如何在系统上线之前对系统进行性能和负载测试呢？显然，手工测试是不可行的，人员和设备是主要的问题，同时手工测试也难于做到完全的多用户并发，因此必须借助辅助工具进行测试。

为什么 QTP 这类自动化测试工具无法生成负载呢？QTP 通过录制用户行为并进行回放，可以模拟一个用户的操作，但是无法在一台计算机上模拟多个用户操作（由对象识别技术决定），如果要实现 500 个模拟用户，那么就需要 500 台计算机，这样实施性能测试的成本就非常高。另外，需要对 500 个自动化客户端进行管理，这也十分复杂。

　　LoadRunner（简称 LR）能有效地解决这个问题：LoadRunner 为了解决低成本下模拟用户行为的问题，回避了界面，采取了协议的方式来模拟用户行为，不考虑用户在客户端操作了什么，只关心操作所带来的最终请求。好比无须模拟在手机上如何单击按钮实现短信编写、发送的过程，只需要关心短信格式即可，因为服务器的负载只受数据包的影响，和用户如何操作无关。可以说协议模拟是性能测试的核心技术，而所有的性能测试工具都采用了这种方式。

　　LoadRunner 是一种预测系统行为和性能的工业标准级负载测试工具。通过模拟上千万用户实施并发负载及实时性能监测的方式来确认和查找问题。通过使用 LoadRunner，企业能最大限度地缩短测试时间，优化性能和加速应用系统的发布周期。

　　（1）轻松创建虚拟用户　使用 LoadRunner 的 Virtual User Generator，能很简便地创立起系统负载。该引擎能够生成虚拟用户，以虚拟用户的方式模拟真实用户的业务操作行为。它先记录下业务流程（如下订单或机票预订），然后将其转化为测试脚本。利用虚拟用户，用户可以在 Windows、UNIX 或 Linux 计算机上同时产生成千上万个用户访问。所以，LoadRunner 能极大地减少负载测试所需的硬件和人力资源。另外，LoadRunner 的 TurboLoad 专利技术能提供很高的适应性。TurboLoad 使用户可以产生每天几十万名在线用户和数以百万计的点击数的负载。

　　用 Virtual User Generator 建立测试脚本后，用户可以对其进行参数化操作，这一操作能让用户利用几套不同的实际发生数据来测试应用程序，从而反映出系统的负载能力。以一个订单输入过程为例，参数化操作可将记录中的固定数据，如订单号和客户名称，由可变值来代替。在这些变量内随意输入可能的订单号和客户名，来匹配多个实际用户的操作行为。

　　LoadRunner 通过它的 Data Wizard 来自动实现其测试数据的参数化。Data Wizard 直接链接数据库服务器，从中用户可以获取所需的数据（如订单号和用户名），并直接将其输入到测试脚本。这样避免了人工处理数据的需要，Data Wizard 为用户节省了大量的时间。

　　（2）创建真实的负载　Virtual users 建立起后，用户需要设定自己的负载方案、业务流程组合和虚拟用户数量。用 LoadRunner 的 Controller 能很快组织起多用户的测试方案。Controller 的 Rendezvous 功能提供一个互动的环境，在其中用户既能建立起持续且循环的负载，又能管理和驱动负载测试方案。而且，用户可以利用它的日程计划服务来定义用户在什么时候访问系统以产生负载。这样，就能将测试过程自动化。同样，用户还可以用 Controller 来限定负载方案，在这个方案中所有的用户同时执行一个动作（如登录到一个库存应用程序）来模拟峰值负载的情况。另外，用户还能监测系统架构中各个组件的性能（包括服务器、数据库、网络设备等），来帮助客户决定系统的配置。

　　LoadRunner 通过它的 AutoLoad 技术，为用户提供更多的测试灵活性。使用 AutoLoad，可以根据目前的用户人数事先设定测试目标，优化测试流程。

　　（3）实时监测器　LoadRunner 内含集成的实时监测器，在负载测试过程的任何时候，用户都可以观察到应用系统的运行性能。这些性能监测器实时显示交易性能数据（如响应时间）和其他系统组件（包括 application server、web server、网络设备和数据库等）的实时性能。这样，用户就可以在测试过程中从客户和服务器的双方面评估这些系统组件的运行性能，从而更快地发现问题。

　　再者，利用 LoadRunner 的 ContentCheck TM，用户可以判断负载下的应用程序功能正常与否。ContentCheck 在 Virtual users 运行时，检测应用程序的网络数据包内容，从中确定是否有错误内容传送出去。它的实时浏览器帮助使用者从终端用户角度观察程序性能状况。

（4）分析结果以精确定位问题所在 一旦测试完毕，LoadRunner 将收集汇总所有的测试数据，并提供高级的分析和报告工具，以便用户迅速查找到性能问题并追溯缘由。使用 LoadRunner 的 Web 交易细节监测器，可以了解到将所有的图像、框架和文本下载到每一网页上所需的时间。例如，这个交易细节分析机制能够分析是否因为一个大尺寸的图形文件或是第三方的数据组件造成应用系统运行速度减慢。另外，Web 交易细节监测器分解用于客户端、网络和服务器上端到端的反应时间，便于确认问题，定位查找真正出错的组件。例如，可以将网络延时进行分解，以判断 DNS 解析时间、连接服务器或 SSL 认证所花费的时间。通过使用 LoadRunner 的分析工具，用户能很快地查找到出错的位置和原因，并作出相应的调整。

（5）重复测试保证系统发布的高性能 负载测试是一个重复过程。每次处理完一个出错情况，用户都需要对应用程序在相同的方案下再进行一次负载测试，以此检验所做的修正是否改善了运行性能。

除此之外，LoadRunner 完全支持 EJB 的负载测试，同时支持两项使用广泛的无线应用协议：WAP 和 I-mode，对 Media Stream 应用也提供良好的支持。

4.4.2 LR 工具组成

在 Micro Focus 官方网站通过搜索关键字"Loadrunner"可以获得最新的 LoadRunner 试用版，本书以 LR 9.5 版本为例进行演示。在安装 LoadRunner 之前需要安装一些组件，如 .Net Framework v3.5，安装界面上会给出相应提示。

LoadRunner 安装完成后，在启动菜单中可以看出整个 LoadRunner 主要由三部分组成，如图 4-1 所示。这三部分可以安装在一台计算机上，也可以分别安装在不同

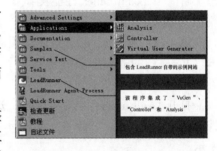

图 4-1 LoadRunner 的三个组成部分

的计算机上。通过选择"开始"→"所有程序"→"LoadRunner"→"Applications"命令或"开始"→"所有程序"→"LoadRunner"→"LoadRunner"命令可以分别启动该组件。另外，LoadRunner 完全安装后自带演示程序飞机订票网站"HP Web Tours"，可通过菜单中的"Samples"启动服务并运行该网站。

注意：WWW 服务会占用 1080 端口，如果系统本身就有应用程序占用了这个端口，需要先关闭该应用程序。

1）虚拟用户生成器 Virtual User Generator（简称 VuGen）。VuGen 提供了基于录制的可视化图形开发环境，可以方便简洁地生成用于负载的性能脚本。

2）压力调度和监控系统 Controller。负责对整个负载的过程进行设置，指定负载的方式和周期，同时提供了系统监控的功能。

3）结果分析。工具 Analysis。通过 Analysis，可以对负载生成后的相关数据进行整理分析。

除此之外，LoadRunner 还有一个重要的组件：负载生成器（Load Generator），负责执行由 VuGen 生成的脚本，以此形成对系统的负载。这些不同的组件在安装时可以选择安装在同一台计算机上，也可以选择安装在不同的计算机上。

在"开始"菜单程序中打开"LoadRunner"，如图 4-2 所示。在"CONFIGURATION"下选择"LoadRunner License"，如图 4-3 所示，然后可以进入 License 管理界面。不同的

License提供了不同的协议支持和 Monitors 支持。

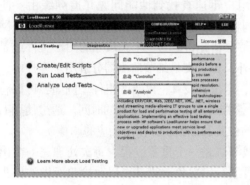

图 4-2　打开 LoadRunner

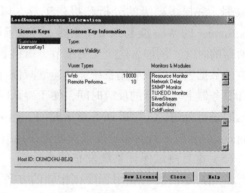

图 4-3　License 管理界面

4.4.3　LR 性能测试操作流程

先通过一个简单的性能测试过程来了解一下 LoadRunner 性能测试操作流程，如图 4-4 所示。

第一步：在 VuGen 中完成虚拟脚本（Vuser）的开发，包括选择协议、录制用户交互和编辑脚本。

打开 LoadRunner，启动 VuGen，选择"File"→"New"命令，如图 4-5 所示。

在弹出的菜单中选择"Web（HTTP/HTML）"命令，如图 4-6 所示。

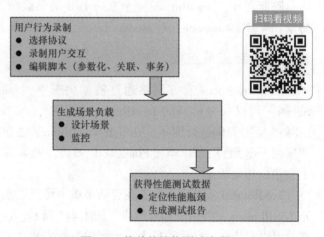

图 4-4　简单的性能测试流程

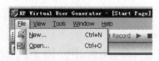

图 4-5　启动 Vu Gen

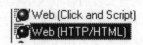

图 4-6　选择"Web（HTTP/HTML）"命令

确定后，在弹出的主界面的工具栏上选择 ⊙ Start Record 按钮，或选择菜单"Vuser"→"Start Recording"命令，如图 4-7 所示。在"URL Address"文本框中输入需要测试的网站地址（见图4-8），单击"OK"按钮开始录制，然后会弹出 IE 窗口，并且出现 VuGen 的录制工具条。接着用户对该网站进行用户登录及预订机票操作。

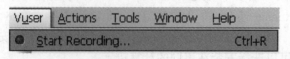

图 4-7　"Start Recording"命令

完成操作后，按 < Ctrl + F5 > 组合键结束录制过程，稍后即可在 VuGen 中看到大量的脚

URL Address: `http://127.0.0.1:1080/WebTours/`

图4-8 输入测试网址

本出现，这些脚本就是刚才登录网站行为的对应协议模拟函数。

接着需要验证一下该脚本是否正确录制，并且是否可以成功回放。按<F5>键运行脚本，打开菜单执行"View"→"Test Results"命令检查一下脚本是否回放成功。当脚本验证通过后，即可开始形成负载。

第二步：用户行为录制完成后，开始生成负载场景。

保存脚本。打开主菜单执行"Tools"→"Create Controller Scenario"命令，将该脚本加入Controller中生成负载，如图4-9所示。

在弹出的窗口中输入需要模拟的用户个数，如图4-10所示。其中5的含义是场景的负载是由5个用户运行脚本实现，单击"OK"按钮，看到Controller被打开，这里先不设置任何东西直接运行场景即可，如图4-11所示。

图4-9 把脚本加入Controller

图4-10 输入用户个数

当场景开始运行后，切换到"Controller"中的"Run"选项卡，在中间的各种图中能看到很多线条，这些线条都是默认Controller监控的数据。等待脚本运行完成后，可以去网站看看是不是存在多条刚才预订的机票信息。这就是LoadRunner能做到的没有界面、没有感觉，模拟大量的用户行为，并且监控到了相关的数据。

第三步：进行最后的分析统计工作。

在"Controller"下打开主菜单执行"Result"→"Analyze Results"命令，运行Analyze Results，对测试报告进行分析，如图4-12所示。

图4-11 运行场景

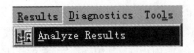

图4-12 分析测试报告

可以看到Analysis组件被打开，便可以得到一份完整的Analysis Summary报告，里面有整个系统运行情况等数据。此外，还可以通过Analysis生成Word版的测试结果报告，至此利用LoadRunner进行性能测试结束。

4.4.4　利用 VuGen 开发测试脚本

扫码看视频

Virtual User Generator（VuGen）是一种基于录制回放的工具，在 VuGen 中录制得到的用户行为就好像虚拟了一个用户的行为，所以称该模拟的用户为 Vuser（虚拟用户），而将这个脚本称为 Vuser Script。开发测试脚本需要几个步骤，可以用图 4-13 来表示。

图 4-13　VuGen 用户行为模拟流程

1. 初识 VuGen

（1）启动 VuGen　在"开始"菜单中找到"LoadRunner"程序并打开 Application，找到"Virtual User Generator"，打开 VuGen 会看到 Start Page 页面，这里提供了一些相关资源（包括常用的脚本、在线资源和 VuGen9.5 的新功能）的介绍，如图 4-14 所示。

（2）选择系统通信协议　选择菜单"File"→"New"命令创建脚本，出现图 4-15 所示界面。由于 LoadRunner 是基于协议的，所以首先要选择匹配的协议，如果协议错误将导致无法录制用户行为，选择过多会导致录制内容的冗余，而选择不足又会导致漏录的情况发生。在 VuGen 中分为单协议和多协议两种情况。

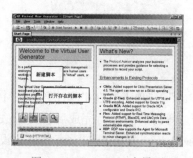

图 4-14　VuGen9.5 主界面

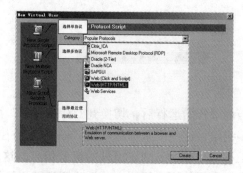

图 4-15　创建脚本

- 单协议（New Single Protocol Script）。在此情况下，所要录制的对象只使用唯一的协议。
- 多协议（New Multiple Protocol Script）。在需要录制的对象使用多于一种协议的情况下应选择多协议，并且将这些协议都进行添加，否则会因为漏选协议而无法正常回放脚本。

确认系统使用协议最简单的方法就是询问开发人员。由于绝大多数性能测试都是基于 B/S 架构下的 HTTP，所以后面的示例主要针对单协议的 Web（HTTP/HTML）。

（3）进行相应设置　在选择合适的协议后准备开始录制，而选择不同的协议后弹出的录制窗口和录制选项也不尽相同。选择 Web 协议后会出现如图 4-16 所示窗口。

在默认情况下，"Record the application startup"是选中的，说明应用程序一旦启动，VuGen 就会开始录制脚本。

为了确保录制出来的脚本简捷有效，在开始录制前需要对录制选项进行一定的设置，在图 4-16 中单击"Options"按钮，弹出如图 4-17 所示窗口。

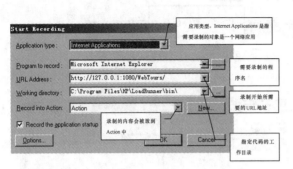

图 4-16　录制窗口

图 4-17　设置录制选项

选择"General"→"Recording"命令，设置使用什么样的录制方式来获得脚本，这里提供了两大类录制方式：

■ HTML-based Script。这种方式录制出来的脚本是基于 HTML 的，以 HTML 操作为录制级别，非 HTML 操作不进行录制。

■ URL-based Script。这种方式是基于 URL 请求的脚本录制方式，会录制得到所有的 HT-TP 请求。

一般来说，由于采用 URL-based Script 模式录制了所有的请求和资源，需要做更多的关联，脚本看起来会相当的长，而采用 HTML-based Script 模式录制的脚本更小且更容易阅读。两种方式选取的参考如下：

1）基于浏览器的应用程序推荐使用 HTML-based Script。

2）不是基于浏览器的应用程序推荐使用 URL-based Script。

3）如果基于浏览器的应用程序中包含了 JavaScript，并且该脚本向服务器产生了请求，如 DataGrid 的分页按钮等，也要使用 URL-based 方式录制。

4）基于浏览器的应用程序中使用了 HTTPS 安全协议，使用 URL-based 方式录制。

5）如果 Web 应用中使用了 Java Applet 程序，且 Applet 程序与服务器之间存在通信，选用 URL-based 方式。

6）如果 Web 应用中使用的 Javascript、Vbscript 脚本与服务器之间存在通信（调用了服务端组件），选用 URL-based 方式。

一般来说，如果是标准使用 IE 访问的 B/S 架构，应该使用 HTML-based Script 模式下的 Ascript containing explicit URLs only 方式来录制脚本。

（4）开始录制　当设置好录制选项后，单击"OK"按钮启动录制。首先看到的是 Recording Bar，如图 4-18 所示，稍后会看到 IE 或指定的应用程序启动，当进行操作时 Events 也会随之变化，说明 VuGen 录制得到了一些协议交互的内容。

当录制结束后，单击"Stop"按钮，VuGen 随后会对协议交互进行分析，最终生成脚本。可以通过主菜单中"File"→"Save/Save As"命令对脚本进行保存或另存。

如图 4-19 所示的界面主要由以下几部分组成：

■ 菜单及工具栏。

■ "Tasks"框。这里提供了惠普公司建议的脚本录制开发流程，通过任务流（Work-

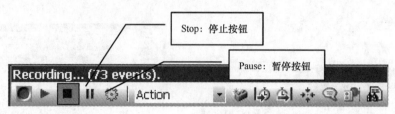

图 4-18　Recording Bar

flow）的方式指导用户进行性能测试，可
以给初学者提供指导和帮助。如果使用者
对 VuGen 已经非常熟悉，可以通过菜单
"View" → "Tasks" 命令或工具栏 Tasks 按
钮关闭该显示框。

■ 脚本编辑窗口。VuGen 有两种脚本
视图方式（Script/Tree），可以通过菜单
"View" → "Script View/Tree View" 命令
或工具栏 Script 、 Tree 按钮进行切换。

一般通过树形视图（Tree View）来
检查录制是否正确或进行某些函数的图形
化修改，如图 4-20 所示。

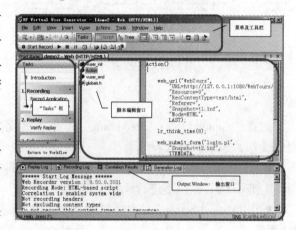

图 4-19　界面组成

通常使用脚本视图（Script View）的情况比较多，主要完成脚本的编辑，如图 4-21 所示。

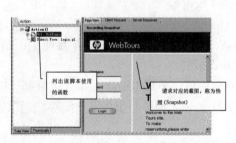

图 4-20　树形视图

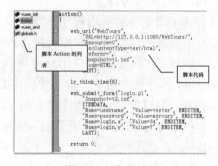

图 4-21　脚本视图

■ 输出窗口。在屏幕的下方提供了输出窗口（Output Window），包含录制、回放、关联
等相关信息的日志。

2. 了解测试脚本

通过 VuGen 录制的内容会被存放在 Action，Action 是 VuGen 提供的一种类似于函数的脚
本块，通过将不同的操作存放在不同的 Action 中实现代码的高内聚、低耦合。VuGen 默认
提供了以下 3 个 Action：

■ Vuser_init。
■ Action。
■ Vuser_end。

其中，Vuser_init 中的脚本最先被运行，Vuser_end 中的脚本最后被运行，表 4-1 列出

了 3 个 Action 存在的主要差异。

表 4-1　3 个 Action 的主要差异

Vuser_int/Vusen_end	Action
一个测试脚本中只能存在一个	可以分割成多个 Action
该部分的脚本只能执行一次	该部分的脚本可以设置成重复执行多次
该部分的脚本中不能设置集合点	该部分的脚本中允许设置集合点

在脚本视图方式下，在左侧的脚本 Action 列表框部分单击鼠标右键，在弹出的快捷菜单中选择“Create New Action”命令，可以添加新的 Action，也可以选择删除或重命名 Action，如图 4-22 所示。

下面先来看一下 VuGen 录制生成的测试脚本，如图 4-23 所示。与其他程序一样，测试脚本也是由一个个函数组成的，且语句以分号（;）结束。例如，下面的测试脚本中包括了 3 个主要函数：

- web_url( )。
- lr_think_time( )。
- web_submit_form( )。

图 4-22　“Create New Action”命令

图 4-23　测试脚本示例

其中，lr 开头的函数是 LoadRunner 自带的基础函数，而以 Web 开头的函数是指 Web Vuser Script 函数，用来模拟用户行为。

LoadRunner 的脚本注释与 C 语言相通，具体规则如下：

//注释一行

/ *

注释一段

* /

也可以通过选择多行代码后，打开“Edit”菜单，执行“Advanced”→“comments se-lection”命令，对选中的代码块进行注释。

此外，在 HTML 协议的脚本中是使用 C 语言规则的，在脚本中的任何系统函数中都不能使用 C 语言元素，在系统函数之间可以任意使用 C 语言内容，如定义变量、条件判断、循环等。

为了让读者能够读懂录制生成的测试脚本，下面对 LoadRunner 脚本中常用的函数进行介绍。

（1）web_add_cookie( )函数　如图4-24所示。

```
web_add_cookie("SSCSum=1; DOMAIN=www.sina.com.cn");
```

图4-24　web_add_cookie( )函数

该函数主要为 Vuser 脚本添加一个 cookie 信息。

（2）web_link( )函数　如图4-25所示。

该函数是单击飞机订票网站首页"sign up now"超链接的操作，在这个函数中说明了需要单击的链接名。其基本语法如下：

web_link（"在测试结果中显示的名称"，"TEXT = 需要单击的超链接名"，LAST）；

```
web_link("sign up now",
    "Text=sign up now",
    "Snapshot=t17.inf",
    LAST);
```

图4-25　web_link( )函数

在测试结果中显示的名称也被称为步骤名，是指在脚本运行完成后，打开"Test Result"，在 link 函数后的名称，如图4-26所示，有助于在测试结果中快速定位。

此外，如果需要单击的超链接名不存在，则会提示错误信息，该函数运行失败。

"Snapshot = t17. inf"用来说明该操作后的内容会被抓图保存到文件 t17. inf 中。最后的 LAST 表明这个函数的结束。

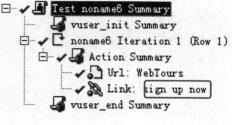

图4-26　步骤名

（3）web_url( )函数　如图4-27所示。

```
web_url("WebTours",
    "URL=http://127.0.0.1:1080/WebTours/",
    "Resource=0",
    "RecContentType=text/html",
    "Referer=",
    "Snapshot=t1.inf",
    "Mode=HTML",
    LAST);
```

图4-27　web_url( )函数

web_url 根据函数中的 URL 属性加载对应的 URL。这个函数的内容很多，不过从 URL = http：//127.0.0.1：1080/WebTours/可以看出实现访问网站的 URL 地址。其基本语法如下：

web_url（"在测试结果中显示的名称"，"TEXT = 需要访问的超链地址"，LAST）；

除了以上这些元素，在录制出来的 web_link( )或者 web_url( )函数中经常还能看到如图4-28所示的大量内容。

这一段内容说明在载入这个页面时还有其他图片或者附属资源需要下载。与 web_link( )函数相比，使用 web_url( )的好处是没有任何请求的前后依赖关系。

（4）web_submit_form( )函数　该函数会自动检测当前页面上是否存在 form，然后将后

```
EXTRARES,
"Url=http://beacon.sina.com.cn/d.gif?&gUid_1297833642281", ENDITEM,
"Url=http://i1.sinaimg.cn/home/deco/2008/0329/sinahome_0803_ws_001.gif", ENDITEM,
"Url=http://i1.sinaimg.cn/dy/deco/2009/0825/sinahome_0803_ws_002_new.gif", ENDITEM,
"Url=http://i0.sinaimg.cn/dy/deco/2009/0317/sinahome_mobile_icon_01.gif", ENDITEM,
......
```

图 4-28　其他内容

面的 ITEMDATA 数据进行传送。例如，录制 Web Tours 网站登录操作，可以得到如图 4-29 所示代码。

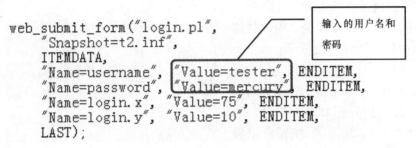

图 4-29　web_submit_form( ) 函数

（5）web_submit_data( ) 函数　和 web_submit_form( ) 函数不同，web_submit_data( ) 函数无需前面的页面支持，直接发送给对应页面相关数据即可。录制 Web Tours 网站登录操作，录制模式改为 "URL-based script"，代码会变为如图 4-30 所示。

```
web_submit_data("login.pl",
    "Action=http://127.0.0.1:1080/WebTours/login.pl",
    "Method=POST",
    "RecContentType=text/html",
    "Referer=http://127.0.0.1:1080/WebTours/nav.pl?in=home",
    "Snapshot=t11.inf",
    "Mode=HTTP",
    ITEMDATA,
    "Name=userSession", "Value=105130.369218307ftAHztDpDzzzzzzHDcttfpizAc", ENDITEM,
    "Name=username", "Value=tester", ENDITEM,
    "Name=password", "Value=mercury", ENDITEM,
    "Name=JSFormSubmit", "Value=off", ENDITEM,
    "Name=login.x", "Value=28", ENDITEM,
    "Name=login.y", "Value=12", ENDITEM,
    LAST);
```

图 4-30　web_submit_data( ) 函数

其中，Action 说明提交表单的处理页面，Method 表明提交数据的方式。当使用 web_submit_data( ) 函数时，隐藏表单的数据也会被记录下来，作为 ITEMDATA 数据提交给服务器。

（6）lr_think_time( ) 函数　如图 4-31 所示。

Think Time 是一种等待时间的方式，由于 VuGen 回放脚本时是全速运行的，而真正的用户操作并不会如此迅速，所有需要添加等待时间的方式，在脚本的运行中模拟用户的等待操作。

```
lr_think_time(10);
```

图 4-31　lr_think_time( ) 函数

实现这个操作需要用到 lr_think_time( ) 函数。在括号内写入对应的时间即可完成等待的操作，时间的单位是秒。也就是说，lr_think_time（10）就是指脚本运行到这里会等待10s。当脚本录制后，经常会看到系统自动添加 lr_think_time( ) 函数。在默认情况下，VuGen 中的 lr_think_time( ) 是不会执行的。

VuGen 除了提供对脚本的生成、编辑，也可对脚本进行调试，如单步运行测试脚本（通过菜单 "Vuser" → "Run step by step（F10）" 命令实现）、设置断点（通过菜单 "Insert"→"Toggle Breakpoint（F9）"命令实现）等。

3. 回放脚本

将录制的脚本合并到负载测试场景之前，要回放脚本以验证其是否能够正常运行。在回放前还需要进行运行设置（Run-Time Setting）。运行设置提供了在脚本运行时所需要的相关选项，让脚本运行得更加人性化。可以通过选择菜单"Vuser"→"Run-Time Settings"命令或按 < F4 > 快捷键打开设置窗口，如图 4-32 所示。

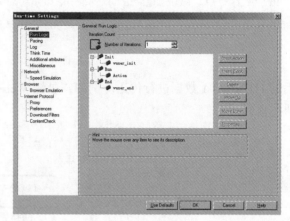

图 4-32 运行设置窗口

（1）Run Logic 脚本是如何运行的以及每个 Action 和 Action 之间运行的先后顺序都在这里进行设置，如图 4-33 所示。单击右侧的"Insert Action"按钮可以将

脚本添加到运行逻辑中，通过"Move UP/Down"按钮可以对脚本的先后顺序进行调整。在该窗口中修改"Number of Iterations"的值为 10（该值被称为迭代次数），可以看到在 Run 上多了一个 X10 的标记，表明 Action 将会运行 10 次。这里需要强调一下，只有在 Run 上的迭代次数才能产生这样的迭代效果，而在 Init 和 End 上脚本是不允许重复的。

选择"Properties"打开属性对话框，如图 4-33 所示。Run Logic 提供了两种运行模式：Sequential（顺序）模式和 Random（随机）模式。而 Interations 用来设置 Run 上的迭代次数。

设置 Sequential 模式，"Interations"为 10，Run 下的所有脚本将按照从上到下的先后顺序运行，同时 Run 下的脚本循环执行 10 次。

如果选择 Random 模式，那么在 Run 下的所有脚本将根据各自设置的比例进行随机选择并运行。这个时候 Run 下所有 Action 会多出一个百分比符号，如图 4-34 所示。这里需要对 Run 下的每一个 Action 进行单独的属性设置，修改它们的百分比。

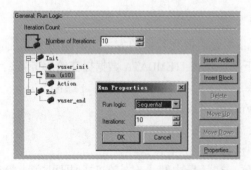

图 4-33 Run Logic 设置窗口

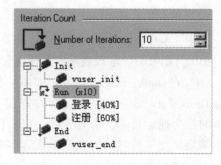

图 4-34 Run 的 Random 模式

通过 Random 这种方式，能方便地生成一些随机用户行为的模拟。例如，图 4-34 中模拟了 10 位用户，其中 40% 的可能性去登录，60% 的可能性去注册。

"Insert Block"提供了一个插入脚本块的功能，方便对脚本进行层次组合。在脚本块中可以继续添加脚本，而每个块都可以实现顺序/随机的运行方式，并且还能设置循环测试，通过这种块的扩展，就能运行各种复杂的脚本。

（2）Pacing 该选项配置脚本运行中每次迭代之间的等待时间。如果需要周期性地在脚本中重复做某些事情，可以通过 Pacing 来实现，如图 4-35 所示。

（3）Log 日志设置选项提供了一定的调试分析基础，脚本的回放验证很多时候是依靠日志来实现，如图 4-36 所示。当脚本运行时，VuGen

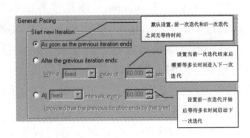

图 4-35 Pacing 策略设置

会将相关日志信息显示在界面底部的 Output Window 中的 "Replay Log" 选项卡中。允许日志记录在方便调试的基础上也会造成脚本运行速度减慢，同时需要更多的存储空间来保存日志信息。

（4）Think Time 该选项设置脚本中 lr_think_time( ) 函数的处理方式。在 VuGen 中默认选项是忽略脚本中的 lr_think_time( ) 函数。在 Controller 中，该选项默认变为 Replay think time，可以设置等待时间的倍数关系，也可设置等待时间的随机范围，如图 4-37 所示。

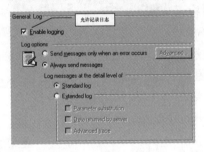

图 4-36 日志设置

图 4-37 Think Time 设置

（5）Miscellaneous 该选项提供了一些在 Controller 中运行脚本的设置，主要提供三大块功能：Error Handling（错误处理）、Multithreading（负载进程与线程方式设置）和 Automatic Transactions（自动化事务），如图 4-38 所示。

在 VuGen 中，脚本中某个函数出错会导致整个脚本的停止运行，这样不利于无人值守时的自动化执行脚本，可以通过设置让脚本执行在遇到错误时继续执行。"Generate snapshot on error" 选项提供了错误截图的支持，在负载测试过程中建议不要同时打开 "Continue on error" 和该选项，这样会大幅降低负载效率。

进程是指在场景中使用 mmdre.exe 的进程方式来模拟虚拟用户，每一个虚拟用户都会使用一个 mm-drv.exe 进行。而线程模式是指所有的虚拟用户都会

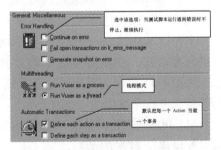

图 4-38 Miscellaneous 设置

使用 mmdrv.exe 下的线程来进行脚本运行。在该选择中，线程模拟用户对负载生成的资源消耗较小，但有时会出现负载错误；进程比较稳定，但资源开销较大。

（6）Speed Simulation 该选项提供了带宽模拟设置，在默认情况下，脚本是以最大带宽来进行访问的，作为一个局域网下载图片甚至视频都会非常迅速。如果设置了带宽限制，那么得到的响应时间就会更接近于真实的用户感受，如图 4-39 所示。

（7）Browser Emulation 该选项界面如图4-40所示。通过单击"Change"按钮弹出"User-Agent"窗口，可以将脚本模拟成各种浏览器，用来做浏览器兼容性测试。同时，通过该选项还可以设置是否需要模拟cache的处理方法，从而实现第一次访问较慢，下一次访问读取cache较快的真实情况。

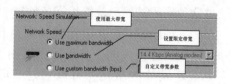

图4-39 Speed Simulation 设置

设置完相应选项后按<F5>键回放脚本，运行前可以通过<Shift + F5>组合键检查脚本的语法规则，对脚本进行编译。当脚本回放完成后，可以通过选择菜单"View" → "Test Results"命令查看结果。Passed 说明服务器端正确接收到了客户端的请求并且返回了相应的数据。

4. 参数化输入

录制一个网站注册的操作，无论怎么回放，得到的结果都是发送相同的注册信息，和用户的真实情况有较大的区别，同时一般网站不允许使用已存在的用户名进行注册。这是由于脚本中的内容都是静态的，只有通过参数化处理将静态的内容变为动态才能解决这个问题。当录制完脚本后需要对脚本做进一步的修改，添加参数化功能来确保脚本能够动态运行。用参数来表示脚本中的静态数据有两个优点：

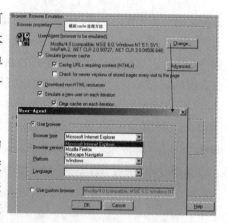

图4-40 Browser Emulation 设置

1）可以使脚本的长度变短。

2）可以使用不同的数值来运行测试脚本。例如，如果用户搜索不同名称的书名，仅需要写提交函数一次，在回放过程中，可以使用不同的参数值，而不只搜索一个特定名称的值。

参数化包含以下两项任务：

1）在脚本中用参数取代常量值。

2）设置参数的属性以及数据源。

下面以Web Tours网站的注册脚本为例来演示如何进行参数化。在注册界面中需要用户输入如下信息，如图4-41所示。下面对注册时输入的用户名、密码等信息进行参数化。

（1）用参数取代常量值 在录制的注册脚本中找到向服务器提交数据的函数，如web_submit_ data（）或web_submit_form（），并选中录制时输入的用户数据，如图4-42中选中 username 的值，右击，在弹出的快捷菜单中选择"Replace with a parameter"命令。

图4-41 用户注册界面

在弹出的"Select or Create Parameter"窗口中可以修改参数的名称以及参数文件的类型，如图4-43所示。这里的 NewParam 是参数的名称，可以修改为 MyUserName，参数类型默认为"File"，表示该参数的数据源来自于文件。

图 4-42　用户注册脚本代码

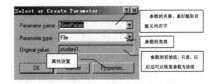

图 4-43　参数名和类型设置

最常用的格式是文件型（File）的参数，因为可以自己定义任意的数据组合，但 VuGen 也提供了很多实用的参数类型。下面介绍一下各参数类型的特点。

■ Data/Time。该参数类型提供了获得当前时间的参数化方法。

■ Group Name。这里需要先说明一下什么是 Group Name。在 VuGen 中称一段代码叫作一个虚拟用户脚本，这个脚本只有一个 Vuser 去运行。到了场景中一个脚本有很多人来运行，称这个团体为 Group Name。该参数类型表明在实际运行中，LoadRunner 使用该虚拟用户所在的 Vuser Group 来代替。但是在 VuGen 中运行时，Group Name 将会是 None。

■ Iteration Number。在实际运行中，LoadRunner 使用该测试脚本当前循环的次数来代替。

■ Load Generator Name。在实际运行中，LoadRunner 使用该虚拟用户所在 Load Generator 的计算机名来代替。

■ Random Number。随机数。在属性设置中可以设置产生随机数的范围，如图 4-44 所示。

■ Table。这种类型是 File 类型的增强版，它提供了一些独特的功能来构建一个参数表文件。File 参数类型的缺点在于它的分割符只提供了逗号、制表符和空格三种格式。如果参数化的对象中同时存在逗号、制表符和空格时，只有使用 Table 参数类型才能解决这个问题。

■ Unique Number。获得一个唯一的数据。在设置某些主键的属性时使用它会比较方便，如图 4-45 所示，可以设置第一个数以及最大数。例如，当注册脚本需要大量用户名时，可以参数化用户名后的编号，将其设置为唯一取值即可。使用该参数类型必须注意可以接受的最大数。例如，某个文本框能接受的最大数为 99。当使用该参数类型时，设置第一个数为 1，Block size 为 100，但 100 个虚拟用户运行时，第 100 个虚拟用户输入的将是 100，这样脚

图 4-44　Random Number
参数格式设置

图 4-45　Unique Number 参数格式设置

本运行就会出错。

■ User Defined Function。这是 VuGen 提供的扩展功能，当需要通过外部程序生成某些数据时，可以从用户开发的 dll 文件提取数据。

■ Vuser ID。在场景中，每个虚拟用户都有一个唯一编号，即 Vuser ID。在实际运行中，LoadRunner 使用该虚拟用户的 ID 来代替，该 ID 是由 Controller 来控制的。但是在 VuGen 中运行时，Vuser ID 将会是 −1。

■ XML。作为一种流行的数据格式，XML 在业界得到了大量的应用，而 XML 参数类型提供了对 XML 格式的支持。

■ File。需要在属性设置中编辑文件，添加内容，也可以从现成的数据文件中取数据。

（2）设置参数的属性和数据源　在图 4-43 中单击"Properties"按钮，出现如图 4-46 所示的属性设置窗口。可以通过该窗口编辑参数文件，向参数文件中添加多条记录，如图 4-47 所示。

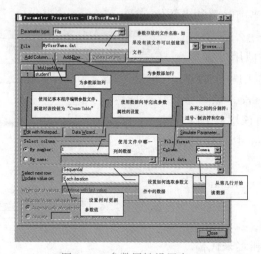

图 4-46　参数属性设置窗口

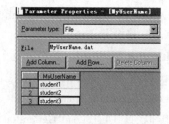

图 4-47　为参数添加多条记录

提示：在默认情况下参数记录只显示 100 条，超过 100 条的记录可以被操作，但是无法在 VuGen 中显示，可以通过记事本查看。

设置完成后单击"Close"按钮，脚本中原先录制时的静态数据变成了紫色显示的 {MyUserName}，说明这是一个参数，MyUserName 是参数名，如图 4-48 所示。

回放一下参数化后的测试脚本，会发现完全没有任何效果，这里还需要打开"Run-Time Setting"，设置脚本运行迭代的次数为 3。重新运行脚本后，可以看到通过参数化，每次从 {MyUserName} 这个参数中取得不同的值。

脚本迭代执行多次时，对于参数化的数据到底如何取值？关键在于参数属性设置窗口中"Select next row"和"Update value on"这两个选项。

Select next row 包含以下选项：

■ Sequential。按照顺序一行行地读取。

■ Random。对文件中的数据进行随机读取。

■ Unique。唯一取值。

```
web_submit_data("login.pl",
    "Action=http://127.0.0.1:1080/WebTours/login.pl",
    "Method=POST",
    "RecContentType=text/html",
    "Referer=http://127.0.0.1:1080/WebTours/login.pl?u
    "Snapshot=t12.inf",
    "Mode=HTTP",
    ITEMDATA,
    "Name=username", "Value={MyUserName}", ENDITEM,
    "Name=password", "Value=student1", ENDITEM,
    "Name=passwordConfirm", "Value=student1", ENDITEM,
    "Name=firstName", "Value=zhang", ENDITEM,
    "Name=lastName", "Value=san", ENDITEM,
    "Name=address1", "Value=bingjiang", ENDITEM,
    "Name=address2", "Value=hangzhou", ENDITEM,
    "Name=register.x", "Value=42", ENDITEM,
    "Name=register.y", "Value=8", ENDITEM,
    LAST);
```

表示一个参数

图 4-48　参数化后的测试脚本

■ Same Line As。取某个参数的同行。

Update value on 包含以下选项：

■ Each Occurrence。每次取值更新。在运行时，脚本代码中遇到该参数名即更新。

■ Each iteration。每次迭代更新。运行时，在一次迭代中只更新一次，即使一次迭代中遇到该参数多次，但也取相同的值。

■ Once。只更新一次。

下面以注册脚本中用户名的参数化示例来分析它们的功能。

假设参数文件中存在三条记录，分别是 student1、student2 和 student3。设置 Run Logic，将迭代次数改为 3，见表 4-2。

1）设置 Sequential + Each iteration。

表 4-2　参数取值结果示例 1

参数取值次数	取值结果
第 1 次	student1
第 2 次	student2
第 3 次	student3

如果迭代次数改为 4 会如何？即迭代的次数超过了参数记录的数据会如何取值？顺序取值的记录是从上往下，当记录取完后，再重新从记录头开始取值，也就是说第 4 次取值会取 student1。

修改测试脚本，让注册脚本中的 firstName 也使用 {MyUserName} 进行参数化，迭代次数仍为 3，那么取值的情况又会如何呢？结果见表 4-3。

这是由于采用了 Each iteration 的选项，只有出现了新的一次迭代才会触发记录变化，否则取值内容均不会发生变化。

表 4-3　参数取值结果示例 2

参数取值次数	取值结果
第 1 次	student1
第 2 次	student1
第 3 次	student2
第 4 次	student2
第 5 次	student3
第 6 次	student3

2）设置 Sequential + Each occurrence。修改设置，再次运行刚才的脚本，由于 Each oc-currence 是每次取值更新的，结果见表 4-4。

表 4-4　参数取值结果示例 3

参数取值次数	取值结果
第 1 次	student1
第 2 次	student2
第 3 次	student3
第 4 次	student1
第 5 次	student2
第 6 次	student3

3）设置 Sequential + Once。相对来说 Once 的取值比较简单，对于整个脚本来说参数值只取一次，因为第一次取的是 student1，以后再也不更新了。修改设置后再次运行，结果见表 4-5。

表 4-5　参数取值结果示例 4

参数取值次数	取值结果
第 1 次	student1
第 2 次	student1
第 3 次	student1
第 4 次	student1
第 5 次	student1
第 6 次	student1

4）设置 Random。随机取值下的各种情况见表 4-6。

表 4-6　随机取值下的各种情况

Update value on	取值结果
Each iteration	当设置了 Run 上的迭代次数后，每产生一次新的迭代，参数随机取一次值
Each occurrence	每当参数被取值一次，参数随机选择一条记录
Once	第一次随机取值后，一直沿用这个数据

5）设置 Unique。Unique 取值是一种更加高级的顺序取值。Unique 强调的是取值的唯一性，但是违反了该规则也能继续运行，VuGen 提供了"When out of values"选项来处理非唯

一的情况，包含 3 个选项，如图 4-49 所示。

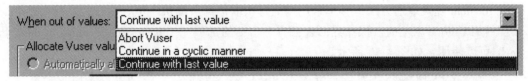

图 4-49　处理非唯一情况

"Abort Vuser"：当参数取值超过参数表记录的条数时，忽略用户脚本。

"Continue in a cyclic manner"：当参数取值超过参数记录的条数时，使用循环扫描的方式。

"Continue with last value"：当参数取值超过参数记录的条数时，使用参数表中的最后一个值。

唯一性取值下的各种情况见表 4-7。

表 4-7　唯一性取值下的各种情况

Update value on	取值结果
Each iteration	当设置了 Run 上的迭代次数后，按照记录顺序读取，当记录超出列表后，执行 When out of values 策略
Each occurrence	每当参数被取值一次，按照记录顺序读取，当记录超出列表后，执行 When out of values 策略
Once	第一次取值后，一直使用该数据

6）设置 Same Line As。这个选项只有当参数多于一个时才会出现，其作用是根据某一个参数的行号取同一行。例如登录测试脚本，参数化登录的用户名和密码。我们知道用户名和密码需要配对，因此可以在用户名参数化后选择随机读取，而密码参数化后选择 Same Line As 用户名参数，这样测试脚本在就会选择数据文件中统一行的用户名和密码进行登录，确保用户名和密码配对。

上面介绍了在 VuGen 中一个虚拟用户脚本迭代运行多次时参数的取值情况，那么在 Controller 场景中模拟多个虚拟用户运行脚本时，虚拟用户和虚拟用户之间的取值又是怎样的呢？

例如，对注册脚本中的 username 和 firstName 进行参数化，参数为同一｛MyUserName｝，参数文件中存放 4 条记录，迭代次数设为 2 次，虚拟用户为 3 个，运行测试场景后，参数的取值情况见表 4-8。

表 4-8　场景下顺序取值的各种情况

Update value on	Vuser1	Vuser2	Vuser3
Each iteration	student1 student1 student2 student2	student1 student1 student2 student2	student1 student1 student2 student2
Each occurrence	student1 student2 student3 student4	student1 student2 student3 student4	student1 student2 student3 student4
Once	student1 student1 student1 student1	student1 student1 student1 student1	student1 student1 student1 student1

可以看到，在顺序取值下，每个用户所使用的数据都是完全相同的，因为它们都是按照相同的取值方式和更新方式获得参数值的，在注册用户这样的脚本中就不能使用顺序取值的

方式来实现多用户操作。

在 Random 随机取值方法下，每个用户的每次取值都会随机产生。

当使用 Unique 取值时，操作界面上会有一个新的选项 "Allocate Vuser values in the Controller" 可以使用，如图 4-50 所示。

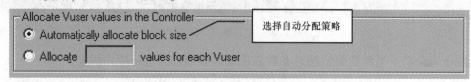

图 4-50　Unique 下场景用户分配策略

在 Each iteration 选项下可以设置自动分配或手动分配，而在 Each occurrnce 中只能使用手动分配。

仍然采用上面的示例：对注册脚本中的 username 和 firstName 进行参数化，参数为同一 {MyUserName}，参数文件中存放 4 条记录，迭代次数设为 2 次，虚拟用户为 3 个。

在 Each iteration 下，选择自动分配 Block Size 的结果见表 4-9。

表 4-9　自动分配 Block Size

Update value on	Vuser1	Vuser2	Vuser3
Each iteration	student1 student1 student2 student2	student3 student3 student4 student4	Error

我们会看到场景运行后 2 个用户为 PASS 状态，1 个用户为 FAIL 状态。自动分配检查一下脚本有多少次迭代，然后让用户根据迭代次数分配该迭代大小的数据块，见表 4-10。

表 4-10　分配数据块

student1	Vuser1
student2	
student3	Vuser2
student4	
	Vuser3

把分配策略改为手动分配，并且设置 "Allocate [ ] values of each Vuser" 的值为 4，分配策略见表 4-11。

表 4-11　手动分配

student1	Vuser1
student2	
student3	
student4	
	Vuser2
	Vuser3

根据 Block Size，Vuser1 被分配给 4 个数据，由于只迭代两次，运行场景中只会取 student1 和 student2 两个数据，而 Vuser2 和 Vuser3 两个用户都没有对应的取值，所以运行时会出错，运行结果见表 4-12。

表 4-12　运行结果

Update value on	Vuser1	Vuser2	Vuser3
Each iteration	student1 student1 student2 student2	Error	Error

从上面的例子可以看到，为了保证脚本参数使用 Unique 取值方式，在场景中运行用户全部 PASS，需要确保以下公式成立。

参数记录条数≥迭代次数×Vuser 数目（自动分配策略下）
参数记录条数≥手动分配块的数据×Vuser 数目（手动分配策略下）

以上公式只能保证脚本只运行一次的情况下不出错，而在脚本运行多次的情况下，需要记录大量的参数来确保脚本在 Unique 模式下正确运行。

在参数属性窗口，LoadRunner 9. X 系列还提供了一个新的功能参数模拟（Simulate Parameter），可以模拟在多个用户多次迭代情况下各个用户参数的取值结果，如果不明白取值是如何进行的可以在这里测试一下。

很多时候我们需要大量的参数数据，但是单靠手工填写非常繁琐，既然被测对象的数据都在数据库中，那么直接读取数据库记录相对轻松便捷些，数据向导（Data Wizard）提供了一个从 ODBC 链接获得数据并转化为参数的手段。操作步骤如下：

第一步：配置 ODBC。

ODBC 是 Windows 提供的一个通用数据库链接方式。首先设置 ODBC，打开 Windows 控制面板下的管理工具，找到 ODBC 数据源，双击，打开的窗口界面如图 4-51 所示。

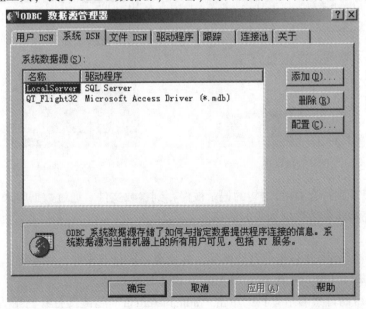

图 4-51　"ODBC 数据源管理器"对话框

在出现的"ODBC 数据源管理器"中，需要为 VuGen 提供一个新的 ODBC 链接数据 DSN，单击"系统 DSN"选项卡，单击"添加"按钮，弹出"创建新数据源"对话框，如图 4-52 所示。这里选择 SQL Server（关于 ODBC 更多的设置请参考 Windows 相关手册）。

下面创建一个名称为 lr95 的 ODBC 数据源连接。

第二步：从 ODBC 导入数据。

从参数属性设置窗口单击"Data Wizard"按钮启动数据向导功能，显示如图 4-53 界面。

图 4-52 "创建新数据源"对话框

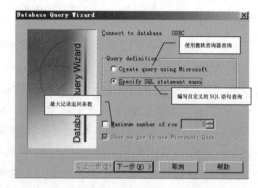

图 4-53 启动数据向导功能

单击"下一步"按钮，弹出查询语句设置对话框，如图 4-54 所示。这里需要添加链接的 ODBC 串，并且写入对应的 DML 语句。

单击"Create"按钮，在弹出的对话框（见图 4-55）中选择"机器数据源"选项卡，选择"lr95"数据源。单击"确定"按钮，出现如图 4-56 所示对话框。

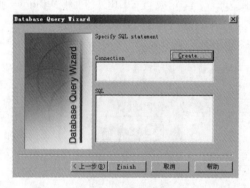

图 4-54 查询语句设置

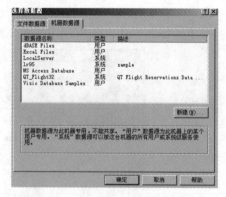

图 4-55 "机器数据源"选项卡

完成后可以看到符合 DML 语句的记录被保存到参数文件。通过数据库来导入测试数据，可以极大地提高构建参数数据列表的效率。

5. 关联

【示例】录制登录 LR 自带的订票网站，并完成一次订票操作，保存脚本名称为"correlation1"，进行脚本回放，结果显示"PASS"，脚本回放成功。

打开 LR 自带的订票网站首页，单击"administration"超链接打开网站管理页面，选中第 3 项提交，如图 4-57 所示。

106

用户登录 LR 自带的订票网站完成订票操作，再次录制该脚本，保存脚本名称为"correlation2"，选择回放脚本，系统显示运行结果"Failed"，脚本回放失败。

图 4-56 数据向导设置结束

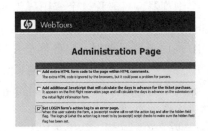

图 4-57 订票网站管理页面

分析两次录制的脚本的差异，可以发现第二次录制的提交登录信息函数不同，录制的脚本中多了"userSession"，导致脚本运行出错，如图 4-58 和图 4-59 所示。

```
web_submit_form("login.pl",
        "Snapshot=t2.inf",
        ITEMDATA,
        "Name=username", "Value=tester", ENDITEM,
        "Name=password", "Value=mercury", ENDITEM,
        "Name=login.x", "Value=48", ENDITEM,
        "Name=login.y", "Value=13", ENDITEM,
        LAST);
```

图 4-58 Correlation1 脚本登录函数

```
web_submit_data("login.pl",
    "Action=http://127.0.0.1:1080/WebTours/login.pl",
    "Method=POST",
    "RecContentType=text/html",
    "Referer=http://127.0.0.1:1080/WebTours/nav.pl?in=home",
    "Snapshot=t2.inf",
    "Mode=HTML",
    ITEMDATA,
    "Name=userSession", "Value=105159.597893884ftAQVtzpiVzzzzzHDctftpiiAQ", ENDITEM,
    "Name=username", "Value=tester", ENDITEM,
    "Name=password", "Value=mercury", ENDITEM,
    "Name=JSFormSubmit", "Value=on", ENDITEM,
    "Name=login.x", "Value=54", ENDITEM,
    "Name=login.y", "Value=9", ENDITEM,
    LAST);
```

图 4-59 Correlation2 脚本登录函数

当录制脚本时，VuGen 会拦截 client 端（浏览器）与 server 端（网站服务器）之间的对话，并且全部记录下来，产生脚本。在 VuGen 的 Recording Log 中，可以找到浏览器与服务器之间所有的对话，包括通信内容、日期、时间、浏览器的请求、服务器的响应内容等。脚本和 Recording Log 最大的差别在于，脚本只记录 client 端要对 server 端所说的话，而 Recording Log 则是完整记录二者的对话。当执行脚本时，VuGen 就像是一个演员，它伪装成浏览器，然后根据脚本，把当初真的浏览器所说过的话，再对网站服务器重新说一遍。VuGen 企图"骗过"服务器，让服务器以为它就是当初的浏览器，然后网站把内容传送给 VuGen，所以记录在脚本中要跟服务器所说的话，与当初录制时所说的完全一样，是写死的（hardcoded）。这样的做法在遇到一些比较"聪明"的服务器时，还是会失效。

例如，在第二次进行用户登录订票时，服务器在客户端浏览器第一次向它要数据时，都会在数据中夹带一个唯一的辨识码，接下来就会利用这个辨识码来辨识向它要数据的是不是同一个浏览器。一般称这个辨识码为 Session ID。对于每个新的交易，服务器都会产生新的 Session ID 给浏览器。这也就是为什么执行脚本会失败的原因，因为 VuGen 还是用旧的 Session ID 向服务器要数据，服务器会发现这个 Session ID 是失效的或是它根本不认识这个 Session ID，当然就不会传送正确的网页数据给 VuGen 了。

如图 4-59 所示，当录制 correlations 脚本时，浏览器送出登录的请求，服务器将登录的内容传送给浏览器，并且夹带了一个 userSession = xxxxxx 的数据，当浏览器再送出订票的请求时，这时就要用到 userSession = xxxxxx 的数据，服务器才会认为这是合法的请求，并且把订票的内容送回给浏览器。在执行脚本时会发生什么状况呢？浏览器再送出登录的请求时，服务器会新给出 userSession = xxxxxx，其值是与以前不同的，当浏览器再送出订票的请求时，用的还是当初录制的老的 userSession 的数据，整个脚本的执行就会失败。

针对这种情况，需要想办法找出这个 Session ID 到底是什么、位于何处，然后把它用某个参数代替，并且脚本中所有用到 Session ID 的部分都变成参数，这样就可以成功"骗过"服务器，正确地完成整个交易。

LoadRunner 通过"关联（Correlation）"来实现该功能。关联能够将服务器返回的数据进行处理并保存为参数。

如何找出要关联数据？简单地说，每一次执行时都会变动的值，就有可能需要做关联。VuGen 提供了两种方式找出需要做关联的值：自动关联和手动关联。

自动关联。VuGen 内建自动关联引擎（Auto-correlation Engine），可以自动找出需要关联的值，并且自动使用关联函数建立关联。

针对 correlation2 脚本，单击工具栏 按钮或按"Ctrl + F8"快捷键让 VuGen 自动扫描关联，结果如图 4-60 所示。VuGen 已经识别出脚本中的动态内容。

如果支持 VuGen 的选择，那么在 Output Window 窗口中切换到"Correlation Results"选项卡，单击右下角的"Correlate"按钮将这个数据生成关联，如图 4-61 所示。

在脚本视图下查看脚本代码，如图 4-62 所示。

脚本中多了一个关联函数，而关联出来的内容被保存到一个叫作"WCSParam_Diff1"的参数中，web_submit_data（）函数中"userSession"值已经变成了前面关联获得的｛WCSParam_Diff1｝参数。重新运行脚本 correlation2，结果显示"PASS"，脚本回放成功。

自动关联是通过录制和回放时服务器返回值的比较来确定需要关联的内容，然后生成对应的关联函数。因此使用自动关联前，脚本必须先运行一次。自动关联有较强的局限性，无法实现特殊的动态数据捕获，如论坛帖子中的 ID、某些表格单元值等，这个时候需要使用手动关联来解决。

手动关联。手动关联是关联应用最有效的手段，通过手动关联函数 web_reg_save_param（）将想要的字符串保存到一个参数中。其基本语法如下：

web_reg_save_param（"Parameter Name"，< list of Attributes >，LAST）；

下面通过图形化界面了解一下该函数的基本用法，详细用法请参考使用手册。在 VuGen

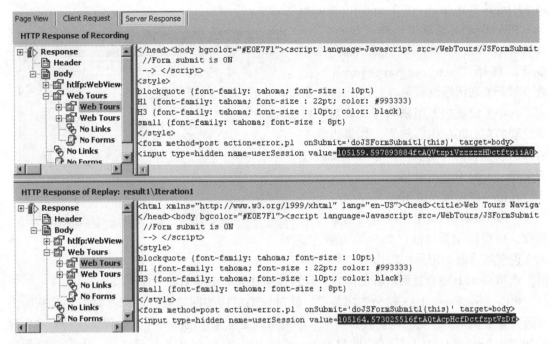

图 4-60 自动扫描关联

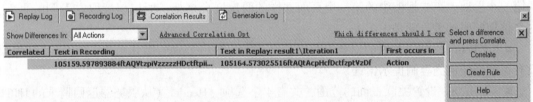

图 4-61 自动关联设置

```
// [WCSPARAM WCSParam_Diff1 42 105159.597893884ftAQVtzpiVzzzzzI
web_reg_save_param( "WCSParam_Diff1", "LB=userSession value=",

web_submit_data("login.pl"  [自动增加相应的关联函数]
    "Action=http://127.0.0.1:1080/WebTours/login.pl",
    "Method=POST",
    "RecContentType=text/html",
    "Referer=http://127.0.0.1:1080/WebTours/nav.pl?in=home",
    "Snapshot=t2.inf",
    "Mode=HTML",                        [固定值用参数替代]
    ITEMDATA,
    "Name=userSession", "Value={WCSParam_Diff1}", ENDITEM,
    "Name=username", "Value=tester", ENDITEM,
    "Name=password", "Value=mercury", ENDITEM,
    "Name=JSFormSubmit", "Value=on", ENDITEM,
    "Name=login.x", "Value=54", ENDITEM,
    "Name=login.y", "Value=9", ENDITEM,
    LAST);
```

图 4-62 自动关联脚本代码

菜单中选择"Help"→"Function reference"命令。

在 VuGen 主菜单中选择"Insert"→ "New Step"命令，打开"Add Step"添加步骤，选择"web_reg_save_param"函数，打开关联函数设置窗口，如图 4-63 所示。其中，设置边界用来填写关联对于数据处理的左右匹配内容规则，如果边界中输入的内容里面有双引号，那么需要通过转义符（\）来进行处理。

其他一些设置项说明如下：

■ Instance。在这里可以填写任意一个整数，也可以填写 ALL。如果填写数字，那么说明从返回的记录中取出对应顺序的

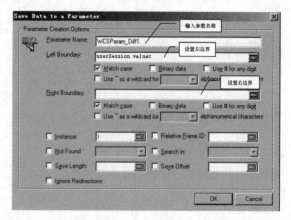

图 4-63　关联函数设置窗口

值，而填写 ALL 将会返回所有的内容。设置该项在脚本中显示如"Ord = 1"。

■ Relative Frame ID。这个选项是专门针对框架结构的网站设计的，有时需要关联的内容是在某个框架中，这时就需要说明所关联的页面是框架中的哪一个。设置该项在脚本中显示如"RelFrameId = 1.2.1"，这里的 1.2.1 说明 Web Tour 网站是基于在第一个大的框架中的第二个框架、第二框架中的第一个页面这样的两次嵌套框架，所以想读取左下侧的页面，这个框架所属的编号就是 1.2.1。

■ Not Found。如果关联的对象不存在，又该如何进行处理？默认值为 ERROR，即如果没有关联到任何内容则提示错误。

■ Search in。设置关联查询的范围，共有 4 个选项：Header（从服务器返回请求的 HTTP 头部）、Body（从服务器返回的 Bogy 中）、Noresource（从 HTML 文件格式中）和 All（服务器返回的所有内容）。

■ Save Length。设置关联出来的内容所需要保存的长度。

■ Save Offset。设置关联的内容偏移量，从第几位开始进行关联操作。

6. 检查点

【示例】Web Tour 网站对使用已经存在的用户名再次进行注册时会提示用户名已存在，注册不能正常完成。

对 Web Tour 网站录制用户注册脚本，保存为文件名"checkpoint"。回放测试脚本，显示"PASS"，脚本运行成功。

问题：回放脚本时使用了与以前一样的注册信息，为何没有提示任何错误，显示脚本运行"PASS"呢？究竟 VuGen 怎么区分脚本是否回放正确呢？一般情况下，脚本回放错误都是 404 错误，也就是页面无法找到，而只要页面返回了，VuGen 就不会提示任何错误，仍会在 Test Results 中显示为 PASS 状态，但这并不能说明脚本完成了相关操作，而只能说明服务器端正确接收到了客户端的请求并且返回了相应的数据，并不代表操作在逻辑上是正确的。

而我们看到脚本使用同一个用户名注册，VuGen 提交注册请求给服务器，服务器返回了信息给 VuGen，因此 VuGen 认为脚本运行通过。只不过这时返回的信息是服务器提示该用户名已存在，而我们知道，当真正注册成功后，服务器会返回如下信息，这里带下画线的是注册用户名：

Thank you, <u>tester</u>, for registering and welcome to the Web Tours family…

从上面的例子可以看到 VuGen 不会判断注册失败的错误，需要通过增加检查点来判断操作是否真正成功。

为了检查 Web 返回的页面，VuGen 插入 Text/Image 检查点，这些检查点验证网页上是否存在指定的 Text（文本）或者 Image（图片），还可以测试在比较大压力的环境下，被测的网站功能是否保持正确。

添加 Text/Image 检查点，可以在录制过程中，也可以在录制完成后进行。VuGen 在测试 Web 时，有两种视图方式：TreeView 和 Script View。在插入 Text/Imag检查点时，切换到 TreeView 视图。下面以用户登录脚本为例演示如何添加检查点。

用户登录脚本在 TreeView 下显示如图4-64所示。先在树形菜单中选择需要插入检查点的一项，单击鼠标右键，在弹出的快捷菜单中选择将检查点插到该操作执行前还是

图 4-64 用户登录脚本

该操作执行后。如果在该操作执行前，则选择"Insert Before"，否则选择"Insert After"，

弹出的对话框如图4-65所示，选择"Text Check"，单击"OK"按钮，出现"Text Check Properties"对话框，如图4-66所示。单击"确定"按钮后即可完成添加 Text 检查点的任务。

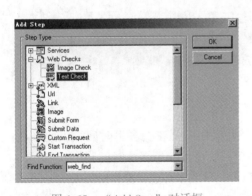

图 4-65 "Add Step"对话框

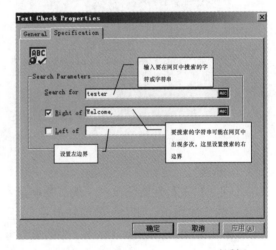

图 4-66 "Text Check Properties"对话框

在脚本视图下可以看到代码中增加了函数 web_find( )，如图4-67所示。

添加 Image 检查点的操作步骤和添加 Text 检查点差不多，这里仅仅对"Image Check Properties"对话框进行说明。其他和添加 Text 检查点类似，不再详细说明，如图4-68所示。

当然，VuGen 还允许插入其他类型的检查点函数，如 web_reg_find、Web_global_verification 等。而且这里也可以对搜索 Text/Image 值参数化。

```
web_submit_form("login.pl",
    "Snapshot=t2.inf",
    ITEMDATA,
    "Name=username", "Value=tester", ENDITEM,
    "Name=password", "Value=mercury", ENDITEM,
    "Name=login.x", "Value=37", ENDITEM,
    "Name=login.y", "Value=15", ENDITEM,
    LAST);

web_find("web_find",
    "RightOf=Welcome, ",
    "What=tester",
    LAST);
```
增加的检查点函数

图 4-67 增加检查点

111

在脚本中增加了检查点函数后，还需要进行相应设置才能让检查点发挥作用。按 <F4> 快捷键打开 "Run-time Settings" 对话框，在 "Internet Protocol Preferences" 设置界面上勾选 "Enable Image and text check"，如图 4-69 所示。

另外，如果 Web 窗体中包含 Java-Script 脚本，那么在 TreeView 视图中显示时可能会有问题。为解决这个问题，可以进行相应设置。选择主菜单 "Tools" → "General Options" 命令，在如图 4-70 所示界面中进行设置。

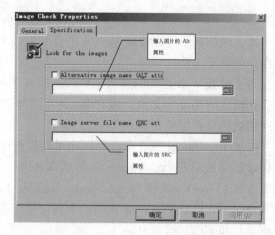

图 4-68　添加 Image 检查点

另外，常用的检查点函数还有 web_reg_find( )，该函数需要插入到检查页面之前。该点与 web_find( ) 不同，详细用法可参考帮助文档。

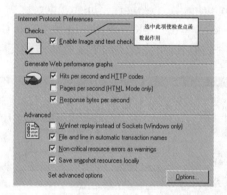

图 4-69　"Internet Protocol Preferences" 设置界面

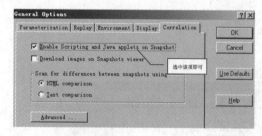

图 4-70　"General Options" 对话框

7. 事务

【问题】进行性能测试，一般需要衡量一下执行某些操作需要花费多少时间，以此来度量系统的性能指标。那么，如何知道一个用户登录一个系统需要花费多少时间呢？

【解决办法】利用 LoadRunner 中的事务可以度量执行一种或多种业务操作所需要的时间。

事务（Transaction）是指用户在客户端做一种或多种业务所需要的操作集，通过事务函数可以标记完成该业务所需要的操作内容；另一方面，事务可以用来统计用户操作的响应时间。事务响应时间是通过记录用户请求的开始时间和服务器返回内容到客户时间的差值来计算用户操作的响应时间的。

如果性能测试需要知道用户登录需要多少时间完成，则需要在进行用户登录操作之前插入一个事务开始标识，在用户登录操作完成后插入一个事务结束标识，如图 4-71 所示。这样 LoadRunner 运行到该事务的开始点时就会开始计时，直到运行到该事务的结束点，计时结束。这个事务的运行时间在 LoadRunner 的运行结果中会有反映。通俗地讲，LoadRunner 中的事务就是一个计时标识，LoadRunner 在运行过程中一旦发现事务的开始标识，就开始计时；一旦发现事务的结束标识，则计时结束，这个过程中得到的时间即为一个事务时间。通常事务时间所反映的是一个操作过程的响应时间。

事务是 LoadRunner 度量系统性能指标的手段，其主要功能如下：

- 用于度量高风险业务流程的性能指标。
- 度量在一组操作中每一步的性能指标。
- 通过事务计时实现不同压力负载下的性能指标对比。
- 通过事务计时帮助定位性能瓶颈。

在 LoadRunner 中使用事务有三种方法。

方法一：在录制完成后生成的测试脚本中手动添加事务。

前面已经录制过用户登录并预订机票的测试脚本，另存为 transaction。该脚本包含用户登录和预订机票两个业务操作，通过以下操作添加事务。

在生成的测试脚本中找到用户登录的函数，并把光标定位到该函数前。选择工具栏 按钮或按 < Ctrl + T > 快捷键插入事务开始，也可以通过 "Insert" 命令完成该操作。

```
web_submit_form("login.pl",
    "Snapshot=t2.            在登录操作前插入事务开始标识
    ITEMDATA,
    "Name=username", "Value=tester", ENDITEM,
    "Name=passwor              , ENDITEM,
    "Name=login.            在登录操作后插入事务结束标识    ITEM,
    "Name=login.y",  value o , ENDITEM,
    LAST);
```

图 4-71　添加事务前脚本

系统弹出的对话框如图 4-72 所示，输入添加的事务名称。尽量根据操作的性质选取易于理解的事务名称。

将光标定位到完成操作的函数，例如登录函数后，选择工具栏 按钮或按 < Ctrl + D > 快捷键插入事务结束，弹出的对话框如图 4-73 所示。

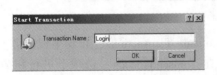

图 4-72　事务开始设置对话框

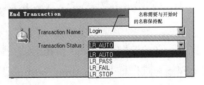

图 4-73　事务结束设置对话框

由于在一个测试脚本中可以添加多个事务，通过不同的名称来识别它们，因此在插入事务结束点时选择的名称，需要与事务开始时的名称保持匹配。

事务状态有 4 种选项：

- LR_AUTO。默认为该选项。指事务的状态由系统自动根据默认规则来判断，结果为 PASS/FAIL/STOP。
- LR_PASS。指事务是以 PASS 状态通过的，说明该事务正确完成了，并且记录下对应的响应时间。
- LR_FAIL。指事务是以 FAIL 状态结束，该事务是一个失败的事务，没有完成事务中脚本应该达到的效果，得到的时间不是正确操作的时间。

- LR_STOP。事务以 STOP 状态停止。

完成添加事务后，查看测试脚本，增加了两个函数，至此添加事务结束，如图 4-74 所示。

```
lr_start_transaction("Login");

web_submit_form("login.pl",
    "Snapshot=t2.inf",
    ITEMDATA,
    "Name=username", "Value=tester", ENDITEM,
    "Name=password", "Value=mercury", ENDITEM,
    "Name=login.x", "Value=29", E...
    "Name=login.y", "Value=5", EN...
    LAST);

lr_end_transaction("Login", LR_AUTO);
```

事务开始函数

事务结束函数

图 4-74 添加事务后脚本

执行测试脚本，在日志可以看到如图 4-75 所示的信息，表明该事务成功执行，其花费时间为 3.2760s。

```
Action.c(15): Notify: Transaction "Login" started.
Action.c(26): Notify: Transaction "Login" ended with "Pass" status (Duration: 3.2760).
```

图 4-75 脚本测试执行日志

方法二：在脚本录制的过程中添加事务。

在录制中添加事务，在需要添加的事务操作开始前选择录制工具条上的选择插入事务开始按钮，在事务操作结束后选择插入事务按钮，完成事务的添加过程，插入事务工具栏如图 4-76 所示。

插入事务开始　　　　插入事务结束

图 4-76 插入事务工具栏

方法三：通过"Run-time Settings"中的"Automatic Transactions"自动生成事务。

按 < F4 > 键打开"Run-time Settings"窗口，在"miscellaneous"选项下进行相应设置，如图 4-77 所示。

【问题思考】如果录制用户注册脚本，并把用户注册操作定义为一个事务，回放脚本得到的注册事务的响应时间是否正确？

把每个 action 定义成事务

把每一步定义成事务

图 4-77 设置自动生成事务

通过前面的讨论我们知道脚本运行结果为 PASS，只能说明服务器端正确接收到了客户端的请求并且返回了相应的数据，但并不代表操作在逻辑上是正确的，因此回放测试脚本后，由于注册用户名已存在，注册信息并没有真正插入到数据库完成注册操作，因此服务器给注册客户端返回的是错误页面信息，而不是注册成功信息。这时统计的事务响应时间也并不是真正完成用户注册操作的时间。这是由于事务自动判断的错误，导致操作虽然失败，但却得到了一个响应时间，并且这个响应时间并没有正确反映出做这件事情的真正时间，最终会影响到性能测试得到的数据。

对于这种情况就需要手工来判断操作是否成功，通过插入检查点函数来检查页面是否返回正确，然后通过 rowcount 的参数值来进行事务状态判断，做到智能判断事务结果。

例如，检查点函数的 rowcount 保存在参数 regst 中，那么事务的状态就应该如下判断：

通过检查点来检查注册后页面是否存在"注册失败"这样的内容，如果存在，那么 regst 的值就大于等于1，通过判断该值来确定事务结束的状态。由于参数不能和值做比较，所以要先通过 lr_eveal_string( ) 函数将其转化成字符串，然后再通过 atoi( ) 函数转化成整数，这样才能和1进行比较，如图 4-78 所示。

```
lr_start_transaction("reg");

web_reg_find("Search=Body",
             "SaveCount = regst",
             "Text = 注册失败",
             LAST);
// 注册请求
if (atoi(lr_eval_string("{regst}"))>=1)
    lr_end_transaction("reg",LR_FAIL);
else
    lr_end_transaction("reg",LR_PASS);
```

图 4-78　事务执行状态判断脚本

在绝大多数情况下，对于事务都需要采用手工事务的方式来确保事务的正确性和事务时间的有效性。

【练习】利用 LoadRunner 自带的订票网站，生成以下测试脚本：

■ 用户登录脚本 login，并对用户名进行参数化设置，把登录操作定义为事务 login。

■ 用户注册脚本 register，并对用户名进行参数化设置，把注册操作定义为事务 register。

■ 用户登录并订票脚本 orderflight，并对登录用户名进行参数化设置，把订票操作定义为事务 orderflight。

4.4.5　利用 Controller 创建运行场景

当虚拟用户脚本开发完成后，使用 Controller 将这个执行脚本的用户从单人转化为多用户，从而模拟大量用户操作，进而形成负载。我们需要对这个负载模拟的方式和特征进行配置，从而形成场景。场景（Scenario）是一种用来模拟大量用户操作的技术手段，通过配置和执行场景向服务器产生负载，验证系统各项性能指标是否达到用户要求。场景执行流程如图 4-79 所示。

图 4-79　场景执行流程

LoadRunner 中场景的类型分为目标场景和手工场景。创建场景有两种方式：

1) 通过 VuGen 直接转换当前脚本进入场景。选择菜单 "Tool" → "Create Controller

Scenario"命令就可以将当前脚本转化为场景，如图4-80所示。

在弹出的窗口中需要设置场景类型、负载服务器的地址、脚本组的名称以及结果的保存地址，如图4-81所示。

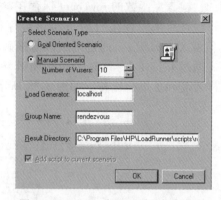

图4-80　在VuGen中直接生成场景　　　图4-81　VuGen中设置手工场景属性

2）打开Controller程序新建场景，在弹出的窗口中可以设置场景类型和对应的脚本，如图4-82所示。

1. 创建手工场景

手工场景就是自行设置虚拟用户的变化，通过设计用户的添加和减少过程来模拟真实的用户请求模型，完成负载的生成。设置手工场景的主要内容包括以下几方面：

■ 设置场景中虚拟用户组（Group）的个数及每组用户的数量。

■ 设置场景中每组虚拟用户运行的负载机（Load Generator）。

■ 设置场景中虚拟用户的行为。

Group是指执行相同测试脚本，完成相同操作的一组用户。Load Generator是指执行测试脚本的机器。由于资源有限，一台机器可以执行测试脚本是有限的，因此一个测试场景中的多组用户可能运行在不同的负载机上，从而实现大规模的性能负载。

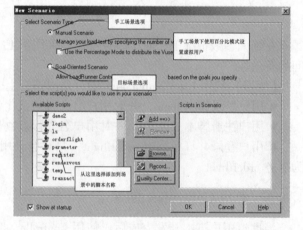

图4-82　新建场景

Load Generator的核心是MMDRV.EXE进程，MMDRV.EXE负责运行脚本模拟用户行为，该程序支持进程或线程的方式，通过"Runtime Settings"即可进行设置。

打开Controller选择手工创建场景，把登录（login）、注册（register）、订票（orderflight）脚本添加到场景，出现图4-83所示界面。

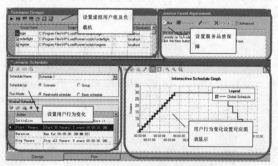

图4-83　手工创建场景

116

第一步：设置场景中虚拟用户组及其运行的负载机。

1）设置运行模式为"Basic schedule"，如图4-84所示。

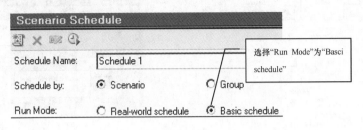

扫码看视频

图4-84　设置运行模式

2）在"Scenario Groups"区域中设置每组用户的数量和该组用户运行的负载机，如图4-85所示。

在该界面设置测试场景中包含的虚拟用户组、虚拟用户组执行的脚本、一个虚拟用户组中用户的数量以及该组用户脚本运行哪台负载机上。通过单击"localhost"可以更改负载机，选择"Add"也可以增加新的负载机。关于负载机的管理在后续章节中介绍。

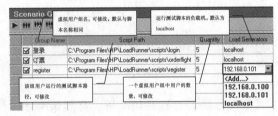

图4-85　设置"Scenario Groups"

在图4-85中，设置场景包括3组用户名称，分别为：登录、订票和register，其中每组5个用户，登录组虚拟用户和订票组虚拟用户脚本在本机运行，register组的5个虚拟用户脚本在负载机"192.168.0.100"上运行。

第二步：通过"Scenario Schedule"区域设置用户负载方式。

手工场景在"Schedule by"中分为Scenario模式和Group模式，如图4-86所示。

图4-86　设置用户负载方式

对上面的3组15个用户，通过Global Schedule区域，设置以下内容。

■ 增加负载。每隔10s增加5个负载用户，20s后达到最大用户数。

■ 负载持续时间。持续1min。

■ 减少负载。用户每隔15s结束3个负载用户。

整个场景共耗时2min20s，如图4-87所示。

设置具体的用户负载情况，会在右侧"Schedule Graph"区域中直观地显示出来，如图4-88所示。

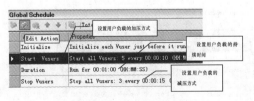

图4-87　设置内容

如果需要修改加压方式、持续时间和减压方式，可以通过在图4-87中单击"Edit Action"按钮或双击相应条目，在图4-89～图4-91中进行设置。

【问题】如果对有登录、注册和订票三组用户的测试场景，其中登录、注册用户逐步加载，而订票用户同时加载，并且持续时间各不一样，该如何设置？

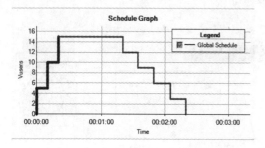

图 4-88　"Schedule Graph" 区域

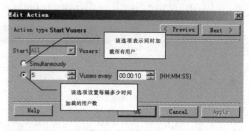

图 4-89　设置负载增加的过程

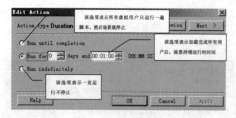

图 4-90　设置负载持续时间

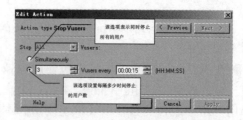

图 4-91　设置负载释放的过程

【解决办法】在这种情况下，显然像刚才一样通过把整个测试场景中所有用户组作为整体来设置用户负载是无法实现的，LoadRunner Controller 能对一个测试场景中不同的组设置不同的负载方式。

在测试场景设计界面的"Scenario Schedule"区域，将"Schedule by"选项由"Scenario"切换成"Group"，如图 4-92 所示。

此外，"Run Mode"提供两种场景运行模式：Real-world schedule 和 Basic schedule，其主要区别在于，基本模式只能设置一次负载的上升持续和下降，而真实场景模式可以通过 Add Action 来添加多个用户变化的过程。例如，可以通过该模式设置订票用户组逐步增加负载，持续 2min 后逐步降低负载，再次逐步增加负载，持续 1min 后，同时停止所有负载，这样可以真实地模拟用户负载的波动情况，如图 4-93 所示。

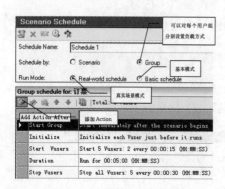

图 4-92　选择"Group"选项

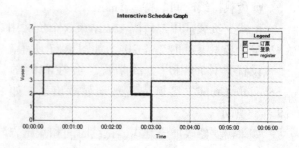

图 4-93　真实场景模式

第三步：设置场景运行的 SLA 监控策略。

该步骤不是必需的。Service Level Agreement 是 LoadRunner 9 新添的功能，主要是为了方便对某些数据的阈值进行监控。

在图4-94所示界面中找到"Service Level Agreement"区域，选择"Advanced"进行高级设置，如图4-95所示。在该界面中定义监控的间隔周期。

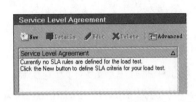

图4-94 SLA策略设置

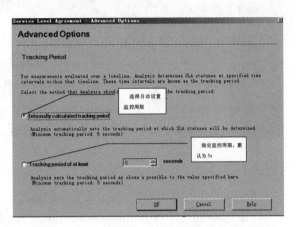

图4-95 SLA策略高级选型

当运行一个场景时，LoadRunner收集和保存性能相关数据。当分析运行结果时，Load-Runner分析器会将收集到的数据与SLA中定义的度量数据进行比较。因此，在此处定义SLA值，在场景运行完成后就可以直观地查看到预期的SLA值与实际的值之间的对比。

在图4-94中单击"New"按钮，新建一个SLA规则来对当前性能测试的某些数据进行阈值的设定，如图4-96所示。

这里提供两种方式，在"SLA status determined at time intervals over a timeline"方式下可以根据Average transaction Response Time（平均事务响应时间）来指定需要监控的事务的阈值，也可以设置Errors per Second（每秒错误数）的监控阈值；在"SLA status determined over the whole run"方式下，可以设定针对其他指标的阈值，如平均吞吐量等，如图4-97所示。

图4-96 新建SLA目标定义

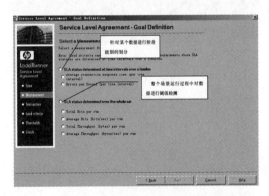

图4-97 新建SLA目标类别设置

我们选择"SLA status determined at time intervals over a timeline"方式下"Average trans-action Response Time"，在如图4-98~图4-100所示界面中选择需要进行监控的事务名称、设置监控的负载分段和定义SLA目标在各个用户数阶段所需要达到的响应时间。

确定后就完成了该SLA的监控策略设置。

第四步：按快捷键<F5>或工具栏▶按钮运行并监控测试场景。

图 4-98 选择需要监控的脚本中的事务名称

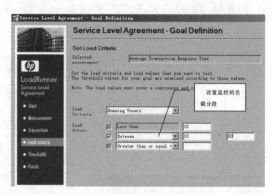

图 4-99 设置监控的负载分段

在场景运行前还需要对脚本的运行策略进行设置，确保整个场景中所有用户的运行方式正确。

1）在 Controller 中设置 Run-Time Settings。前面在 VuGen 中通过 Run-Time Settings 来对单个脚本进行运行中的设置，同样在 Controller 中执行测试脚本前也需要进行运行策略的设置。注意在 Controller 中的 Run-Time Settings 独立存放在场景文件 .lrs 文件中，并不会影响该脚本在 VuGen 中运行的设置。设置过程如下：在场景设计界面中，单击"Virtual Users"按钮，如图 4-101 所示。

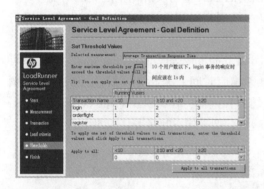

图 4-100 定义 SLA 目标在各个用户数阶段所需要达到的响应时间

图 4-101 进行虚拟用户管理

弹出如图 4-102 所示对话框，单击"Details"按钮，打开如图 4-103 所示对话框。

在图 4-103 中，单击"Run-Time Settings"按钮可以对该组脚本进行运行时设置，场景中脚本运行以此设置为依据。

2）设置测试场景运行的启动时间。在场景设计界面中单击"Start Time"按钮，如图 4-104 所示。

在系统弹出的对话框中设置场景何时运行，通过该设置可以让测试场景在无人时开始运行，如图 4-105 所示。

3）设置运行结果存放目录。Controller 运行完测试场景后把结果保存在以 .lrr 为扩展名的文件中，结果文件存储路径可以通过选择主菜单中"Results"→"Results Settings"命令进行设置，如图 4-106 和图 4-107 所示。

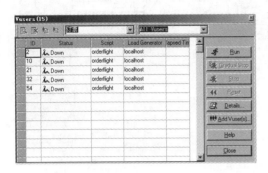

图 4-102 "Vusers（15）"对话框

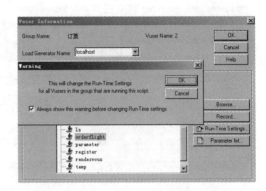

图 4-103 "Vuser Information"对话框

图 4-104 设置启动时间

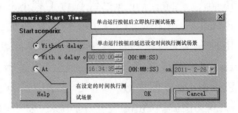

图 4-105 设置测试场景启动时间

图 4-106 "Results Settings"命令

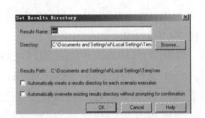

图 4-107 设置测试结果保存路径

4）设置完成后按＜F5＞键运行测试场景。测试场景运行页面如图 4-108 所示。其中，左上角显示场景中用户组执行信息，如订票用户组有多少个 Passed、有多少个 Failed 等。界面右上角显示场景的执行状态，如定义的事物有多少个 Passed、多少个 Failed、发生了多少个Errors等信息。界面的下半部分显示了执行中采集到的数据图表，其中左侧列出了所有图表的名称，右侧是具体的图表显示，同时可显示 4 张图表，通过左侧选择不同图表名称，可以更改查看的图表内容。界面最下部显示的是指定图表对应的具体数据值。这些图表信息在后面将详细介绍。

此外，在测试场景执行过程中可以通过单击"Vusers"按钮查看场景中脚本的状态变化，如图 4-109 所示。这些状态包括：

■ Down。关闭，Vuser 处于关闭状态。

■ Pending。挂起，Vuser 已经准备就绪，可以进行初始化，并且正在等待可用的负载生成器，或者正在将文件传输到负载生成器。如果满足 Vuser 的计划属性中设置的条件，则Vuser 将运行。

■ Init。正在初始化，Vuser 正在负载机上初始化。

121

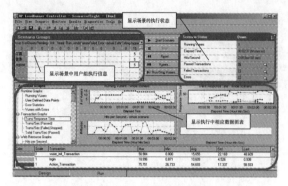

图4-108　测试场景运行主界面

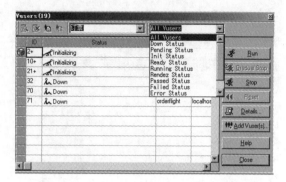

图4-109　查看场景中脚本的状态变化

- Ready。就绪，Vuser 已经执行了脚本的初始部分，可以运行。
- Running。正在运行，Vuser 脚本正在负载生成器中执行。
- Rendez。集合，Vuser 已经到达了集合点，正在等待由 LoadRunner 释放。
- Passed。完成并通过，Vuser 已结束运行，脚本通过。
- Failed。完成但失败，Vuser 已结束运行，脚本失败。
- Error。错误，Vuser 发生了问题。要了解错误的完整说明，可查看"Vuser"对话框中的"状态"字段或输出窗口。
- Exiting。正在逐步退出，Vuser 正在完成退出前所运行的迭代或操作。
- Stopped。已停止。

说明： 当场景的 Duration 设置为只运行一次时，每个用户是以 Passed 状态结束的；而当场景的 Duration 设置为按照一定的周期执行时，用户将以 Stopped 状态结束。

在手工创建场景中还可以选择按照百分比模式创建场景，如图4-110 和图4-111 所示，需要每个组用户数占总用户数的百分比以及设置测试场景中总的用户数量。

图4-110　百分比模式创建场景

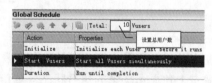

图4-111　设置总用户数

2. 创建目标场景

在创建手工场景中需要设置用户负载行为，但很多时候做性能测试时需要知道系统到底能否承受每秒多少次的点击；网站有 100 个在线用户的情况下，查询能否在规定的时间内完成。此时我们不关心用户负载是以怎样的方式加载的，而只关心结果。创建目标场景，能很好地满足测试的需要。

所谓目标场景，就是设置一个运行目标，通过 Controller 的 Auto Load 功能进行自动化负载，如果测试的结果达到目标，则说明系统的性能符合测试目标，否则就提示无法达到目标。目标场景是定性型的性能测试，只关心最后性能测试的结论是否符合性能需求，常常用在验收测试的场合；而手工场景是定量型的性能测试，通过掌握在负载的增加过程中系统各组件的变化情况，从而定位性能瓶颈并了解系统处理能力，一般在负载和压力测试中应用。

在新建场景界面选择目标场景，并添加需要执行负载的脚本。确定后进入目标场景设置窗口，如图 4-112 所示。

在目标场景中主要设置一个需要测试的目标，Controller 会自动逐渐增加负载，测试系统能否稳定地达到预先设定的目标。

单击"Edit Scenario Goal"按钮打开目标场景编辑对话框，如图 4-113 所示。

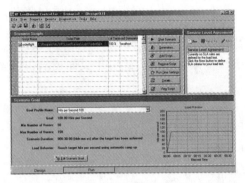

图 4-112 创建目标场景

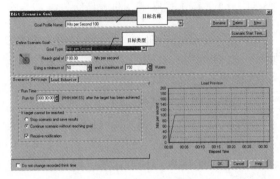

图 4-113 目标设定

在目标场景中最重要的就是目标类型，LoadRunner 一共提供了 5 种目标，每种目标都有自己独立的设置。

- Virtual Users。虚拟用户数。
- Hits per Second。每秒点击数。
- Transactions per Second。每秒事务数。
- Transactions Response Time。事务的响应时间。
- Pages per Minute。每分钟页面刷新次数。

下面分别对这些目标的设置进行说明。

（1）Virtual Users 该参数表示被测系统所需要支持的用户数。这里只需要填写系统能够达到的用户数目即可，如图 4-114 所示。

（2）Hits per Second 每秒点击数是指一秒钟能够做到的点击请求数目，即客户端产生的每秒请求数。除了要设置点击的指标，还需要设置在线用户的上下限，场景运行时会自动调整用户数，来测试在一定的用户范围内系统是否都能达到定义的目标，如图 4-115 所示。

（3）Transactions per Second 一个事务代表完成一个操作，每秒事务数反映了系统的处理能力。当脚本中含有事务函数时才可以使用，这里需要指定事务名称、需要达到的目标以及完成该指标的用户数范围，如图 4-116 所示。

（4）Transactions Response Time 事务的响应时间反映了系统的处理速度以及做一个操作所需要花费的时间。当脚本中含有事务函数时

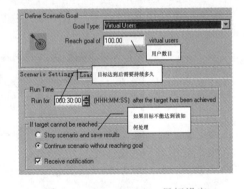

图 4-114 Virtual Users 目标设定

图 4-115 Hits per Second 目标设定

123

才可以设定该指标,如图 4-117 所示。

图 4-116 Transactions per Second 目标设定

图 4-117 Transactions Response Time 目标设定

(5)Pages per Minute 每分钟页面的刷新次数反映了系统在每分钟下所能提供的 Page(页面)处理能力。页面的生成能力反映了一个系统的整体处理能力,一个页面请求包含多个点击请求,如图 4-118 所示。

3. 初识场景运行结果

场景运行结束后,在 Controller 会提供一些图表及相关数据信息来表示基本的运行结果。图 4-119 所示表示场景中有 3 组用户,其中订票组用户有 2 个运行脚本 Failed,4 个运行脚本 Stopped,登录组和 register 组各有 6 个和 7 个脚本运行 Stopped。

图 4-118 Pages per Minute 目标设定

图 4-120 列出了当前场景的状态,通过它可以了解当前负载数、消耗时间、每秒点击量、事务通过/失败的个数以及系统出错的个数。

图 4-119 场景运行结果 1

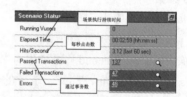

图 4-120 场景运行结果 2

当场景运行出错时,可以单击"Errors"后边的数字打开 Output 窗口查看原因,如图 4-121 所示。

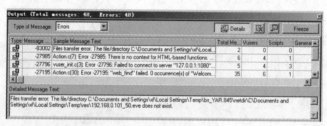

图 4-121 查看错误原因

此外,最主要的是通过图表和对应的数据来分析被测系统的性能。常用的图表包括以下三个:

(1)Running Vusers(负载过程中虚拟用户运行情况) 该图可以反映系统形成负载的过程,随着时间的推移,虚拟用户数是如何变化的。从图 4-122 中可以看到三条线,分别代表处于不同状态的用户数,能够看出负载的生成逐步增加,用户大约在 54s 达到负载峰值 17 个用户,峰值负载持续 40 多 s,大约有两个用户运行出现错误。

(2)Transactions per Second(每秒事务数) 该数据反映了系统在同一时间内能处理业务的最大能力,这个数据越高,说明系统处理能力越强。图 4-123 中不同的折线对应场景脚本中定义的不同事务。

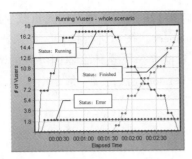

图 4-122　Running Vusers 图表

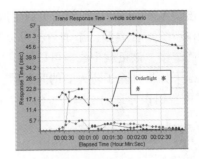

图 4-123　Transactions per Second 图表

图 4-123 中每个事务的统计数据在图表下方有具体的数据统计，显示了每个定义的事务执行的最大时间、最小时间、平均时间和标准方差，如图 4-124 所示。

（3）Hits per Second（每秒点击数）　每秒点击数提供了当前负载中对系统所产生的点击量记录。每一次点击相当于对服务器发出了一次 HTTP 请求，一般点击数会随着负载的增加而增加，该数据越大越好。在图 4-125 中可以看到，每秒点击数最高达 17 次/s。

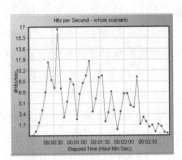

Color	Scale	Transaction	Max	Min	Avg	Std	Last
	1	vuser_init_Transaction	26.310	0.000	5.006	9.176	22.610
	1	Action_Transaction	57.892	11.307	38.920	16.153	44.160
	1	login	6.440	0.838	3.196	1.490	0.980
	1	register	3.812	0.365	1.497	0.988	0.501
	1	orderflight	17.630	13.303	15.782	1.562	13.303
	1	vuser_end_Transaction	0.000	0.000	0.000	0.000	0.000

图 4-124　具体的数据统计

图 4-125　Hits per Second 图表

4. 负载生成器管理

Load Generator 是运行测试脚本的负载引擎，在默认情况下使用本地的负载生成器来运行脚本，但是模拟用户行为也需要消耗一定的系统资源，所以在一台计算机上无法模拟大量的虚拟用户，这个时候可以通过调用多个 Load Generator 来完成大规模的性能负载。

在每个 Load Generator 上需要安装并启动 Load Generator 服务（确保任务栏中有小雷达图标🛰），基本原理如图 4-126 所示。

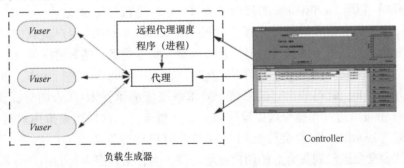

图 4-126　负载生成器

选择主菜单"Scenario"→"Load Generators"命令进行负载生成器的管理，如图 4-127

所示。单击"Add"按钮增加新的负载生成器，如图4-128所示。然后输入负载生成器的IP地址及操作系统平台类型，添加后，可以单击"Connect"按钮进行链接，如果出现Ready则说明正确链接，该负载生成器可以使用，否则就要检查一下是什么原因导致的链接错误。在Windows下如果排除了防火墙的问题后，Load Generator无法链接一般是由于Load Generator的权限配置错误导致的。解决办法如下：

图4-127　负载生成器管理

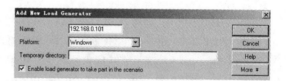

图4-128　增加负载生成器

在安装Load Generator的计算机上打开LoadRunner中"Tools"菜单下的"LoadRunner Agent Runtime Settings Configuration"（LoadRunner代理运行时设置配置），出现如图4-129所示的窗口，可输入本地计算机的账户信息，就可以让Controller无须登录直接链接到Load Generator。

当远程负载生成器被成功添加后，就可以在场景设置中进行选择了。大多数情况下，使用进程方式时一个Vuser会占用接近3MB的内存，而使用线程方式时一个Vuser大概占用200KB的内存。为了保证负载生成的有效性，需要确保负载器没有存在硬件瓶颈，其中央处理器（CPU）和内存的使用率最好不超过80%。

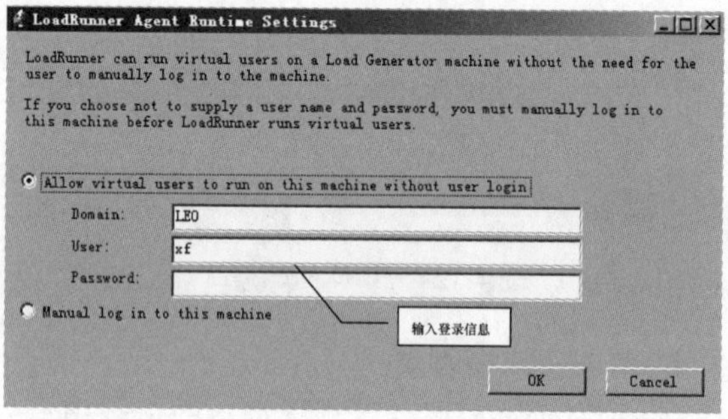

5. 利用集合点进行并发测试

【问题】北京奥运会门票受"先到先得"的销售政策影响，公众抢在第一时间抢订门票，面对大量用户同时访问系统，结果导致订票系统陷入瘫痪。在一个系统上线前，如何知道系统到底能承受多少用户的并发访问？

图4-129　配置权限

【解决办法】利用LoadRunner的集合点能够对系统进行并发测试。

集合点可以生成有效可控的并发操作。虽然在Controller中多用户负载的Vuser是一起开始运行脚本的，但是由于计算机的串行处理机制，脚本的运行随着时间的推移，并不能完全达到同步。这个时候需要使用手工的方式让用户在同一时间点上进行操作，以测试系统并发处理的能力。例如，针对一个订票系统，要求系统能够承受1000人同时提交订票数据，在LoadRunner中可以通过在提交数据操作前面加入集合点，这样当虚拟用户运行到提交数据的集合点时，LoadRunner就会检查同时有多少用户运行到集合点，如果不到1000人，LoadRunner就会命令已经到集合点的用户在此等待，当在集合点等待的用户达到1000人时，LoadRunner命令1000人同时去提交数据，从而达到测试目的。

LoadRunner中集合点的设置分为两步：

■ 在测试脚本中插入集合点函数。

■ 在 Controller 中设置集合点策略。

【示例】测试 100 用户并发登录订票系统。

(1) 在测试脚本中插入集合点 对 LoadRunner 自带的订票网站，录制用户登录的测试脚本，保存为 Rendezvous。在需要插入集合点操作的前面，通过选择菜单"Insert"→"Rendezvous"命令，弹出的对话框如图 4-130 所示。

再次查看测试脚本，如图 4-131 所示。

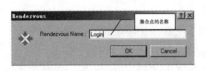

图 4-130 "Rendezvous"对话框

图 4-131 增加集合点的测试脚本

当脚本在多用户运行的情况下，每次运行到集合点函数都会查看一下集合点策略来决定是等待还是继续运行。需要说明的是，如果把登录定义为一个事务，那么集合点应该放在事务外，如果事务内存在集合点，那么虚拟用户在集合点等待的过程也会被计入事务时间，导致早进入集合点的用户响应时间有误。

(2) 设置集合点策略 通过 Controller 来设置集合点策略。在 Controller 主菜单选择"Scenario"→"Rendezvous"命令，打开如图 4-132 所示对话框。

集合点策略用来设置虚拟用户集合的方式，打开"Policy"对话框，如图 4-133 所示。集合点提供了以下 3 种策略：

■ 当百分之多少的用户到达集合点时脚本继续。

■ 当百分之多少的运行用户到达集合点时脚本继续。

■ 多少个用户到达集合点时脚本继续。

这 3 个策略的区别在于：假设脚本由 100 个用户来运行，但 100 个用户并不是一开始就共同运行的。假设每个 1min 添加 10 个用户，也就是

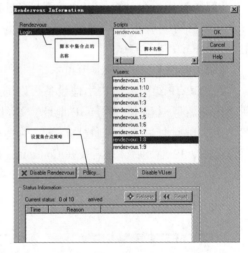

图 4-132 "Rendezvous Information"对话框

说 10min 后系统才有 100 个在线用户。这里"100"就是指系统访问的所有用户数，而不同时的在线用户数是不同的。设置的集合点策略百分比均为 100%。

当场景运行时，当 Vuser 脚本运行到集合点函数时，该虚拟用户会进入集合点状态直到集合点策略满足后才释放。

策略 1 是指当全部用户都运行到集合点函数才释放集合，让这 100 个用户并发运行后面的脚本。

策略 2 是指当前时间如果只有 10 个用户在线，那么只需要这 10 个用户都运行到了集合点函数就释放集合，让这 10 个用户并发运行后面的脚本。

策略3是指当到达集合点的用户数达到自己设置的数量后就释放等待，并发运行后面的脚本。

在脚本运行时每个虚拟用户到达集合点时都会去检查一下集合点的策略设置，如果不满足那么就在集合状态等待，直到集合点策略满足后才运行下一步操作。但是可能存在前一个虚拟用户和后一个虚拟用户达到集合点的时间非常长的情况，所以需要指定一个超时的时间间隔，如果超过这个时间就不等待迟到的虚拟用户了。

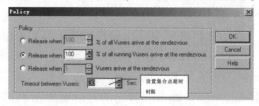

图 4-133　设置集合点策略

使用集合点注意事项：

- 可以在多个脚本上设置相同的集合点名称来实现多个脚本同时并发的效果。
- 场景中的测试脚本没有设置集合点时，Controller 无法设置集合点策略。
- 只有手工场景中才能设置集合点策略，目标场景中无法设置集合点策略，系统自动形成并发负载。
- 如果脚本中既定义了事务，又定义了集合点，集合点应该放在事务外。如果事务内存在集合点，那么虚拟用户在集合点等待的过程也会被算入事务时间，导致早进入集合点的用户的响应时间有误。

6. IP 虚拟解决服务器对 IP 限制

【问题】用一台计算机作为负载机，模拟客户端对服务器施加负载，但很多时候服务器不允许来自同一个 IP 上的多个客户连接操作，如投票网站一个 IP 只能投一票，这时如何使用 LoadRunner 进行测试？

【解决办法】采用 IP 虚拟技术。

在 TCP/IP 组中，一块物理设备可以绑定多个 IP 地址。打开网卡属性中的高级设置，找到"IP 设置"选项卡，添加 IP 地址，如图 4-134 所示。

添加 IP 地址后，可以通过 ipconfig 命令确认多个 IP 是否已经应用在了物理网卡上。当网卡绑定多个 IP 地址后，只需要在 Controller 中打开 IP Spoofer 支持功能即可，如图 4-135 所示。

扫码看视频

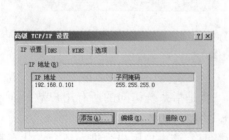

图 4-134　在 TCP/IP 高级设置中为网卡添加 IP 地址　　图 4-135　开启 IP 欺骗功能

注意： 使用该功能时要关闭所有多余的网卡，如无线网卡或虚拟机自带的虚拟网卡，否则 Controller 会读取所有本机网卡上的 IP 信息，导致虚拟 IP 的地址错误。

如果需要生成大量的 IP 地址，可以通过 LoadRunner 自带的 IP 向导工具实现（该工具要求网卡处于非 DHCP 模式下）。

打开 LoadRunner 中"Tools"菜单下的 IP Wizard 工具，如图 4-136 所示。选择创建一个新的设置，单击"下一步"按钮。

接着需要输入服务器的 IP 地址，如图 4-137 所示。

填写服务器 IP 地址后，单击"下一步"按钮，在如图 4-138 所示的对话框中单击"Add"按钮，输入所需要构建的网段类型和 IP 数目，如图 4-139 所示。

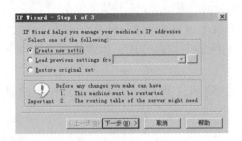

图 4-136　打开 IP Wizard 工具

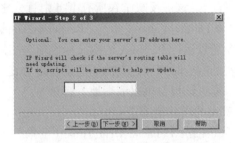

图 4-137　输入服务器的 IP 地址

图 4-138　添加 IP 地址

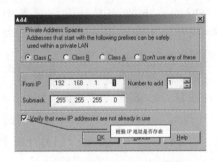

图 4-139　"Add"对话框

用 IP Wizard 将 IP 地址写入网卡后，用 ipconfig 命令确认是否生效，如果没有可以通过重启网卡的方式来完成生效工作。

此外，当脚本在远程 Load Generator 上运行时，只需要在对应的 Load Generator 上配置多 IP 即可。

4.4.6　利用 Analysis 分析测试结果

通过场景完成负载后，需要通过负载的结果来发现和定位性能瓶颈。Analysis 就像一个

数据分析中心，它将场景运行中所得到的数据都整合在一起，能够对测试结果数据进行整理，并提供了一些方法可以进一步对结果数据进行分析，从而找出系统的性能指标和可能的瓶颈，最终生成报告。

1. 基本信息分析

从 Analysis 打开后缀为 .lrr 的场景执行结果文件，首先看到的是 Analysis Summary 场景摘要，提供了对整个场景数据的简单报告。Analysis 主界面如图 4-140 所示。

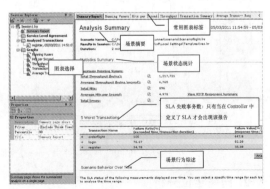

图 4-140　Analysis 主界面

其中，Analysis Summary（场景摘要）中包括场景名称、结果存放路径和场景持续时间。

Statistics Summary（场景状态统计）中包括：场景最大用户数、总带宽流量（字节）、平均每秒带宽流量、总点击数、平均每秒点击数等。

SLA 失败事务中包括：

■ Failure Ratio ［％］（Exceeded Time/Transaction Duration）失败率（超标次数/事务持续时间）。该值反映了在所有事务中百分之多少的事务是无法达到 SLA 基准值。

■ Failure Value ［％］（Response Time/SLA）失败率（响应时间/SLA）。该值反映了在整个场景运行下，SLA 的定义标准值与实际事务值超标的平均百分比，也就是说平均算下来真实的响应时间和定义的阈值误差百分比。

通过该报告可以清晰地了解该事务有多少无法达到 SLA 标准以及无法达到标准的事务与 SLA 的误差范围是多少。

Scenario Behavior Over Time（场景行为综述）中列出了在场景中定义的事务在各个时间点上的 SLA 情况，背景中的×表示在这个时间点上事务没有达到 SLA 的指标，如图 4-141 所示。

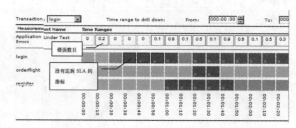

图 4-141　场景行为综述

在常用图表选项卡中可以查看不同的统计图表，如 Running Vusers、Hits per Second、Transactions per Second 等，前面已经有部分介绍，下面主要介绍另外两个常用图表。

（1）Throughput（带宽使用）　这里给出了在当前系统负载下所使用的带宽，该数据越小说明系统的带宽依赖越小，通过这个数据能确定是否出现了网络带宽的瓶颈。Throughput 图表如图 4-142 所示。

（2）Transaction Summary（事务概要说明）　该说明给出事务的 Pass 个数和 Fail 个数，了解负载的事务完成情况。通过的事务数越多，说明系统的处理能力越强；失败的事务越少，说明系统越可靠。从图 4-143 中可以看出，对于 register 事务一共操作 18 次成功，1 次失败。

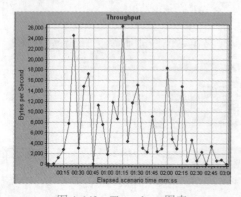

图 4-142　Throughput 图表

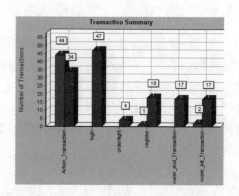

图 4-143　Transaction Summary 图表

2. 问题定位分析

通过基本图表可以对被测系统有一个基本的测评，但是如何定位系统中存在的问题，需要对相关测试图表信息进一步分析。查看更多测试结果需要在"Session Explorer"窗口中单击鼠标右键，在弹出的快捷菜单中选择"Add New Graph"或按 < Ctrl + A > 快捷键查看更多的测试结果图表，如图 4-144 和图 4-145 所示。

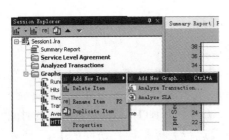

图 4-144 查看更多的测试结果

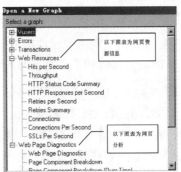

图 4-145 查看新图表

（1）确认服务器是否能应答客户端请求 HTTP Responses per Second（每秒 HTTP 响应数）。

这里给出了服务器返回各种状态的数目，该数值一般和每秒点击量相同。点击量是指客户端发出的请求数，而 HTTP 响应数是指服务器返回的响应数。如果服务器返回的响应数小于客户端发出的点击数，那么说明服务器无法应答超出负载的连接请求。

在图 4-146 中可以看到最高峰时服务器每秒能返回接近 39 个 HTTP 200 OK 的状态。这个数据和前面的每秒点击数吻合，说明服务器能够对每个客户端请求进行应答。

（2）确认系统的连接池是否已满 Connections Per Second（每秒连接数）。

这里会给出两种不同状态的连接，即中断的连接和新建的连接，方便用户了解当前每秒对服务器产生连接的数量。在图 4-147 中可以看出系统的连接数最高达到每秒 32 个连接。同时的连接数越多，说明服务器的连接池越大，当连接数随着负载上升而停止上升时，说明系统的连接池已满，无法连接更多的用户。

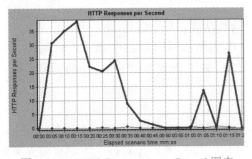

图 4-146 HTTP Responses per Second 图表

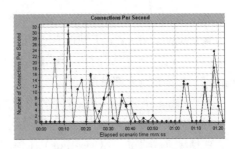

图 4-147 Connections Per Second 图表

（3）比较大的响应时间是由哪些页面和组件引起的 下面简单说一下浏览器从发送一个请求到最后显示的全过程。

1）浏览器向 Web Server 发送请求，一般情况下，该请求首先发送到 DNS Server，把 DNS 名字解析成 IP 地址。解析过程的时间就是 DNS Resolution。这个度量时间可以确定 DNS 服务器或者 DNS 服务器的配置是否有问题。如果 DNS Server 运行情况比较好，该值会比较小。

2）解析出 Web Server 的 IP 地址后，请求被送到了 Web Server，然后浏览器和 Web Server

之间需要建立一个初始化连接，建立该连接的过程就是 Connection。这个度量时间可以简单地判断网络情况，也可以判断 Web Server 是否能够响应这个请求。如果正常，该值会比较小。

3）建立连接后，从 Web Server 发出第一个数据包，经过网络传输到客户端，浏览器成功接收到第一字节的时间就是 First Buffer。这个度量时间不仅可以表示 Web Server 的延迟时间，还可以表示出网络的反应时间。

4）从浏览器接收到第一个字节起，直到成功收到最后一个字节，下载完成止，这段时间就是 Receive。这个度量时间可以判断网络的质量。

其他的时间还有 SSL Handshaking（SSL 握手协议）、Client Time（请求在客户端浏览器延迟的时间，可能是由于客户端浏览器的 think time 或者客户端其他方面引起的延迟）、Error Time（从发送了一个 HTTP 请求，到 Web Server 发送回一个 HTTP 错误信息需要的时间）。

通过"Web Page Diagnostics"图表会得到场景运行后虚拟用户访问的 Page 列表，也就是所有页面下载时间列表，如图 4-148 所示。

然后通过"Select Page to Break Down"选择具体的 Page 来获得每个请求的相关详细信息。我们选择下载时间最长的页面进行查看，如图 4-149 所示。从图中可以看到，随着时间的变化页面的下载时间最高达到 5s。

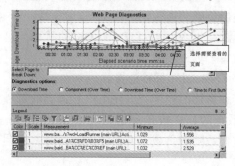

图 4-148　Web Page Diagnostics 图表

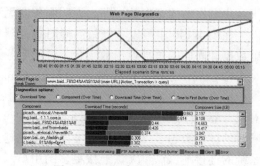

图 4-149　查看页面的下载时间

在"Diagnostics options"选项中提供了以下 4 大块功能：

■ Download Time（下载时间分析）。这里可以得到组成页面的每个请求下载时间。在图 4-149 中可以看到页面由多个请求组成，其中耗时最大的请求"Connection"和"First Buffer"花费了绝大部分时间。

■ Component（Over time）（各模块的时间变化）。

这里列出组成页面的每个元素以及随着时间的变化所带来的响应时间变化，如图 4-150 所示。

■ Download Time（Over time）（模块下载时间）。这里提供了针对每个组成页面元素的时间组成部分分析，方便确认该元素的处理时间组成部分，如图 4-151 所示。

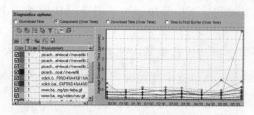

图 4-150　各模块的时间变化

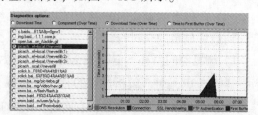

图 4-151　模块下载时间

■ Time to First Buffer（Over time）（模块时间分类）。这里会列出元素所使用的时间分配比例，是受 Network Time 影响的多还是受 Server Time 影响的多，如图4-152 所示，其中 Network Time 是指网络上的时间开销，Server Time 是指服务器对该页面的处理时间。

也可以通过查看"Page Component Breakdown"来了解页面中每个元素的平均响应时间占整个页面响应时间的百分比，看哪个组件耗时更多，如图4-153 所示。

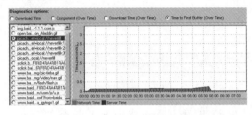

图4-152 模块时间分类

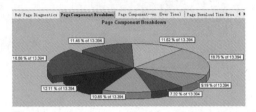

图4-153 Page Component Breakdown 图表

（4）比较大的响应时间问题出在网络传输上还是服务器上 通过查看"Page Download Time Breakdown"图表，可看到页面各组件响应时间的细分情况，包括 Client Time、Connections Time、DNS Resolution Time、First Buffer Time、FTP Authentication Time、Receive Time 和 SSL Handshaking Time，通过该数据可以分析页面时间浪费在哪些过程中，如图4-154 所示。

通过查看"Time to First Buffer Breakdown"图表，可以直观地了解到整个页面的处理是在服务器端消耗的时间长还是在客户端消耗的时间长，从而得到系统的性能问题是在前端还是后端，如图4-155 所示。

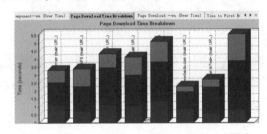

图4-154 Page Download Time Breakdown 图表

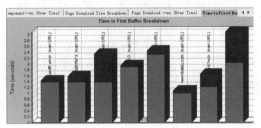

图4-155 Time to First Buffer Breakdown 图表

3. 合并图表

当得到了相关图形之后，如何分析图和图之间的关系呢？Merge Graphs（合并图表）提供了一种将图和图合并的功能，通过该功能可以直观地获得一个数据和另外一个数据的相互影响关系。

在"Running Vusers"图表中右击，在弹出的快捷菜单中选择"Merge Graphs"命令，如图4-156 所示。

Merge 的方式有 3 种：Overlay、Tile 和 Correlate，如图4-157 所示。

Overlay 合并方式，就是将两张图通过 x 轴进行覆盖合并，如图4-158 所示，通过这张图可以得到用户增长的过程是如何影响每秒点击次数的。

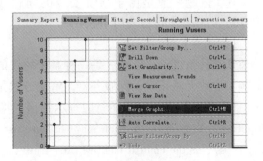

图4-156 选择合并图表

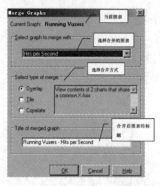

图4-157 合并方式

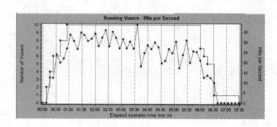

图4-158 Overlay 的 Merge 方式

Tile 合并方式和 Overlay 方式非常接近，只是将两张图的 y 轴分为上下两个部分，不做重叠，如图4-159所示。

Correlate 合并方式比较复杂，首先将主图的 y 轴变为 x 轴，而被合并图的 y 轴依然保存为 y 轴，按照各图原本的时间关系进行合并形成新图，如图4-160所示。

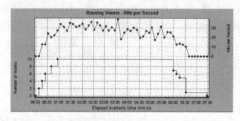

图4-159 Tile 的 Merge 方式

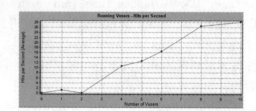

图4-160 Correlate 的 Merge 方式

除了合并图表外，Analysis 还提供了测试结果比较，通过该功能测试人员可以比较第一次和第二次性能测试的结果，确定开发人员的修改是否有效。比较两次测试结果，可以选择主菜单"File"→"Cross With Result"命令来完成。

4.4.7 LR 使用中的一些问题

【问题一】录制网页时，浏览器刚打开就自动关闭或者浏览器无响应。

这是由于 IE 中打开了第三方插件支持导致的，一般安装了 QTP 会出现这个问题。只需要打开 IE 的属性菜单，找到高级选项，将其中的第三方插件支持关闭即可。

【问题二】开始录制时浏览器出现错误。

这个问题一般是由于系统安装的问题或 IE 版本不兼容导致的。VuGen9.5 最高兼容 IE7.0，VuGen11 可以支持 IE8.0。

【问题三】无法录制。

从某种角度说，VuGen 是一种基于协议的木马，可能会被部分杀毒软件或防火墙干扰和影响，导致无法正常访问服务器。解决方法是在录制时关闭不必要的防火墙和杀毒软件。

【问题四】测试场景运行时提示错误："Error-27985: There is no context for HTML-based functions. A previous function may not have used "Mode = HTML" or downloaded only non-HTML page（s），or the context has been reset（e. g. , due to a GUI-based function）"

这种错误比较常见，原因是在 Runtime Settings 的 Browse Emulation 中设置了 Simulate a new user on each iteration。由于这个设置导致每次迭代时都会模拟一个新的用户，此时这个新的用户并没有执行 init 操作而失败了，也就是错误提示中的 There is no context。这里涉及一个知识点，就是在 Runtime Settings 的迭代设置中，迭代运行次数只对 Action 部分有效，而 Init 部分和 End 部分还是只运行一次的。这时如果设置了"Simulate a new user on each iteration"，将出现上面的错误。

4.4.8 LR 总结

作为任意一种性能测试来说，实现的原理主要包含以下几点：

（1）用户行为模拟 即低成本且具有可行性，模拟大量用户操作的一种技术，借助这种技术将被测试系统在测试阶段运行起来，以检测系统工作是否正常。

1）不同用户使用不同的数据（LoadRunner 通过"参数化"实现）。

2）多用户并发操作（LoadRunner 通过"集合点"实现）。

3）用户请求间的依赖关系（LoadRunner 通过"关联"实现）。

4）请求间的延时时间（LoadRunner 通过"思考时间"实现）。

（2）性能指标监控 通过上面的技术模拟用户行为，在系统运行中需要监控各项性能指标，并分析指标的正确性。

1）请求响应时间监控（LoadRunner 通过"事务"实现）。

2）服务器处理能力监控（LoadRunner 通过"事务"计算吞吐量获得）。

3）服务器资源利用率监控（LoadRunner 提供全面简捷的计算器接口）。

LoadRunner 是通过以下流程实现用户行为模拟（脚本的录制和修改是由 VuGen 完成的，而场景的创建和执行是由 Controller 完成的），如图 4-161 所示。

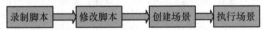

图 4-161 LoadRunner 流程

通过使用 VuGen 对用户的行为进行录制，将操作转化为对应的脚本，进一步将该脚本进行修改来完善对用户行为的模拟。随后通过 Controller 设计一个场景，指定负载生成的方式，从而执行场景，完成最终的用户负载行为的模拟。

性能指标监控是通过配置服务器端监控环境、添加服务器地址和计数器、监控结果数据统计显示来实现的。计数器的管理由 Controller 负责，而结果的总结统计由 Analysis 完成。在场景中可以远程管理被负载服务器的相关计数器，当场景运行结束，负载生成的数据和服务器计数器数据会被统一保存。最后调用 Analysis 对所有负载数据进行整合分析，最终得出结论并生成报告。

Controller 本身无法形成负载，它只是一个设计工具，而负载的生成是通过 Load Generator 实现的。Controller 会将脚本发送给多个负载生成器（Load Generator），由负载生成器根据预先的设置对被测系统形成负载。

Load Generator 就是负载生成器，通过 VuGen 录制生成的用户脚本，最终都会在 Load Generator 上运行并生成负载。由于生成的负载一般数量比较大，通过一台计算机进行负载往往力不从心（常见配置下一台 Load Generator 大概能模拟 200 ~ 500 个虚拟用户），通过一台 Controller 调用多台 Load Generator 即可模拟成千上万虚拟用户对系统的负载过程。在调用 Load Generator 时注意不要让生成负载成为瓶颈，导致性能测试结论的偏差。

4.5　Web 自动化测试工具 Selenium

4.5.1　Selenium 的作用

Selenium 是免费、开源的自动化测试组件，适用于跨不同浏览器和平台的 Web 应用程序。其类似于 UFT，只是更侧重于基于 Web 的自动化应用程序。Selenium 有 4 个组成部分：

- Selenium 集成开发环境（IDE）
- Selenium 远程控制（RC）
- WebDriver
- Selenium Grid

其中 Selenium IDE 是一个嵌入到 Firefox 中的插件，可以实现浏览器的录制与回放功能；Selenium RC 是 Selenium 的核心工具，支持多种不同语言编写的测试脚本，将 Selenium RC 的服务器作为代理服务器去访问应用，从而达到测试的目的；Selenium Grid 是自动化测试辅助工具，可以同时在多台机器上并行运行多个测试用例。

在 Selenium 2 中 Selenium RC 和 WebDriver 被合并到一个框架中，WebDriver 是 Selenium 2 之后的版本中最重要的组件，提供了 Web 自动化的各种语言调用接口库。相比版本 1 中的 Selenium RC，WebDriver 的编程接口更加直观易懂，也更加简练。和 Selenium RC 不同的是，WebDriver 是通过各种浏览器的驱动来驱动浏览器，而不是通过注入 JavaScript 的方式。WebDriver 支持 Java、C#、PHP、Python、Perl、Ruby 等多种语言。

目前推出了 Selenium 4 Alpha 版，但稳定版本仍是 Selenium 3，可从其官网下载，如图 4-162 所示。

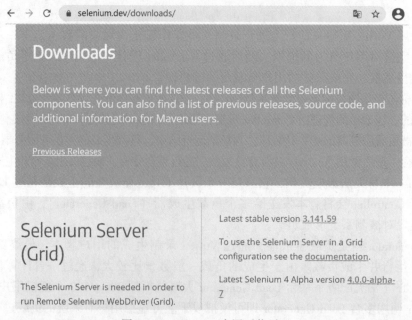

图 4-162　Selenium 官网下载页面

4.5.2 Selenium 的环境搭建

Selenium 的测试环境搭建需要考虑开发语言，本书以 Java 语言为应用案例。需要准备的安装软件如下。

- 浏览器（FireFox、Chrome）
- Java 环境准备
- Java 集成开发环境（Eclipse、IDEA 等）
- 官网下载的 Selenium 的 jar 包，建议使用稳定版本

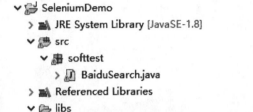

- 对应版本浏览器的驱动（如 Chrome 浏览器下载对应版本的 chromedriver，FireFox 浏览器下载对应版本的 geckodriver，IE 浏览器下载对应版本的 IEDriverServer）

下面以 Eclipse 为集成开发环境，以 FireFox 浏览器为例搭建测试环境并创建第一个测试程序。

第一步：新建 Java 工程，创建文件夹 libs 存放 Selenium 工具包，把 selenium-server-standa-lone-3.14.0.jar 包放到 libs 目录下，如图 4-163 所示。

图 4-163　Selenium 工程

第二步：右击项目属性，选择"构建路径"→"添加 JAR"命令，把 Selenium 的 jar 包添加进来，如图 4-164 所示。

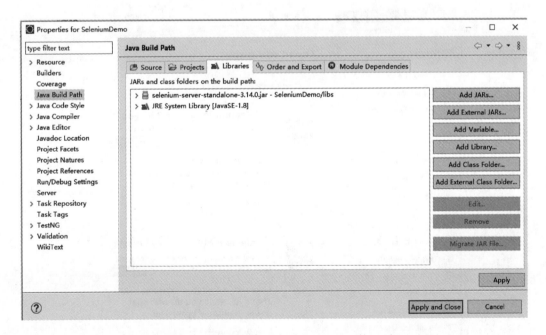

图 4-164　在 Eclipse 中引入 Selenium 的 jar 包

用户也可以通过创建 Maven 工程去自动下载并完成环境搭建。首先确保已安装和配置

好 Maven，在 Eclipse 中显示已完成 Maven 的安装和配置，如图 4-165 所示。

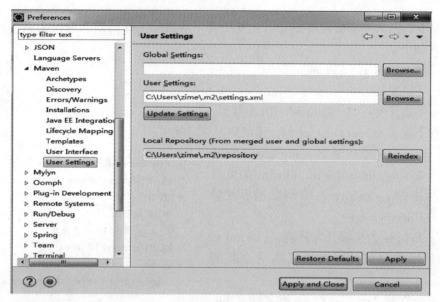

图 4-165　Eclipse 中显示已完成 Maven 的安装和配置

创建 Maven Project。访问 https：//mvnrepository. com 网站，打开 Maven 的远程仓库，搜索"selenium"，如图 4-166 所示。

图 4-166　Maven 远程仓库

把图 4-167 显示的配置项复制到 Maven 项目的 pom. xml 文件中，如图 4-168 所示。按 <Ctrl + S >组合键保存后会自动下载，下载完成后即可开始编写 Selenium 测试代码。

Selenium Java » 3.141.59

Selenium automates browsers. That's it! What you do with that power is entirely up to you.

License	Apache 2.0
Categories	Web Testing
HomePage	http://www.seleniumhq.org/
Date	(Nov 14, 2018)
Files	pom (3 KB) jar (355 bytes) View All
Repositories	Central
Used By	1,284 artifacts

Note: There is a new version for this artifact

| New Version | 4.0.0-alpha-7 |

Maven | Gradle | SBT | Ivy | Grape | Leiningen | Buildr

```
<!-- https://mvnrepository.com/artifact/org.seleniumhq.selenium/selenium-java -->
<dependency>
    <groupId>org.seleniumhq.selenium</groupId>
    <artifactId>selenium-java</artifactId>
    <version>3.141.59</version>
</dependency>
```

图 4-167　Maven 配置项

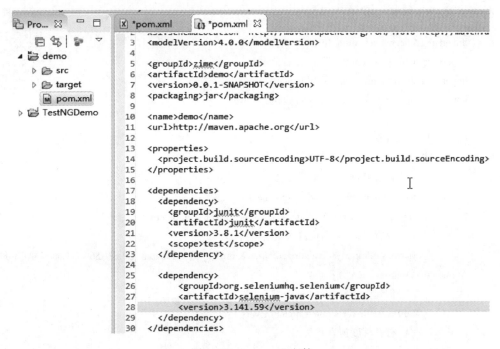

图 4-168　pom. xml 文件

第三步：验证浏览器驱动。

geckodriver. exe 是 Selenium 自动化的火狐浏览器驱动，如果用 Selenium 操作火狐浏览器，则必须有一个 geckodriver 驱动程序。可以通过编写代码的方式验证浏览器驱动是否正常使用。相关代码如下。

```
import org. openqa. selenium. WebDriver;
import org. openqa. selenium. firefox. FirefoxDriver;
//设置 Firefox 浏览器驱动
String firefoxdriver = "d:\\geckodriver. exe";
System. setProperty("webdriver. gecko. driver",firefoxdriver);
//设置 Firefox 浏览器入口程序路径
System. setProperty("webdriver. firefox. bin","C:\\Program Files\\Mozilla Firefox\\firefox. exe");
//创建一个 FirefoxDriver 实例
WebDriver driver = new FirefoxDriver();
```

4.5.3　Selenium 中的元素定位

通过 Selenium 实现自动化测试，最主要的是测试代码、WebDriver 和浏览器。测试工程师通过编程语言调用浏览器对应的 API 来实现需要的功能。WebDriver 就像是一个媒介，不同浏览器有不同的 WebDriver。测试人员必须告诉 Selenium 怎么去定位元素来模拟用户的动作，或者查看元素的属性和状态，以便于执行检查。例如，使用百度搜索，首先要找到搜索框与搜索按钮，接着通过键盘输入要查询的关键字，最后单击"搜索"按钮，提交搜索请求。

【Selenium 示例】

打开百度进行搜索，完整代码如下。

扫码看视频

```
import org. openqa. selenium. By;
import org. openqa. selenium. WebDriver;
import org. openqa. selenium. WebElement;
import org. openqa. selenium. chrome. ChromeDriver;

public class BaiduSearch {
    public static void main(String[] args) {
        //1. 设置 Chrome 浏览器驱动
        String chromedriver = "d:\\chromedriver. exe";
        System. setProperty("webdriver. chrome. driver",chromedriver);
        //2. 设置 Chrome 浏览器入口程序路径
        System. setProperty("webdriver. chrome. bin","C:\\Program Files(x86)\\Google\\Chrome\\
Application\\chrome. exe");
        //3. 创建一个 ChromeDriver 实例
        WebDriver driver = new ChromeDriver();
        //4. 打开百度搜索首页
        driver. get("http://www. baidu. com");
        //5. 找到搜索输入框元素
```

```
WebElement queryInputElement = driver. findElement( By. id( "kw" ) );
//6. 向搜索输入框中输入关键字：Selenium
queryInputElement. sendKeys( "selenium" );
//7. 找到"百度一下"按钮，单击进行搜索
driver. findElement( By. id( "su" ) ). click( );
//8. 关闭浏览器
driver. quit( );
    }
  }
```

正如人工操作步骤一样，我们也希望 Selenium 能模拟这样的动作，此时需要我们程序化地告诉 Selenium 如何定位搜索框和搜索按钮，从而模拟键盘和鼠标的操作。上述代码实现自动化测试的基本思路如下。

- 定义一个对象 driver
- 用调用对象的方法打开页面
- 找到页面元素
- 对元素执行相应操作

综上所述，UI 自动化语法可概括为 "对象 + 操作 + 数据"，见表4-13。

表4-13　UI 自动化语法

对　象	操　作	数　据
浏览器（driver）	打开（get）	http：//www. baidu. com
浏览器（driver）	寻找元素（findElement）	By. id（"su"）
按钮（WebElement）	单击（click）	

Selenium 提供了8种定位方式：

- id
- name
- className
- tagName
- linkText
- partialLinkText
- xpath
- cssSelector

这8种定位方式在 Java Selenium 中对应的方法见表4-14。

表4-14　Selenium 的基本定位方法

方　法	描　述	参　数
findElement(By. id( ))	通过元素的 id 属性值来定位元素	对应的 id 属性值
findElement(By. name( ))	通过元素的 name 属性值来定位元素	对应的 name 值
findElement(By. className( ))	通过元素的 class 名来定位元素	对应的 class 类名

（续）

方　　法	描　　述	参　　数
findElement(By. tagName( ))	通过元素的 tag 名来定位元素	对应的标签名
findElement(By. linkText( ))	通过元素标签对之间的文本信息来定位元素	文本内容
findElement(By. partialLinkText( ))	通过元素标签对之间的部分文本信息来定位元素	部分文本内容
findElement(By. xpath( ))	通过 xpath 语法来定位元素	xpath 表达式
findElement(By. cssSelector( ))	通过 css 选择器来定位元素	css 元素选择器

图 4-169～图 4-171 为百度首页和 HTML 代码。利用不同方式进行元素定位的示例如下。

- findElement（By. id（"kw"））
- findElement（By. name（"wd"））
- findElement（By. className（"s_ipt"））
- findElement（By. tagName（"input"））
- findElement（By. linkText（"新闻"））
- findElement（By. partialLinkText（"闻"））
- findElement（By. xpath（"//input［@ id ='kw']"））
- findElement（By. cssSelector（"#kw"））

新闻　　hao123　　地图　　视频　　贴吧　　学术　　更多

图 4-169　百度首页

```
<input name="ch" value="" type="hidden">
<input name="tn" value="baidu" type="hidden">
<input name="bar" value="" type="hidden">
▼<span class="bg s_ipt_wr quickdelete-wrap"> ☰
    <span class="soutu-btn"></span> ☰
    <input id="kw" class="s_ipt" name="wd" value="" maxlength="255" autocomplete="off"> ☰
    <a id="quickdelete" class="quickdelete" href="javascript:;" title="清空" style="top: 0p
</span>
▶<span class="bg s_btn_wr">⋯</span> ☰
▶<span class="tools">⋯</span>
<input name="rn" value="" type="hidden">
```

图 4-170　搜索 HTML 代码

通过 findElement 找到的元素是一个 WebElement 对象，但在实际应用中可能某一个属性的元素不唯一，例如，页面上有多个具有相同 className 的元素，Selenium 对应返回 Web 元

```
<a class="mnav" href="http://news.baidu.com" name="tj_trnews">新闻</a>
<a class="mnav" href="https://www.hao123.com" name="tj_trhao123">hao123</a>
<a class="mnav" href="http://map.baidu.com" name="tj_trmap">地图</a>
<a class="mnav" href="http://v.baidu.com" name="tj_trvideo">视频</a>
<a class="mnav" href="http://tieba.baidu.com" name="tj_trtieba">贴吧</a>
```

图 4-171　链接 HTML 代码

素列表的方法 findElements() 如下。

- findElements(By. className())
- findElements(By. tagName())

findElement 和 findElements 的区别见表 4-15。

表 4-15　findElement 和 findElements 的区别

findElement	findElements
如果发现多个 Web 元素具有相同的定位器，则返回第一个 Web 元素	返回 Web 元素列表，每个 Web 元素的索引都是从数字 0 开始
如果没有匹配定位器策略的元素，则抛出异常 NoSuchElementException	如果没有匹配定位器策略的 Web 元素，则返回一个空列表
只会找到一个 Web 元素	将找到与定位器策略匹配的元素集合

在 8 种定位方法中的 xpath 定位是一种全面通用的元素定位方法，当元素不能通过 id、name、className 进行定位时，可以通过 xpath 进行元素定位。

xpath（XML Path Language）是一种用来确定 XML 文档中某部分位置的语言。xpath 定位存在绝对路径和相对路径。

（1）使用绝对路径进行元素定位

绝对路径是从根目录开始的完整路径，以单斜杠 "/" 开始，如通过 "/邮件/主题" 定位到会议通知，如图 4-172 所示。

在图 4-173 的 XML 代码中，通过绝对路径定位的示例代码介绍如下。

```
<?xml version="1.0" encoding="UTF-8"?>
<邮件>
    <收件人>王海</收件人>
    <发件人>张亮</发件人>
    <主题>会议通知</主题>
    <邮件内容>定于本周三下午1点在801会议室开会</邮件内容>
</邮件>
```

图 4-172　邮件 XML 文档

1）/AAA/CCC：选择 AAA 的所有 CCC 子元素。

2）/AAA/DDD/BBB：选择 AAA 的子元素 DDD 的 BBB 元素。

在进行定位中还有一些特殊的语法表示，主要包括：

1）指定顺序。［数字］。"/AAA/BBB［2］" 表示选择 AAA 的第二个 BBB 子元素；"/AAA/BBB［last()］" 表示选择 AAA 的最后一个 BBB 子元素。

2）使用 * 号匹配。"/AAA/CCC/DDD/*" 表示选择所有/AAA/CCC/DDD 下的元素；"/AAA/*/BBB" 表示选择所有/AAA 下的孙节点 BBB 元素。

（2）使用相对路径进行元素定位 相对路径是相对于上下文节点的路径，以双斜杠"//"开始，如"//DDD/BBB"表示选择所有父元素是 DDD 的 BBB 元素。在进行元素定位时根据层级关系存在父节点（上级）、兄弟节点（平级），在定位中通过特定语法实现。

1）父节点："//CCC/.."表示选择 CCC 元素的父节点。

2）兄弟节点：preceding-sibling 和 following-sibling，示例代码如图 4-174 所示。

```
<?xml version="1.0" encoding="UTF-8"?>
<AAA>
    <BBB></BBB>
    <CCC>
        <DDD>
            <BBB/>
            <EEE/>
            <FFF/>
        </DDD>
    </CCC>
    <CCC>
        <BBB>
            <GGG/>
        </BBB>
    </CCC>
    <BBB/>
    <DDD>
        <BBB/>
    </DDD>
    <CCC/>
</AAA>
```

图 4-173　XML 文档示例

```
<div>
    <hello>这是hello标签</hello>
    <a id="1" href="www.baidu.com">第1个a标签</a>
    <p>这是p标签0</p>
    <a id="2" href="www.baidu.com">第2个a标签</a>
    <demo>demo</demo>
    <a id="3" href="www.baidu.com">第3个a标签</a>
    <a id="4" herf="www.baidu.com">第4个a标签</a>
    <p>这是p标签1</p>
    <p>这是p标签2</p>
</div>
```

图 4-174　兄弟节点 HTML 代码示例

following-sibling 表示获取下方兄弟节点，如"//demo/following-sibling::p[1]//text()"表示获取 demo 标签下方的第 1 个 p 标签，其内容为"第 1 个 p 标签"。preceding-sibling 表示获取上方兄弟节点，如"//demo/preceding-sibling::a[1]//text()"表示获取 demo 标签上方的第 1 个 a 标签，其内容为"第 1 个 a 标签"。

在 xpath 中也可以通过元素的属性进行定位，其语法为：xpath:("//标签名[@属性="属性值"]")。

在百度搜索定位中通过 xpath 元素定位也可采用以下方法。

■ findElement(By. xpath("//input[@ id ='kw']"))

■ findElement(By. xpath("//input[@ name ='wd']"))

此外，xpath 中还提供函数辅助进行元素定位，常用函数包括：

1）text()：由于一个节点的文本值不属于属性，可用该函数来匹配节点，如"//收件人[text() ="王海"]"。

2）starts-with()："//div [starts-with (@ id,"name")]"表示选择有 id 属性且以"name"开头的 div 节点。

3）contains()："//div[contains(@ id,"name")]"表示选择有 id 属性且包含有"name"的 div 节点。

4）last()：位置定位，选取最后一个元素。

在浏览器中可通过安装 xpath 插件来获取页面上元素的 xpath 值，辅助测试人员完成元素的定位，下面以 Firefox 浏览器为例说明插件的安装和使用。

1）在 Firefox 浏览器中选择"附加组件"，如图 4-175 所示。

图 4-175　Firefox 浏览器附加组件

2）搜索 xpath 相关组件并安装。安装完成后在浏览器中显示相应图标，如图 4-176 所示。

图 4-176　xpath 插件图标

3）将十字光标放到相关元素上，页面会显示 xpath 值，如图 4-177 所示。

图 4-177　使用 xpath 插件显示 xpath 值

同一个元素有多种定位方法，为了让测试脚本能更好适应被测系统页面的变化，在选择定位方法的时候应该注意以下几点。

1）元素具有 ID 属性，优先使用 ID 定位。

2）其次使用 name 属性，但需要确定是否唯一。

3）定位链接元素时，考虑使用 linkText。

4）当其他定位方法无法准确定位时，可以使用 xpath 定位。

5）尽量避免使用绝对路径。

4.5.4　Selenium 中的元素等待机制

在对元素进行定位时，有时候网页加载时间比较长，元素还没有加载出来，此时去查找这个元素时程序会抛出异常，所以在编写自动化测试代码时需要考虑延时问题，在 Selenium 中有几种延时机制。

1. 硬性等待

硬性等待即无论浏览器是否加载完成，都设置好一定的等待时间，利用 Java 语言中的线程类 Thread 中的 sleep 方法进行强制等待。

Thread. sleep（long millis）方法会让线程进行休眠。例如，Thread. sleep（3000）表示程序执行的线程暂停 3s。

这种方法在一定程度上可以解决元素加载过慢的情况，但是不建议使用该方法，因为一般情况下我们无法判断页面到底需要多长时间加载完成，如果设置的时间过长，可能会影响效率。

2. 隐式等待

隐式等待即通过代码设置一段等待时间，如果在这段等待时间内网页加载完成，则执行下一步，否则一直等待到时间截止。下面代码表示设置 10s 的隐式等待，表示查找元素时超时时间是 10s，一旦找到则继续执行下一行代码，如果在 10s 内都没找到该元素，则代码会报错。

```
driver. manage( ). timeouts( ). implicitlyWait(10,TimeUnit. SECONDS) ;
```

该方法相对于硬性等待更具灵活性，但也存在弊端。隐式等待是一个全局设置，设置后所有的元素定位都会等待给定的时间，直到元素出现为止，等待时间内元素没出现就会报错。因为设定后所有定位都要等待，所以显式等待更具优势。

3. 显式等待

显式等待是指设置一个等待时间，直到某个元素出现就停止等待，如果没出现则抛出异常。比如设置 10s 等待时间，如果第 6s 该元素出现，则停止等待并继续往下执行；如果第 10s 元素还没出现，则抛出异常。默认抛出异常为 NoSuchElementException。推荐使用显式等待，代码如下。

```
//打开百度搜索首页
driver. get( "http://www. baidu. com" ) ;
//显式等待,设置等待时间为 10s
WebDriverWait wait = new WebDriverWait( driver,10) ;
//在设置时间内等待页面上出现 id 为"kw"的搜索输入框元素出现
wait. until( ExpectedConditions. presenceOfElementLocated( By. id( "kw" ) ) ) ;
```

4. 页面加载超时设置

通过 TimeOuts 对象进行全局页面加载超时的设置，该设置必须放置在 get 方法之前。

例如，百度首页超过 5s 没有加载完毕，程序就会抛出异常，如果在 2s 就加载完成，则直接往下执行。如果对页面加载时间有要求，可以用这个设置来进行检验，代码如下。

```
//设置页面加载超时为5s
driver. manage( ). timeouts( ). pageLoadTimeout(5,TimeUnit. SECONDS);
//打开百度搜索首页
driver. get("http://www. baidu. com");
```

扫码看视频

4.5.5　Selenium API

Selenium 中 WebDriver 提供了一系列的 API 和浏览器进行交互，常用的 API 见表4-16。

表 4-16　WebDriver 中浏览器交互 API

方　　法	描　　述
get(String url)	访问目标 URL 地址，打开网页
getCurrentUrl( )	获取当前页面 URL 地址
getTitle( )	获取页面标题
getPageSource( )	获取页面源代码
close( )	关闭浏览器当前打开的窗口
quit( )	关闭浏览器所有的窗口，彻底退出 WebDriver，释放与 driver server 之间的连接
getWindowHandle( )	获取当前窗口句柄
getWindowHandles( )	获取所有窗口的句柄

Selenium 利用 WebElement 实现与网站页面上元素的交互，这些元素包含文本框、文本域、按钮、单选框、div 等，WebElement 提供了一系列的方法对这些元素进行操作，见表4-17。

表 4-17　WebElement 中元素操作 API

方　　法	描　　述
click( )	对元素进行单击
clear( )	清空内容（如文本框内容）
sendKeys("具体内容")	写入内容与模拟按键操作
isDisplayed( )	元素是否可见（true:可见;false:不可见）
isEnabled( )	元素是否启用
isSelected( )	元素是否已选择
getTagName( )	获取元素标签名
getAttribute(attributeName)	获取元素对应的属性值
getText( )	获取元素文本值（元素可见状态下才能获取到）
submit( )	表单提交

4.5.6　特殊元素的定位与操作

Web 页面有很多特殊的元素无法使用基本的元素定位方式定位，如弹出框、下拉框等，此外在对页面操作时会出现多窗口切换等，Selenium 提供不同方式实现对特殊元素的定位和操作。

1. 浏览器窗口切换

用户操作浏览器时可能会打开一个新的窗口，此时如果要对新窗口中的元素进行操作，则需要切换到新窗口中去，在 Selenium 中通过获取新窗口句柄来实现。所谓"句柄"，简单理解就是浏览器窗口的一个标识，浏览器打开的每个窗口都有唯一的一个标识，即为句柄，用户可以通过句柄来进行窗口之间的切换，从而操作不同窗口的元素。

WebDriver 中提供了两个 API 来获取窗口的相关句柄。

获取当前窗口的句柄：

扫码看视频

```
String handle = driver. getWindowHandle( );
```

获取所有窗口的句柄，返回一个集合：

```
Set < String > handles = driver. getWindowHandles( );
```

获取到句柄后，通过对应的方法进行切换。

切换到窗口：

```
driver. switchTo( ). window( String handle) ;
```

【窗口切换示例】在百度首页单击"学术"超链接，在新打开的百度学术页面检索相关信息，关键代码如下。

```
//设置隐式等待时间为5s,打开百度首页
driver. manage( ). timeouts( ). implicitlyWait(5,TimeUnit. SECONDS) ;
driver. get("http://www. baidu. com") ;
//在百度首页单击"学术"超链接
driver. findElement( By. linkText("学术") ). click( ) ;
Thread. sleep( 1000) ;
//切换到与原先窗口不一样的新窗口
String beforeHandle = driver. getWindowHandle( ) ;
for( String winHandle:driver. getWindowHandles( )){
    if( ! winHandle. equals(beforeHandle) ){
        driver. switchTo( ). window( winHandle) ;
    }
}
//在百度学术窗口找到期刊频道进行单击
WebElement channel = driver. findElement( By. linkText("期刊频道") ) ;
channel. click( ) ;
//关闭当前浏览器,返回百度首页
driver. close( ) ;
```

2. iframe 切换

在定位元素的时候，有时会发现即使根据 id 也无法定位到元素，此时需要查看要定位的元素是否在 iframe 里面。iframe 会创建包含另外一个文档的内联框架，使用 Selenium 操作

浏览器时，如果需要操作 iframe 中的元素，首先需要切换到对应的内联框架中。Selenium 提供了3个重载的方法来操作 iframe，切换方法如下。

方法一：通过 iframe 的索引值，driver. switchTo( ). frame(0)。

例如：driver. switchTo( ). frame(index)；

方法二：通过 iframe 的 name 或者 id，driver. switchTo ( ) . frame (nameOrId)。

例如：driver. switchTo( ). frame("iframe1")；

方法三：通过 iframe 对应的 WebElement，driver. switchTo( ). frame(frameElement)。

例如：driver. switchTo( ). frame(driver. findElement(By. id("iframe1")))；

建议通过 iframe 的 id 或者 name 来进行切换，较少使用索引。此外，iframe 中的元素操作完成后需要执行代码 driver. switchTo( ). defaultContent( )切换到默认内容页面。

下面的示例代码实现了由网易邮箱登录页面切换到相应的 iframe，并输入登录账号。

```
//打开 mail. 163. com
driver. get("http://mail. 163. com");
//切换到登录有关操作所在的 iframe
WebElement loginframe = driver. findElement(By. xpath("//iframe[ contains(@ id,'x-URS-iframe')]"));
driver. switchTo( ). frame(loginframe);
//找到输入邮件输入框,输入账号信息
driver. findElement(By. name("email")). sendKeys("12345678");
```

3. 弹窗处理

如果页面出现 alert、confirm 弹窗，可以通过 Alert 对象来进行操作，Alert 类包含了确认、取消、输入和获取弹窗内容。Alert 类常用方法见表4-18。

表4-18　Alert 类常用方法

方　　法	描　　述
Alert. getText( )	获取弹窗内容
Alert. accept( )	接受弹窗的提示，相当于单击确定按钮
Alert. dismiss( )	取消弹窗
Alert. sendKeys（String s）	给弹窗输入内容

要对弹窗中的元素操作需要先切换到弹窗，简单示例代码如下。

```
//首先需要切换到弹窗,获取 Alert 对象
Alert alert = driver. switchTo( ). alert( );
alert. accept( );                  //单击确定按钮
alert. dismiss( );                 //单击取消按钮
```

在对 alert 弹窗处理时需要注意以下几点。

1）只有页面上出现了 alert 弹窗才可以使用 switchTo. alert。

2）在 alert 弹窗消除之前，无法对页面上其他元素进行操作。

3）只有 alert 类型的弹窗才适用。

如果不是 JS 原生的 alert 弹窗，而使用其他类型弹窗，可尝试通过代码 driver. switchTo( )

. defaultContent( )首先切换到该窗口，再定位窗口上的元素并进行相应操作。下面示例实现了从百度首页单击"登录"按钮，在登录 div 弹窗中选择"用户名登录"，代码实现中要注意时间的处理，确保弹窗出现后再去定位其中的元素，因此示例中用到了显式等待，即等待弹窗出现后再执行后续的操作，代码如下。

```
//打开百度首页
driver. get("https://www. baidu. com/");
//单击"登录"按钮
driver. findElement( By. xpath("//div[ @ id = 'u1']/a")). click();
//设置显式等待,等待 div 登录弹窗出现
WebDriverWait wait = new WebDriverWait( driver, 10);
wait. until( ExpectedConditions. presenceOfElementLocated( By. xpath( "//div[ @ id = 'TANGRAM __ PSP_4 __ foreground']" )));
//切换到登录弹窗
driver. switchTo( ). defaultContent( );
//选择用户名登录并单击
driver. findElement( By. xpath("//p[ @ id = 'TANGRAM __ PSP_11 __ footerULoginBtn']" )). click();
```

4. select 下拉菜单处理

如果一个页面元素是一个下拉菜单（select），Selenium 有专门的类 Select 进行处理。其中包含了单选和多选下拉菜单的各种操作，例如，获得所有的选项、选择某一项、取消选中某一项、是否是多选下拉菜单等。Select 类常用方法见表 4-19。

表 4-19　Select 类常用方法

方　　法	说　　明
void deselectAll( )	取消所有选择项，仅对下拉菜单的多选模式有效，若不支持多选模式，则会抛出异常 UnsupportedOperationException（不支持的操作）
void deselectByIndex(int index)	取消指定 index 的选择，index 从零开始，仅对多选模式有效，否则抛出异常 UnsupportedOperationException（不支持的操作）
void deselectByValue(String value)	取消 Select 标签中 value 为指定值的选择，仅对多选模式有效，否则抛出异常 UnsupportedOperationException（不支持的操作）
void deselectByVisibleText(String Text)	取消项的文字为指定值的项，例如，指定值为 Bar，项的 HTML 为仅对多选模式有效、单选模式无效，但不会抛出异常
ListgetAllSelectedOptions( )	获得所有选中项，单选、多选模式均有效，但如果没有一个被选中时，则返回空列表，不会抛出异常
WebElement getFirstSelectedOption( )	获得第一个被选中的项，单选、多选模式均有效，当在多选模式下没有一个被选中时，会抛出 NoSuchElementException 异常
ListgetOptions( )	获得下拉框的所有项，单选、多选模式均有效，当下拉菜单中没有任何项时，返回空列表，不会抛出异常
boolean isMultiple( )	判断下拉菜单是否为多选模式

（续）

方　　法	说　　明
void selectByIndex(int index)	选中指定 index 的项，单选、多选均有效，当 index 超出范围时，抛出 NoSuchElementException 异常
void selectByValue(String value)	选中所有 Select 标签中，value 为指定值的所有项，单选、多选均有效，当没有适合的项时，抛出 NoSuchElementException 异常
void selectByVisibleText(String text)	选中所有项中文字为指定值的项，与 deselectByValue 相反，但单选、多选模式均有效，当没有适合的项时，抛出 NoSuchElementException 异常

下面代码实现了在 hao123 网站切换城市操作，在下拉菜单中选中某个具体的省份，如图 4-178 所示。

```
//打开 hao123
driver. get( "https://www. hao123. com/" );
//单击切换
driver. findElement( By. linkText( "切换" ) ). click( );
//定位到省份下拉菜单
WebElement province =
driver. findElement( By. xpath( "// * [ contains( @ class,'province') ] " ) );
province. click( );
//创建 Select 对象
Select select = new Select( province );
//根据文本来获取下拉值
select. selectByVisibleText( "S 陕西" );
```

图 4-178　hao123 网站下拉菜单

5. 模拟鼠标和键盘操作

自动化测试有时遇到需要模拟鼠标操作才能进行的情况，在 WebDriver 中，鼠标的操作可以通过 Actions 类来模拟鼠标右击、双击、悬停、拖动等操作。Actions 类中鼠标操作常用方法见表 4-20。

表 4-20 Actions 类鼠标操作常用方法

方　　法	描　　述
click( )	鼠标单击（左击）
contextClick( )	鼠标右击
clickAndHold(WebElement)	单击并控制（模拟悬停）
doubleClick(WebElement)	鼠标双击
dragAndDrop(webElement1 , webElement2)	鼠标拖动
moveToElement(WebElement)	鼠标移动到某个元素上
perform( )	执行所有 Actions 中存储的行为
release( )	释放

下面代码实现了打开百度首页，将鼠标移到"设置"菜单并单击，显示"设置"弹出菜单。有以下两种调用方法。

（1）分步写法

```
//打开百度首页
driver. get("https://www. baidu. com/");
//定位到"设置"菜单
WebElement setMenu = driver. findElement( By. id("s-usersetting-top"));
//鼠标移到"设置"悬停并单击,显示弹出菜单
Actions builder = new Actions( driver);
//通过 build 构建两个连续的动作链:先移到指定元素,再单击
Action act = builder. moveToElement( setMenu). click( ). build( );
//执行完成动作链相关动作
act. perform( );
```

代码中 build( )方法返回一个符合的 action，perform( )方法完成一系列 action 动作链。

（2）链式写法

```
//打开百度首页
driver. get("https://www. baidu. com/");
//鼠标移到"设置"悬停并单击,显示弹出菜单
Actions builder = new Actions( driver);
builder. moveToElement( driver. findElement
( By. id("s-usersetting-top"))). click( ). build( ). perform( );
```

Selenium 动作链的原理是先构建动作链，将所有的操作按顺序存放在一个队列里，当调用 perform( )方法时，队列中的动作会依次执行。在使用中需要注意，Action 对象的动作链应该尽量的短，最好在执行一个简短的动作后验证页面是否处于正确的状态，然后再执行后面的动作。

Selenium 中有个 Keys( )类，提供了键盘上按键的方法，在使用的过程中，除了可以通过 sendKeys( )方法来模拟键盘的输入，还可以用它来输入键盘上的组合键，如 < Ctrl + A > < Ctrl + C > 等。

例如，代码 driver. findElement(By. id("kw")). sendKeys(Keys. chord(Keys. F12)) 表示

在指定元素输入 < F12 > 按键。以下为常用的键盘操作：

- Keys. BACK_SPACE：回格键 < BackSpace >
- Keys. SPACE：空格键 < Space >
- Keys. TAB：制表键 < Tab >
- Keys. ESCAPE：回退键 < Esc >
- Keys. ENTER：回车键 < Enter >
- Keys. CONTROL, 'a'：全选 < Ctrl + A >
- Keys. CONTROL, 'c'：复制 < Ctrl + C >
- Keys. CONTROL, 'x'：剪切 < Ctrl + X >
- Keys. CONTROL, 'v'：粘贴 < Ctrl + V >
- Keys. F1：键盘 < F1 >
- Keys. F12：键盘 < F12 >

下面的示例为在百度首页的搜索框中完成全选、剪切、复制操作，代码如下。

```
//打开百度搜索首页
driver. get("http://www. baidu. com");
//找到搜索输入框元素
WebElement queryInputElement = driver. findElement(By. id("kw"));
//向搜索输入框中输入关键字：Selenium
queryInputElement. sendKeys("selenium");
Thread. sleep(1000);
//输入 CONTROL + a 模拟全选
queryInputElement. sendKeys(Keys. chord(Keys. CONTROL,"a"));
Thread. sleep(1000);
//输入 CONTROL + x 模拟剪切
queryInputElement. sendKeys(Keys. chord(Keys. CONTROL,"x"));
Thread. sleep(1000);
//输入 CONTROL + v 模拟粘贴
queryInputElement. sendKeys(Keys. chord(Keys. CONTROL,"v"));
```

4. 5. 7　TestNG 测试框架

扫码看视频

前面章节的测试脚本只是自动化模拟用户操作，还存在以下问题。

1）没有测试验证，即不能自动化判断执行结果是否成功。

2）测试用例的组织是单个、手动触发执行。

3）测试结果只能以无错误、错误异常堆栈日志的形式展示，没有良好的测试报告。

因此，距离真正的自动化测试还有一定差距，但利用 TestNG 测试框架可以解决上述问题。

TestNG 是基于 JUnit、Nunit 并支持注解、数据驱动、多线程执行等特性的 Java 测试框架，既可以用来做单元测试，也可以做集成测试，是一个开源的自动化测试框架。NG 表示 Next Generation，TestNG 即表示下一代测试技术。TestNG 让开发者和测试者能够通过简单的注解、分组、指定顺序、参数化即可编写更加灵活、更加强大的测试用例。

（1）TestNG 测试框架引入　要使用 TestNG 进行自动化测试，首先需要引入测试框架，不同集成开发环境，甚至不同版本引入方法可能也存在差异，具体方法可参考官方说明。本书示例的集成开发环境为 Eclipse，通常情况下在 Eclipse Marketplace 中检索 testng 插件进行安装，如图 4-179 所示。

如果 2019 年后新版本的 Eclipse 在线无法检索到相应插件，也可从网上下载 Eclipse TestNG 插件离线安装包，解压到 Eclipse 安装目录的相应位置。安装插件后需要重启 Eclipse，在 Eclipse 菜单中选择"Window"→"Show View"→"Other"命令打开窗口查看，出现 TestNG，如图 4-180 所示。

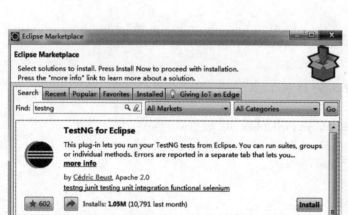

图 4-179　Eclipse Marketplace

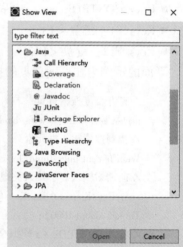

图 4-180　在 Eclipse 中查看
已安装的 TestNG 插件

（2）TestNG 基础语法　TestNG 利用注解方便的标注测试方法和组件，TestNG 的注解大部分用在方法级别上。常用的注解见表 4-21。

表 4-21　TestNG 常用注解

注　　解	描　　述
@ Test	标注测试方法
@ BeforeTest	标注的方法将会在所有测试方法执行之前运行
@ AfterTest	标注的方法将会在所有测试方法执行之后运行
@ BeforeClass	标注测试类全部方法执行之前需要执行的方法
@ AfterClass	标注测试类全部方法执行之后需要执行的方法
@ BeforeMethod	标注的方法将会在当前测试类的每一个测试方法执行之前运行
@ AfterMethod	标注的方法将会在当前测试类的每一个测试方法执行之后运行
@ Parameters	该注解用于为测试方法传递参数
@ DataProvider	数据驱动，该注解也可为测试方法传递参数

上述的注解分为 Before 类别和 After 类别，测试人员可以在 Before 类别的注解方法中做一些初始化动作，例如，实例化数据库连接、新建数据库连接池、创建线程池、打开文件流等。可以在 After 类别的注解方法中做一些销毁动作，例如，释放数据库连接、销毁数据库连接池、销毁线程池或者关闭文件流等。同一类别的不同注解会在不同的位置被调用。

此外，在执行自动化测试用例的时候，通常希望测试脚本能自动化判断执行结果，TestNG 中提供了一个 Assert 类，org. testng. Assert 类是作为放置一系列断言的静态方法的容器。这些断言方法基本上是有两个或三个输入参数，参数的顺序是 actualValue（实际值），expectedValue（期望值）[，message（信息）]。Assert 类中常用方法见表4-22。

表4-22　Assert 类中常用方法

方法	描述
fail( )	直接失败测试用例,可以抛出异常
assertTrue( )	判断是否为 true
assertFalse( )	判断是否为 false
assertSame( )	判断引用地址是否相等
assertNotSame( )	判断引用地址是否不相等
assertNull( )	判断是否为 null
assertNotNull( )	判断是否不为 null
assertEquals( )	判断是否相等，Object 类型的对象需要实现 hashCode 及 equals 方法，集合类型 Collection/Set/Map 中的对象也需要实现 hashCode 及 equals 方法，3 个 double 参数比较时，前两个 double 相等，或者前两个 double 的差值小于传入的第 3 个 double 值，即偏移量小于多少时，可认为相等
assertNotEquals( )	判断是否不相等
assertEqualsNoOrder( )	判断忽略顺序是否相等

在自动化测试脚本中通常使用 Assert 类的方法来判断页面标题、指定位置是否出现期望的元素来验证操作是否成功。例如，通常网站用户登录成功后会在页面的上方显示用户名，可以编写测试脚本获取登录后页面指定位置的用户名元素，利用 Assert 类的方法判断是否与登录的用户名相符，从而实现自动化验证用户是否登录成功。下面的示例代码利用 TestNG 测试框架来实现百度搜索测试脚本。TestNG 测试框架测试代码中通常不使用 main（ ）函数，代码执行时选择 "TestNG Test" 命令来运行测试代码，如图 4-181 所示。

图 4-181　TestNG Test 测试执行

示例代码如下。

```
public class TestNGBaidu {
    WebDriver driver;

    @ BeforeClass
    public void doBeforeClass( ) {
        System. out. println ( " - - - @ BeforeClass 标记的方法执行! 执行系统初始设置
- - - ");
        String firefoxdriver = "e:\\geckodriver. exe";
        System. setProperty( "webdriver. gecko. driver", firefoxdriver);
        System. setProperty( "webdriver. firefox. bin",
            "C:\\Program Files\\Mozilla Firefox\\firefox. exe");
        driver = new FirefoxDriver( );
        driver. manage( ). timeouts( ). implicitlyWait( 5, TimeUnit. SECONDS);
    }

    @ BeforeMethod
    public void doBeforeMethod( )
    {
        System. out. println( " - - - @ BeforeMethod 标记的方法执行! - - - ");
    }

    @ AfterMethod
    public void doAfterMethod( )
    {
        System. out. println( " - - - @ AfterMethod 标记的方法执行! - - - ");
    }

    //openBaiduMethod 测试方法属于 smoketest 和 regressiontest 组
    @ Test( groups = { "smoketest", "regressiontest" }, enabled = true)
    public void openBaiduMethod( ) {
        System. out. println( " - - - 执行打开百度首页并验证是否成功 - - - ");
        driver. get( "http://www. baidu. com");
        //获取当前页面的标题进行判断
        Assert. assertEquals( driver. getTitle( ), "百度一下,你就知道");
    }

    //baiduSearchMethod 测试方法属于 smoketest 组,且依赖于 openBaiduMethod 测试方法
    @ Test( groups = { "smoketest" }, dependsOnMethods = { "openBaiduMethod" }, dataProvider = "da-
ta" )
    public void baiduSearchMethod( String searchName) throws InterruptedException {
        System. out. println( " - - - 执行百度检索关键字,并验证是否找到相关信息 - - - " +
```

```
searchName);
        WebElement queryElement = driver. findElement( By. id("kw"));
        queryElement. sendKeys( searchName);
        driver. findElement( By. id("su")). click();
        //通过判断页面上指定位置是否出现百度为您找到相关结果进行验证
        Assert. assertEquals( driver. findElement( By. xpath( "//div[@ class = 'nums new_nums']/
span")). getText( ). substring(0,10),"百度为您找到相关结果");
        queryElement. clear();
    }

    @ DataProvider
    public Object[][]data(){
        return new Object[][]{
            {"Selenium"},
            {"software"}
        };
    }


    @ AfterClass( alwaysRun = true)
    public void doAfterClass(){
        System. out. println( " - - - @ AfterClass 标记的方法执行! 执行关闭浏览器操作
- - -");
        driver. close();
    }
}
```

上述代码运行后在控制台输出结果为：

```
- - - @ BeforeClass 标记的方法执行! 执行系统初始设置 - - -
- - - @ BeforeMethod 标记的方法执行! - - -
- - - 执行打开百度首页并验证是否成功 - - -
- - - @ AfterMethod 标记的方法执行! - - -
- - - @ BeforeMethod 标记的方法执行! - - -
- - - 执行百度检索关键字,并验证是否找到相关信息 - - - Selenium
- - - @ AfterMethod 标记的方法执行! - - -
- - - @ BeforeMethod 标记的方法执行! - - -
- - - 执行百度检索关键字,并验证是否找到相关信息 - - - software
- - - @ AfterMethod 标记的方法执行! - - -
- - - @ AfterClass 标记的方法执行! 执行关闭浏览器操作 - - -
PASSED:openBaiduMethod
PASSED:baiduSearchMethod("Selenium")
PASSED:baiduSearchMethod("software")

===============================================
    Default test
    Tests run:3,Failures:0,Skips:0
```

```
===========================================
===========================================
Default suite
Total tests run:3,Failures:0,Skips:0
===========================================
```

通过上面的输出结果可以看到不同标注执行的顺序，代码中在@ BeforeClass 标注的方法中执行初始设置，在@ AfterClass 标注的方法中关闭浏览器。

（3）数据驱动测试　为了在测试脚本中使用不同的测试数据，TestNG 测试框架通过 DataProvider 在自动化脚本中使用不同测试数据，从而实现数据驱动测试。示例代码如下。

```
@ DataProvider( name = searchdata)
public Object[ ][ ] data( ) {
    return new Object[ ][ ] {
            {"Selenium"},
            {"software"}
        };
}
@ Test( dataProvider = "searchdata")
    public void baiduSearchMethod( String searchName) {
}
```

DataProvider 的基本用法：

1）定义一个函数，如 data( )，使用@ DataProvider 注解，注解中用 name 给这个 provider 命名，该函数返回一个二维数组。

2）该函数返回的二维数组每一行就代表一次测试的参数，每一行的元素跟 Test 中需要的参数一一对应。

3）在需要使用 provider 的方法的 Test 注解上，用 provider 属性指向上面的 DataProvider。

（4）测试方法的执行顺序　在一个测试类中通常有多个标注@ Test 的测试方法，例如，TestNGBaidu 类中有两个测试方法：openBaiduMethod 和 baiduSearchMethod。对于控制先执行 openBaiduMethod，后执行 baiduSearchMethod，TestNG 提供了多种处理方式，主要包括以下 3 种。

1）使用方法命名控制。默认执行顺序是按照方法名的字典序升序排序执行的，例如，方法命名为 A( )、B( )、C( )，则会按照 ABC 的顺序进行执行。百度的示例中如果测试方法标注中没有特别指定，则先执行 baiduSearchMethod，后执行 openBaiduMethod，此时会导致脚本运行出错。

2）使用依赖关系控制。百度搜索测试脚本中需要先打开百度首页再进行检索，因此 baiduSearchMethod 测试方法的执行依赖于 openBaiduMethod，此时在测试方法的标注中可以增加依赖关系（dependsOnMethods）来调整执行顺序，一个方法有多个依赖时用空格隔开。下面代码表示 baiduSearchMethod 测试方法依赖于 openBaiduMethod。

```
@ Test( dependsOnMethods = {"openBaiduMethod"})
```

```
public void baiduSearchMethod( ) {

}
```

3）使用 priority 控制。为了使测试方法按先后顺序执行，可在@ Test 中添加 priority 参数，值越小优先级越高，根据 priority 设置的优先级依次执行方法。示例代码如下。

```
@ Test( priority = 1)
public void openBaiduMethod( ) {
    System. out. println("执行打开百度首页,其优先级高,先执行");
}
@ Test( priority = 2)
public void baiduSearchMethod( ) {
    System. out. println("执行百度检索关键字,其优先级低,后执行");
}
```

（5）TestNG 测试用例集组织　TestNG 测试集合是指批量运行多个测试用例（测试方法），也称为测试套件。通过 testng. xml 配置，可实现运行多个测试用例的不同组合。下面为 testng. xml 的示例，其按照 suite-test-classes/groups-class-method 分层组织测试。

```
<? xml version = "1. 0" encoding = "UTF - 8"? >
<! DOCTYPE suite SYSTEM "http://testng. org/testng - 1. 0. dtd" >
< suite name = "Suite" >
    < test name = "Test" >
        < classes >
            < class name = "softtest. TestNGDemo"/ >
        </ classes >
    </test > <! - - Test - - >
</ suite > <! - - Suite - - >
```

其中 suite name 是自定义的测试集合名称，test name 定义测试名称，classes 定义被运行的测试类，上面的文件设置运行 softtest. TestNGDemo 类中的所有测试。运行时选择 testng. xml 文件，可以批量运行文件中配置的所有测试方法，如图 4-182 所示。

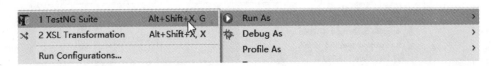

图 4-182　TestNG 测试套件执行

TestNG 可以执行复杂的测试方法分组。例如，在标注测试方法时可设置冒烟测试组 smoketest 和回归测试组 regressiontest。

```
@ Test( groups = { "smoketest" , "regressiontest" } )
public void openBaiduMethod( ) {
    System. out. println("执行打开百度首页");
```

```
    }
    @ Test( groups = { "smoketest" } )
    public void baiduSearchMethod( ) {
        System. out. println( "执行百度检索关键字" );
    }
```

测试人员可以灵活地根据实际需要在 testng. xml 中配置执行特定的组，或排除特定组，下面的代码表示执行 softtest. TestNGBaidu 类中所有标注为 smoketest 组的测试方法。

```xml
< ? xml version = "1. 0" encoding = "UTF – 8" ? >
< ! DOCTYPE suite SYSTEM" http://testng. org/testng – 1. 0. dtd" >
< suite name = "Suite" >
    < test   name = "test" >
        < groups >
            < run >
                < include name = "smoketest" / >
            < /run >
        < /groups >
        < classes >
            < class name = "softtest. TestNGBaidu" / >
        < /classes >
    < /test > < ! – – Test – – >
< /suite > < ! – – Suite – – >
```

（6）TestNG 测试报告　执行完测试类后，可以在集成开发环境中查看测试类运行结果，如图 4-183 所示。运行结果中显示了每个测试方法是否成功执行，如果测试方法运行出错，可单击相应方法查看错误信息。

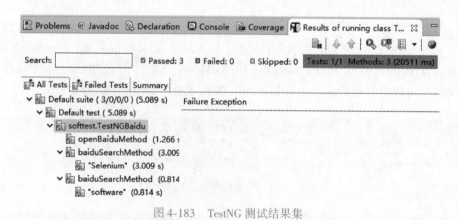

图 4-183　TestNG 测试结果集

此外，执行完测试用例之后会在项目的 test-output（默认目录）下生成测试报告，可以通过查看该目录下的 index. html 或者 emailable-report. html 来浏览测试报告，图 4-184 中显示了测试用例成功（Passed）执行 3 个，总时间 20337ms。

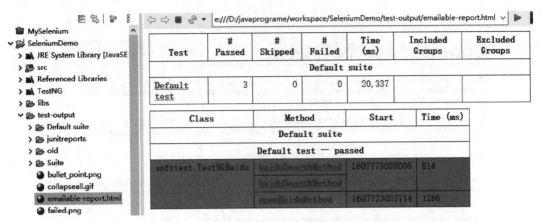

图 4-184 TestNG 测试报告

4.6 压力测试工具 JMeter

4.6.1 JMeter 的作用

Apache JMeter 是一款 Apache 组织开发的基于 Java 的优秀的开源性能测试工具，其最初是为测试 Web 应用设计，但是现在已经扩展到其他的测试。JMeter 可以支持测试的应用、服务和协议有很多，如 Web（HTTP、HTTPS）、SOAP/REST Webservices、FTP 等。Apache JMeter 测试工具在性能测试中主要优势如下。

1）JMeter 可用于测试静态资源（如 JavaScript 和 HTML）以及动态资源（如 JSP、Servlet 和 AJAX）的性能。其主要通过模拟多个用户同时访问 Web 服务来建模预期使用情况。

2）JMeter 可以发现网站可以处理的最大并发用户数，即压力测试。每个 Web 服务器都有最大负载能力。当负载超出限制时，Web 服务器开始缓慢响应并产生错误。压力测试的目的是找到 Web 服务器可以处理的最大负载。

3）JMeter 提供各种性能报告的图形分析。

4.6.2 JMeter 环境部署

根据操作系统，从官网下载对应的压缩包，如 apache-jmeter-5.4.zip，如图 4-185 所示。注意不同版本对 JDK 版本的要求，必须确保系统中已正确的安装。

JMeter 环境部署的基本步骤如下。

1）对下载的压缩包进行解压，如果需要可将 JMeter 的目录添加到系统环境变量。

2）找到解压后的目录后并进入 bin 目录，双击运行 jmeter.bat 文件。

3）在菜单中选择"Options"→"Choose Language"→"Chinese（Simplified）"命令，切换菜单显示为中文，如图 4-186 所示。

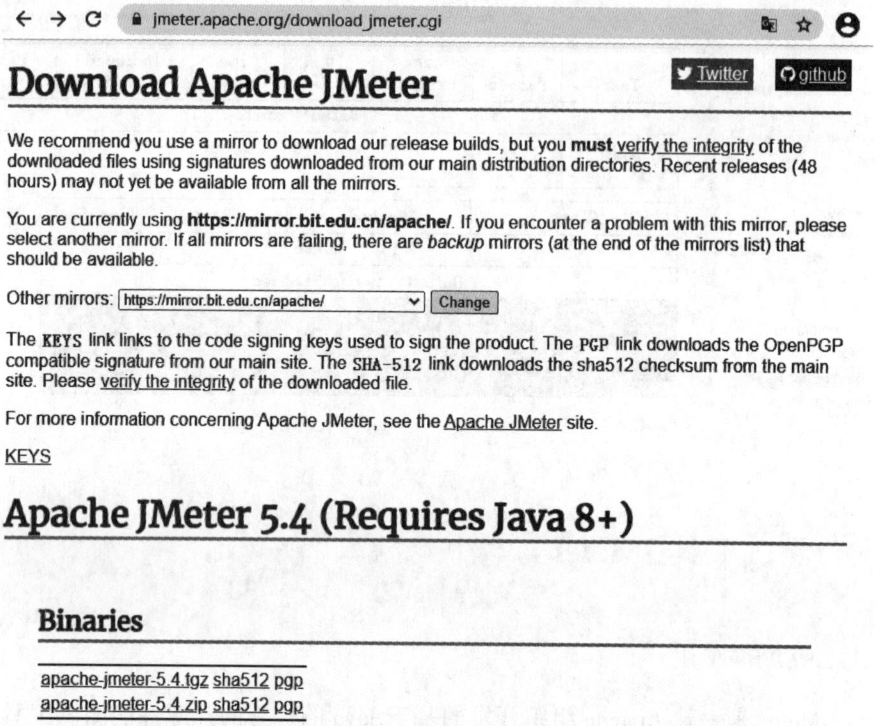

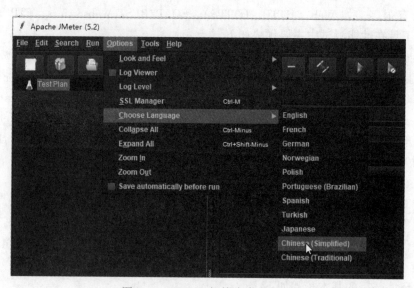

图 4-185 下载 JMeter

图 4-186 JMeter 切换为中文选项

4.6.3 JMeter 测试的基本流程

在测试目标 Web 应用程序的性能之前，我们应该确定以下两点。

1）正常负载：访问网站的平均用户数。

2）重载：访问网站的最大用户数。

扫码看视频

【案例】模拟 1000 个用户访问 Baidu，进行性能分析，测试基本流程如图 4-187 所示。

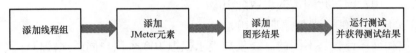

图 4-187　JMeter 测试基本流程

第一步：添加线程组

右键单击"Test Plan"，执行"添加"→"线程(用户)"→"线程组"命令，添加一个新的线程组，如图 4-188 所示。

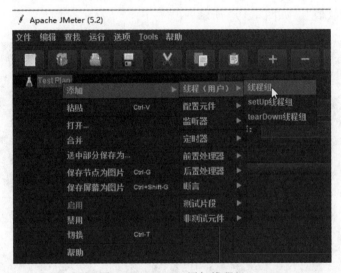

图 4-188　JMeter 添加线程组

在"线程组"控制面板中，设置"线程属性"，如图 4-189 所示。

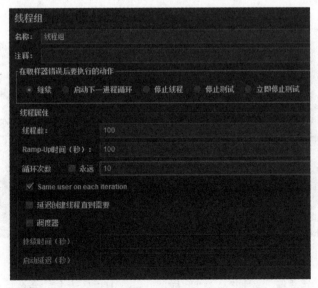

图 4-189　线程组参数设置

线程数：100，即连接到目标网站的用户数为100。

循环次数：10，即执行测试的次数为10。

Ramp-Up 时间：100，即加速期为100。

线程计数和循环计数是不同的。线程数表示模拟100个用户同时连接目标服务器，循环次数模拟一个用户连接目标服务器10次。Ramp-Up 时间告诉 JMeter 在启动下一个用户之前要延迟多长时间。例如，有100个用户和100s 的 Ramp-Up 时间，那么启动用户之间的延迟将是1s，即100s/100个用户。

第二步：添加 JMeter 元素

可以通过右击"线程组"并选择"添加"命令来添加各种 JMeter 元素，例如，选择添加"HTTP 请求默认值"，如图4-190所示。

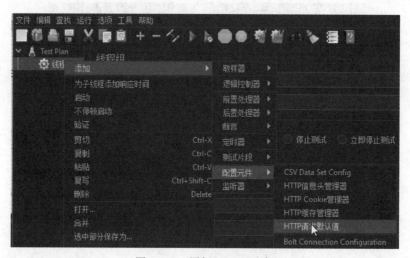

图 4-190　添加 JMeter 元素

在"HTTP 请求默认值"控制面板中，输入要测试的网站名称 http：//www.baidu.com，如图4-191所示。

图 4-191　添加 HTTP 请求默认值设置

右击"线程组"并选择"添加"→"取样器"→"HTTP 请求"命令，如图4-192所示。

图 4-192　JMeter 添加 HTTP 请求

在"HTTP 请求"控制面板中，"路径"字段指示要将哪个 URL 请求发送到 Baidu 服务器。如果将路径字段留空，JMeter 将创建 http：//www. baidu. com 到 Baidu 服务器的 URL 请求。

在此测试中，将"路径"字段留空，以使 JMeter 创建 http：//www. baidu. com 到 Baidu 服务器的 URL 请求，如图 4-193 所示。

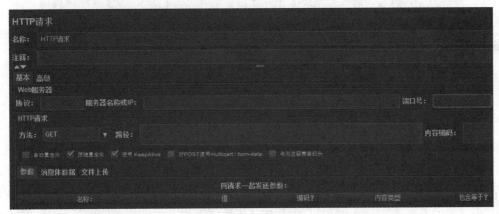

图 4-193　添加 HTTP 请求设置

第三步：添加图形结果

JMeter 可以以图形格式显示测试结果。右击"Test Plan"，选择"添加"→"监听器"→"图形结果"，命令，如图 4-194 所示。

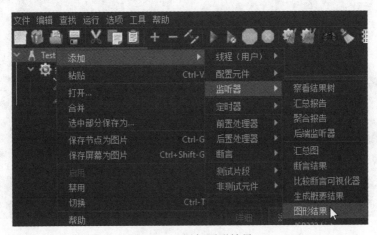

图 4-194　添加图形结果

第四步：运行测试并获得测试结果

单击工具栏上的"运行"按钮，或者按 < Ctrl + R > 组合键开始运行测试，此时将在图形上实时显示测试结果，如图 4-195 所示，模拟了在 www. baidu. com 网站上访问的 100 位用户的请求。

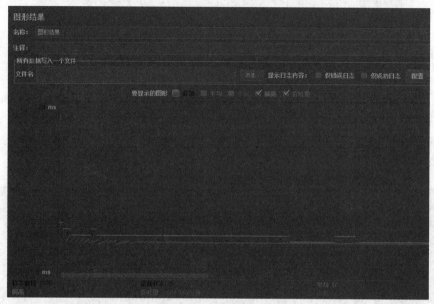

图 4-195　百度网站测试图形结果

要分析被测 Web 服务器的性能，应该关注两个参数：吞吐量和偏差。吞吐量是最重要的参数，它表示服务器处理繁重负载的能力。吞吐量越高，服务器性能越好。偏差以红色显示，表示与平均值的偏差，越小越好。对比用于同样规模访问不同网站的测试结果，图 4-196

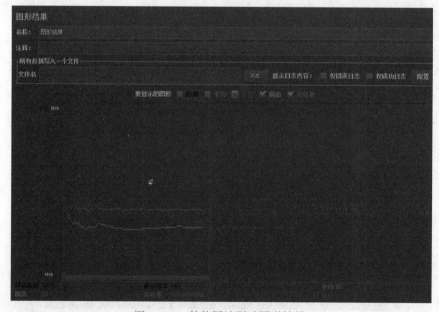

图 4-196　其他网站测试图形结果

所示的 Web 服务器的性能低于图 4-195 所示的测试结果。当然，上述值在不同时刻存在变化，取决于几个不同因素，例如，当前的服务器负载、当时的互联网速度以及 CPU 功率等。

4.6.4 理解 JMeter 中的术语

1. 测试计划（Test Plan）

测试计划相当于一个工程，需要测试什么、如何实施测试都定义在一个测试计划中。可以在测试计划中添加 JMeter 测试所需的元素，如 ThreadGroup、Timers 等，以及运行测试所需的相应设置。

添加元素是构建测试计划的关键步骤。测试计划包括许多元素，如监听器、控制器和计时器等，可以通过右击"测试计划"并从"添加"列表中选择新元素来将元素添加到测试计划中，如图 4-197 所示。在运行测试之前，应该先保存测试计划，这样可帮助用户在运行测试计划时避免意外错误。JMeter 测试元素和测试计划以 *.jmx 格式存储，JMX 代表 Java Management Extensions。

2. 线程组（Thread Group）

线程组是线程的集合。每个线程代表一个用户，每个 Thread 模拟一个到服务器的真实用户请求。线程组的控件允许用户设置每个组的线程数。例如，如果将线程数设置为 100，JMeter 将创建并模拟 100 个用户对被测服务器的请求。

3. 取样（Sampler）

用户请求可以是 FTP 请求、HTTP 请求、JDBC 请求等，取样器用来模拟用户操作，向服务器发送各种请求以接收服务器的响应数据。

4. 监听器（Listener）

显示测试执行的结果。可以以不同的格式显示结果，例如，树、表、图形或日志文件。

5. 配置元件（Config Element）

配置元件提供对静态数据配置的支持，可以为取样器设置默认值和变量，配置元件的添加如图 4-198 所示。

图 4-197　JMeter 测试计划

图 4-198　添加配置元件

167

例如,登录配置元素允许用户在取样器中添加或覆盖用户名和密码设置。例如,希望使用用户和密码模拟一个用户登录网站,可以使用登录配置元素在用户请求中添加此用户和密码设置。假设模拟100个用户登录网站的测试,需要使用不同的用户名和密码,但是不需要记录脚本100次,可以参数化脚本以输入不同的登录信息。用户名和密码可以存储在文本文件中。使用配置元件"CSV数据文件设置",允许用户从文本文件中读取不同的参数,并将它们拆分为变量。登录配置元素与CSV数据文件设置对比见表4-23。

表4-23 登录配置元素与CSV数据文件设置对比

登录配置元素	CSV数据文件设置
用于模拟一个用户登录	用于模拟多个用户登录
仅使用于登录参数（用户和密码）	使用于大量参数

6. 定时器（Timer）

默认情况下,JMeter发送请求时不会在每个请求之间暂停,在这种情况下,JMeter可能会在很短的时间内发出太多请求,从而压倒被测试的服务器。在现实生活中访问者不会同时到达网站,而是以不同的时间间隔到达网站。定时器允许JMeter在线程发出的每个请求之间延迟,解决服务器过载问题,因此Timer将有助于模拟实际行为。添加定时器如图4-199所示。

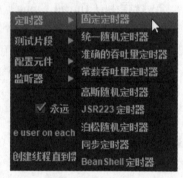

图4-199 添加定时器

例如,JMeter向http://www.baidu.com创建一个用户请求100次,每个用户请求之间的延迟为5000ms。设置允许JMeter在100次内向http://www.baidu.com创建一个用户请求,如图4-200所示。

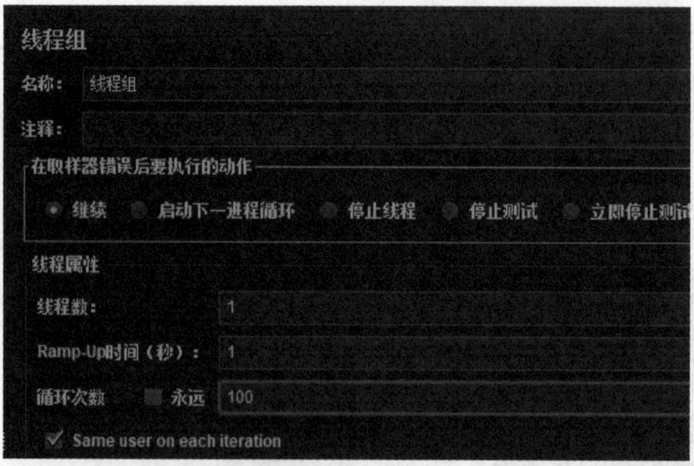

图4-200 设置线程组

添加常量计时器,右击选择"线程组"→"定时器"→"固定定时器"命令,配置5000ms的线程延迟,如图4-201所示。

选择“线程组”→“添加”→“监听器”→“用表格查看结果”命令，如图4-202所示。

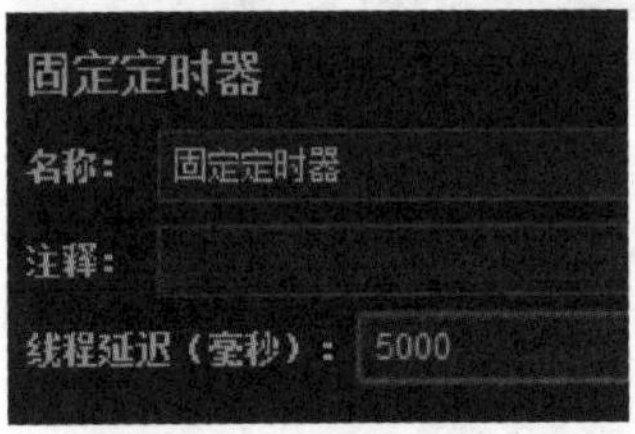

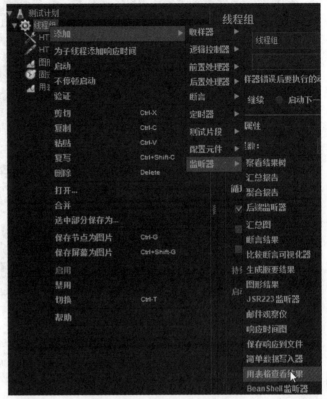

图4-201　设置固定定时器

图4-202　添加用表格查看结果

执行测试计划后，从图4-203的结果里可以看到每个请求之间间隔5000ms。

Sample #	Start Time	Thread Name	Label
1	17:36:48.973	线程组 1-1	HTTP请求
2	17:36:54.129	线程组 1-1	HTTP请求
3	17:36:59.209	线程组 1-1	HTTP请求
4	17:37:04.292	线程组 1-1	HTTP请求
5	17:37:09.382	线程组 1-1	HTTP请求
6	17:37:14.484	线程组 1-1	HTTP请求
7	17:37:19.615	线程组 1-1	HTTP请求
8	17:37:24.713	线程组 1-1	HTTP请求
9	17:37:29.793	线程组 1-1	HTTP请求
10	17:37:34.869	线程组 1-1	HTTP请求

图4-203　表格显示定时结果

7. 断言（Assertion）

断言帮助验证服务器是否返回预期结果。其中响应断言允许用户添加模式字符串以与服务器响应的各个字段进行比较。例如，向网站 http://www.baidu.com 发送用户请求并获取服务器响应，可以使用 Response Assertion 来验证服务器响应是否包含预期的模式字符串，例如“OK”。

当浏览器向 Web 服务器发送请求时，服务器可能会返回一些响应代码，如常见的404表示服务器错误，200表示服务器正常，302表示 Web 服务器重定向到其他页面等。

右击选择“线程组”→“添加”→“断言”→“响应断言”命令进行响应断言设置，如图4-204所示。

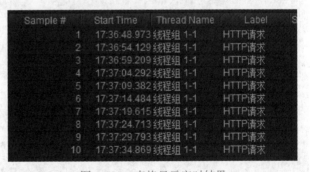

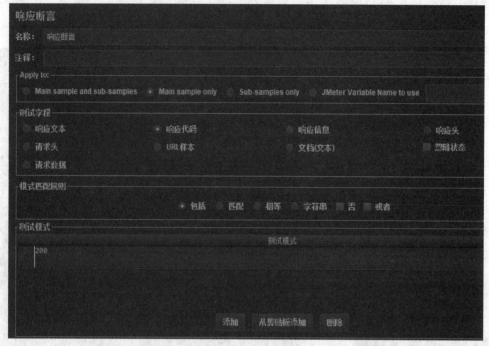

图 4-204　响应断言设置

查看断言结果需要在监听器下添加断言结果，如图 4-205 所示。

如果断言成功，则在断言结果中显示"HTTP 请求"，如图 4-206 所示；如果断言失败则会有具体提示信息，如图 4-207 所示。

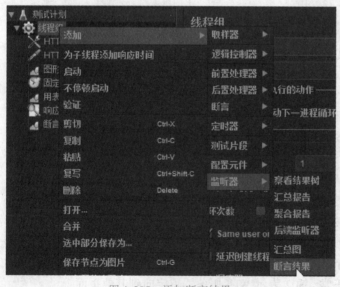

图 4-205　添加断言结果

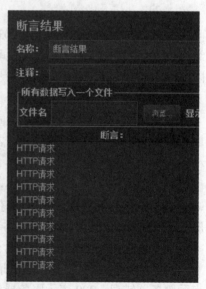

图 4-206　断言结果显示成功

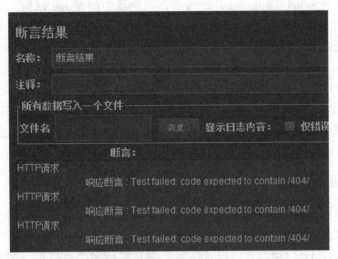

图 4-207   断言结果显示失败

8. 逻辑控制器（Logic Controller）

逻辑控制器确定用户请求的顺序，允许用户在线程中定义处理请求的顺序。它控制"何时"将用户请求发送到 Web 服务器，例如，可以使用随机控制器随机向服务器发送 HTTP 请求。

逻辑控制器可以控制取样器（Sampler）的执行顺序，控制器需要和取样器一起使用。放在控制器下面的所有的取样器都会被当作一个整体，执行时也会被一起执行。JMeter 中的逻辑控制器分为两类：

1）控制测试计划执行过程中节点的逻辑执行顺序，如 Loop Controller、If Controller 等。

2）对测试计划中的脚本进行分组，方便 JMeter 统计执行结果以及进行脚本的运行控制等，如 Throughput Controller、Transaction Controller 等。

简单控制器（Simple Controller）是 JMeter 中最简单的一个控制器，它可以为用户组织取样器和其他的逻辑控制器提供一个块的结构和控制，并不具有任何逻辑控制或运行时的功能。简单控制器只是用户请求的容器。

循环控制器（Loop Controller）的作用是指定其子节点运行的次数，可以使用具体的数值，也可以使用变量。如果同时设置了线程组的循环次数和循环控制器的循环次数，那么循环控制器的子节点运行的次数为两个数值相乘的结果。

仅一次控制器（Once Only Controller）的作用是在测试计划执行期间，该控制器下的子结点对每个线程只执行一次，登录场景经常会使用到这个控制器。

ForEach 控制器（ForEach Controller）一般和用户自定义变量一起使用，其在用户自定义变量中读取一系列相关的变量。该控制器下的取样器或控制器都会被执行一次或多次，每次读取不同的变量值。

事务控制器（Transaction Controller）会生产一个额外的取样器，用来统计该控制器子结点的所有时间。

If 控制器（If Controller）会根据给定表达式的值决定是否执行该节点下的子节点，默认使用 JavaScript 的语法进行判断。

Switch 控制器（Switch Controller）通过给该控制器中的 Value 赋值，来指定运行哪个取样器。有两种赋值方式：第一种是数值，Switch 控制器下的子节点从 0 开始计数，通过指定子节点所在的数值来确定执行哪个元素。第二种是直接指定子元素的名称，比如用取样器的 Name 来进行匹配。当指定的名称不存在时，不执行任何元素。Value 为空时，默认执行第 1 个子节点元素。

吞吐量控制器（Throughput Controller）可控制其下的子节点的执行次数与负载比例分配，也有两种方式：Total Executions 设置运行次数、Percent Executions 设置 1 ~ 100 之间的运行比例。

4.6.5　利用 JMeter 脚本录制

JMeter 脚本为 xml 格式，树形结构，由元件组成，使用"取样器"产生请求。JMeter 录制脚本有不同方式，一种是自身提供的 HTTP 代理方式进行录制，也可通过第三方工具提供的功能进行录制。HTTP 代理方式进行录制的原理是解析网络数据包，按 HTTP 包装成 Http Request、Http Response 等对象，这些对象就是能够方便识别的东西。初学者可以采用录制脚本方式开始学习，但录制的脚本混乱，需要再次加工才能使用。对于精通 HTTP 的人，可以使用抓包工具进行抓包，然后自己写脚本。

1. 浏览器中设置代理服务器

在代理服务器中，端口换成自己想设置的，但是不要与别的端口冲突，一般四位数的端口冲突比较少。图 4-208 为火狐浏览器设置代理服务器。

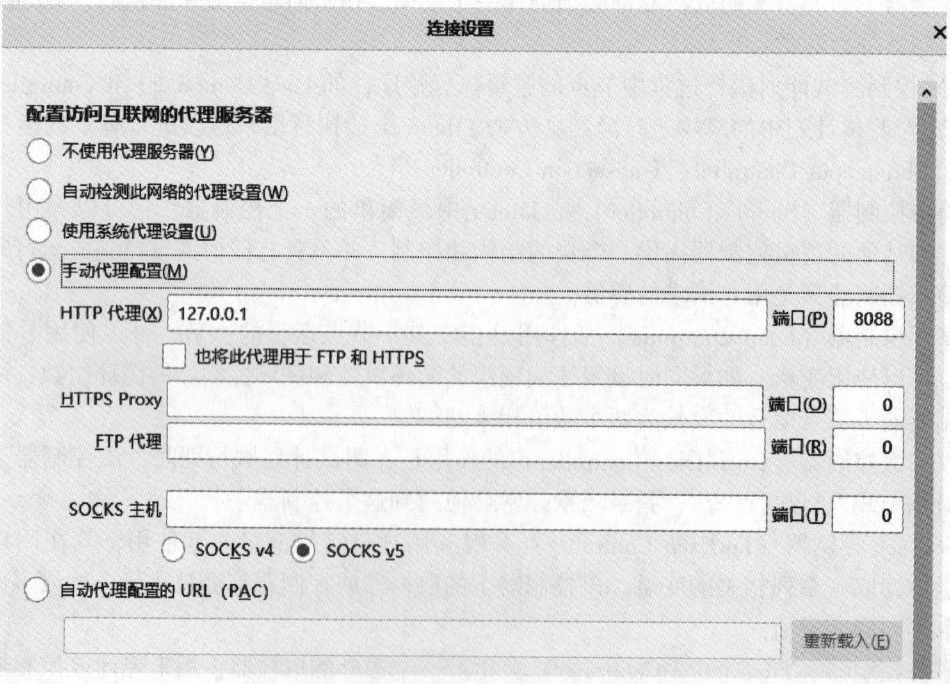

图 4-208　火狐浏览器设置代理服务器

图 4-209 和图 4-210 为 Chrome 浏览器设置代理服务器。

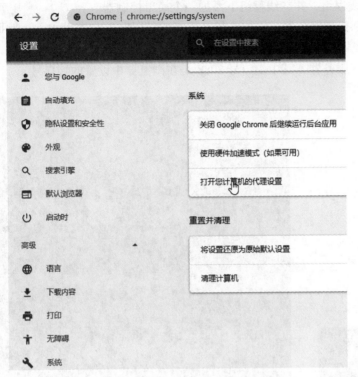

图 4-209　Chrome 浏览器设置代理服务器 1

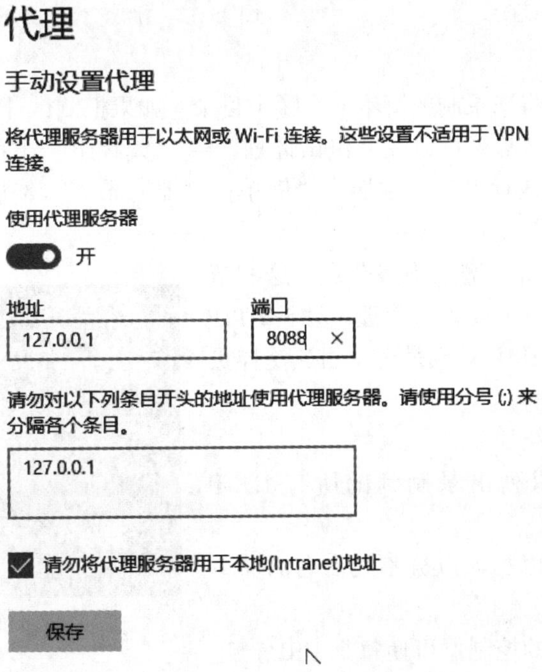

扫码看视频

代理

手动设置代理

将代理服务器用于以太网或 Wi-Fi 连接。这些设置不适用于 VPN 连接。

使用代理服务器

开

地址　　　　　　端口

127.0.0.1　　　8088　×

请勿对以下列条目开头的地址使用代理服务器。请使用分号 (;) 来分隔各个条目。

127.0.0.1

☑ 请勿将代理服务器用于本地(Intranet)地址

保存

图 4-210　Chrome 浏览器设置代理服务器 2

2. Jmeter 中设置代理服务器

第一步：创建一个线程组，并在线程组下添加一个简单控制器。

第二步：添加 HTTP 代理服务器，添加路径是："测试计划" → "添加" → "非测试元件" → "HTTP 代理服务器"，如图 4-211 所示。

图 4-212 为设置代理服务器，其中端口号 8088 是在浏览器中设置的端口号。

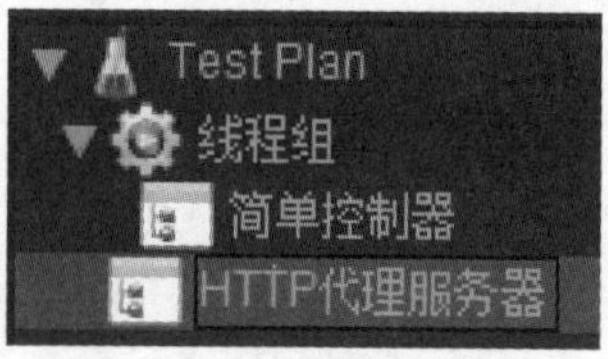

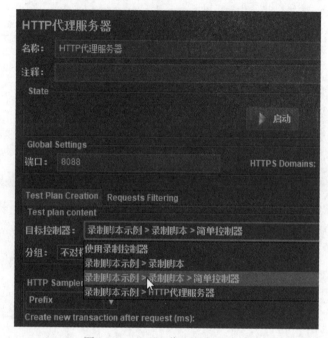

图 4-211　添加 HTTP
代理服务器

图 4-212　HTTP 代理服务器设置

目标控制器：决定将来录制的脚本放在哪个目录。如果把测试计划看成一棵目录树，这个目录就是树中的一个节点。可以在"测试计划" → "线程组"下面添加节点，然后指定脚本放在此节点。在"线程组"下添加了"简单控制器"节点，然后就可以在"目标控制器"处选择它。

分组：录制脚本时将会增加很多节点，这些节点我们可以给它分组，便于查看与管理。对于 HTTP 请求我们可以把每一个 URL 看成是一个组，这样更好理解，如图 4-213 所示。

分组的下拉菜单介绍如下。

不对样本分组可以列出录制到的所有 HTTP 请求。

在组间添加分隔可以加入以分割线命名的简单控制器。

每个组放入一个新的控制器可使每个 URL 产生的请求放在一个控制器下，执行时按控制器给输出结果。

图 4-213　HTTP 代理服务器分组设置

只存储每个组的第一个样本是指一个 URL 产生的 HTTP 请求可能不止一个，一张图片、一个样式表都会是一个 HTTP 请求，录制时将会产生很多 HTTP 请求，但是有时测试会考虑缓存，实际上一些图片不用每次下载，如果不关心这些图片产生的负载，可以根据实际情况选择忽略，只录制产生动态数据的 HTTP 请求。

将每个组放入一个新的事务控制器中就是每个 URL 的请求放入一个事务中，不管它有多少个 HTTP 请求，只要是这个 URL 请求产生的。

添加断言通俗讲就是检查点，在录制时加入空的检查点，后续用户需要自己填写断言规则，检查点用正则表达式来匹配内容。例如，在图 4-214 中的包含模式里，用户可以输入".∗\.jsp"，表示只在请求 JSP 文件时录制脚本；在排除模式里输入".∗\.js"，表示在请求 js 文件时不录制脚本。通常 js、png、gif、css 这些类型的文件都是不需要的，这样可以根据实际情况来过滤自己不需要的文件。

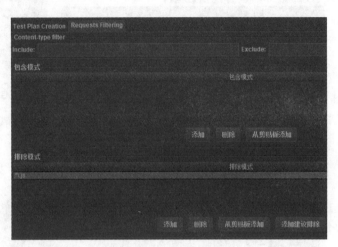

图 4-214 添加断言规则

3. 启动录制

在 HTTP 代理服务器中单击"启动"按钮，系统会提示关于根证书信息，单击"OK"按钮即可，如图 4-215 所示。

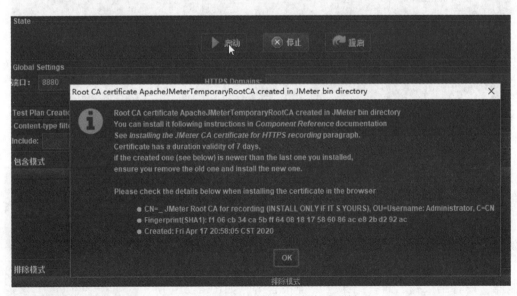

图 4-215 HTTP 代理服务器启动录制

打开浏览器，输入需要录制的 Web 项目地址，JMeter 会自动记录浏览器所访问的页面。

例如在浏览器中输入 LoadRunner 示例网站，如图 4-216 所示。

录制完成后在测试计划中可见相应元素，如图 4-217 所示。

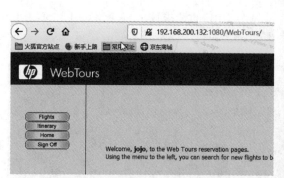

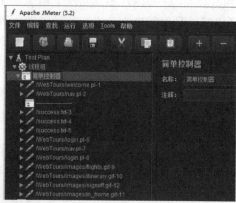

图 4-216 录制 WebTours 网站　　　　　　　　图 4-217 录制生成取样器元素

从录制的 HTTP 请求中可以看到登录用户名和密码，如图 4-218 所示。

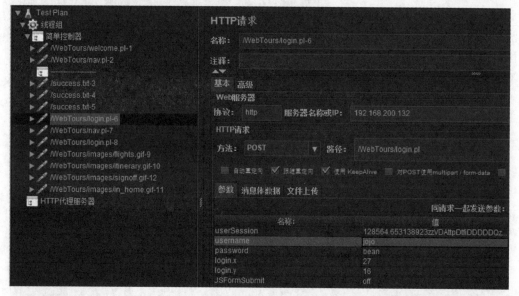

图 4-218 录制捕获的用户名和密码

4.6.6 利用 JMeter 实施压力测试

在实施压力测试中，通常需要模拟一定数量的并发，下面的示例实现了简单的并发登录测试。在"登录测试"线程组下主要元素包括用户参数、CSV Data Set Config、同步定时器、简单控制器、查看结果树、断言结果、聚合报告等，如图 4-219 所示。在测试计划中，元件的执行顺序为：配置元件→前置处理器→计时器→取样器→后置处理器→断言→监听器。

图 4-219 登录测试线程组

部分元素的介绍如下。

1）用户参数。用户参数定义在测试中用到的变量。图 4-220 中定义了变量 userloginname 和 userloginpassword，并设定不同用户的用户名和密码值，为后续执行用户登录请求用不同的值配置数据。JMeter 引用变量的格式为 $\{变量名\}$。

2）CSV Data Set Config。图 4-221 中主要选项说明如下。

图 4-220　用户参数设置

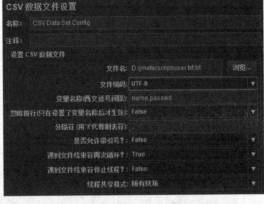

图 4-221　CSV 数据文件设置

文件名：参数化文件的读取位置，即保存参数化数据的文件目录。可为绝对路径，也可为相对路径。

文件编码：文件编码格式。

变量名称：定义的变量名称，后面就可以直接引用变量名，多个变量名称以逗号隔开，例如 name 和 passwd。

忽略首行：类似 LoadRunner 中第一行数据是变量名称，如果配置文件中为了记忆第一行也是变量名，可以选择忽略该行数据。

分隔符：默认为英文逗号。

是否允许带引号：默认 False。

遇到文件结束符再次循环：如果线程数超过文本的记录行数，选择从头再次读入。

遇到文件结束符停止线程：默认为 False。

线程共享模式：共享模式，即参数文件的作用域，包括 All Threads、Current Thread Group 以及 Current Thread。

我们可以通过设置读取外部文件内容作为登录用户名和密码的数据源。图 4-222 为文件中用户名和密码的数据，列之间用英文逗号间隔。

JMeter 提供的参数化方式一共有四种，其应用场景不同，见表 4-24。

表 4-24　JMeter 参数化方式

参数化方式	应用场景
User Parameters	适用于参数取值范围很小
CSV Data Set Config	适用于参数取值范围较大，该方法具有更大的灵活性
User Defined Variables	一般用于 Test Plan 中不需要随请求迭代的参数设置，如：Host、Port Number
Function Helper 中的函数	可作为其他参数化方式的补充项，如：随机数生成的函数 $\{\_\_ Random(,,)\}$

3）同步定时器。同步定时器（Synchronizing Timer）类似于 LoadRunner 中的集合点，主要用来做并发测试，主要参数包括：模拟用户组的数量（即同步的线程数）和超时时间。图 4-223 中设置了 20 个用户同时登录。

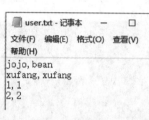

图 4-222 CSV 设置外部文件

图 4-223 同步定时器设置

4）简单控制器。把"飞机票预定"网站中所有 HTTP 登录请求放在简单控制器中，可以看到登录的用户名和密码，图 4-224 中用前面定义的变量对用户名和密码做了参数化，用变量 $\{name\}$ 和 $\{passwd\}$ 代替录制时的常量。

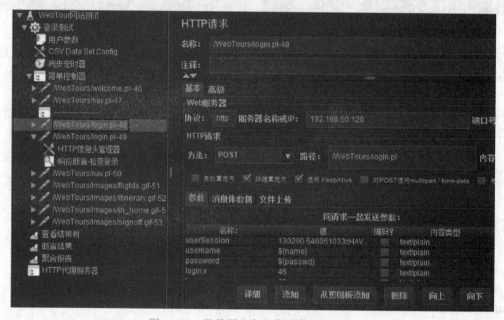

图 4-224 登录用户名和密码参数化设置

5）响应断言检查登录。通过响应断言判断在 Web 服务器的响应文本里是否包含希望的内容，以此判断登录是否成功。响应断言的位置要根据 HTTP 请求的实际情况添加。图 4-225 中添加了响应断言来检测登录后的用户名。

6）断言结果。可以添加断言结果来查看断言的信息，图 4-226 显示了两次断言失败的结果。断言结果就是一个监听器，一般成功的话只有一行信息显示取样器的名称，失败的话会多显示一行错误提示信息。

7）聚合报告。聚合报告（AggregateReport）是 JMeter 常用的一个监听器。对于每个请求，它统计响应信息并提供请求数、平均值、最大/最小值、错误率，吞吐量等数据。图 4-227

显示了聚合报告的内容，主要包括以下几项内容。

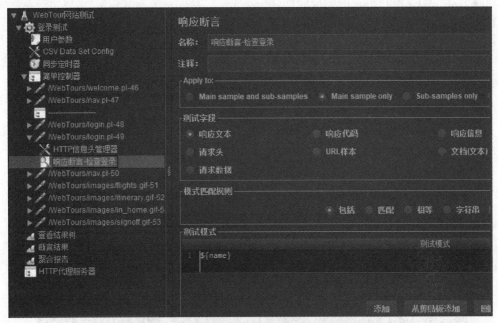

图 4-225　添加响应断言检测登录后用户名

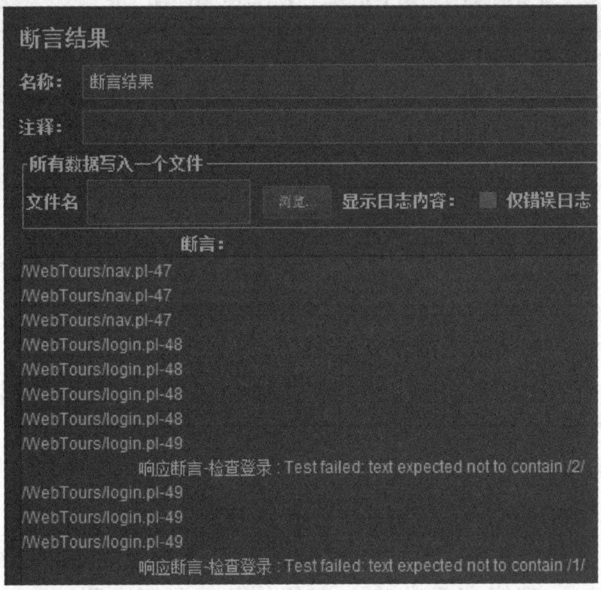

图 4-226　登录响应断言结果

Label：请求的名称，就是在进行测试的 http request sampler 的名称。

样本：总共发给服务器的请求数量，如果模拟 10 个用户，每个用户迭代 10 次，那么总的请求数为：$10 \times 10 = 100$ 次。

平均值：默认情况下是单个 Request 的平均响应时间，当使用了 Transaction Controller 时，以 Transaction 为单位显示平均响应时间，单位是毫秒（ms）。

中位数：50%用户请求的响应时间。

90% Line：90%用户请求的响应时间。

95% Line：95%用户请求的响应时间。

99% Line：99%用户请求的响应时间。

最小值：最小的响应时间。

最大值：最大的响应时间。

异常%：异常率=错误请求的数量/请求的总数。

吞吐量：默认情况下表示每秒完成的请求数，当使用了 Transaction Controller 时，也可以表示类似 LoadRunner 的 Transaction per Second 数。

接收 KB/sec：每秒从服务器端接收到的数据量。

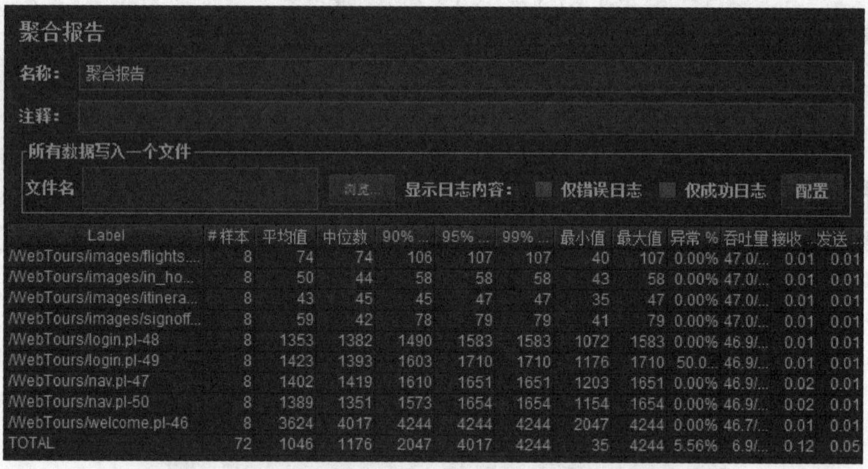

Label	#样本	平均值	中位数	90% ...	95% ...	99% ...	最小值	最大值	异常 %	吞吐量	接收 ...	发送 ...
/WebTours/images/flights....	8	74	74	106	107	107	40	107	0.00%	47.0/...	0.01	0.01
/WebTours/images/in_ho...	8	50	44	58	58	58	43	58	0.00%	47.0/...	0.01	0.01
/WebTours/images/itinera...	8	43	45	45	47	47	35	47	0.00%	47.0/...	0.01	0.01
/WebTours/images/signoff...	8	59	42	78	79	79	41	79	0.00%	47.0/...	0.01	0.01
/WebTours/login.pl-48	8	1353	1382	1490	1583	1583	1072	1583	0.00%	46.9/...	0.01	0.01
/WebTours/login.pl-49	8	1423	1393	1603	1710	1710	1176	1710	50.0...	46.9/...	0.01	0.01
/WebTours/nav.pl-47	8	1402	1419	1610	1651	1651	1203	1651	0.00%	46.9/...	0.02	0.01
/WebTours/nav.pl-50	8	1389	1351	1573	1654	1654	1154	1654	0.00%	46.9/...	0.02	0.01
/WebTours/welcome.pl-46	8	3624	4017	4244	4244	4244	2047	4244	0.00%	46.7/...	0.01	0.01
TOTAL	72	1046	1176	2047	4017	4244	35	4244	5.56%	6.9/...	0.12	0.05

图 4-227　登录测试聚合报告

在性能测试中，有时需要模拟一种实际生产中经常出现的情况，即从某个值开始不断增加压力，直至达到某个值，然后持续运行一段时间。在 JMeter 中，可通过下载安装额外的插件来实现。Stepping Thread Group 是 JMeter 插件的一种，其作用就是模拟实际的生产情况，不断对服务器施加压力，直到某个值，然后持续运行一段时间。

如果要在 JMeter 查看 QPS 和响应时间随着时间的变化曲线，可安装以下两个插件提供测试结果，扩展图表显示。

- Response Times Over Time
- Transactions per Second

可通过 https：//jmeter-plugins. org/wiki/Start/站点下载相关插件，如图 4-228 所示。

JMeter 与 LoadRunner 都能实现对 Web 应用的负载和压力测试，JMeter 的架构与 LoadRunner 原理类似，都是通过中间代理来监控、收集客户端的指令，把他们生成脚本，再发送到应用服务器，同时监控服务器反馈的结果的一个过程。

JMeter 安装简单，只需要解压文件包，但前提是必须已安装 JDK。JMeter 提供了一个利用本地 Proxy Server 来录制生成测试脚本的功能，但该功能友好性欠缺，生成的脚本代码易读性不如 LoadRunner。JMeter 可以通过逻辑控制器实现复杂的测试行为，相当于 LoadRunner 中的测试场景。JMeter 没有 IP 欺骗功能，该功能对于模拟较真实的客户环境来说较有用。

图 4-228　JMeter 插件下载网站

小　结

　　本章介绍了常用的软件测试工具。另外，通过本章学习，要建立起对于软件测试自动化的正确认识。对于初学者来说，很容易进入的一个误区就是错误地理解测试自动化，认为测试自动化无所不能，会把测试中的大量精力投入到对一些自动化工具的学习和使用中——事实上，在很多时候这是舍本逐末的。为了帮助读者避免踏入这样的误区，这里特别地再对测试自动化进行一些总结。测试过程的自动化可以为组织提供长期的利益，如：

- ■ 减少执行测试套件所花费的时间。
- ■ 减少测试人员执行测试的工作量。
- ■ 易于执行回归测试。
- ■ 允许模拟成百上千个用户。
- ■ 通过工具控制重复和琐碎的任务可以避免人工错误。

　　然而，并不是所有情况都适合进行自动化测试。例如，测试依赖手工交互、加载磁盘、只打算运行一次或非常少地运行测试等情况，并不适合自动化测试；或者测试评估很难用程序实现，而使用人工则较容易，如判断输出格式是否易读或友好。

　　仅有测试工具并不能成功地使测试过程自动化。测试自动化是建立在好的测试过程之上的。建立一个有效的自动化环境需要花费时间，在经过运行测试的几次迭代后才会收到成效。了解以下几方面有利于成功地进行测试自动化：

- ■ 自动测试工具并不能定义和建立完整的测试脚本，需要大量的时间对测试进行编程。

- 脚本本身就是编程语言。因此，自动化测试的执行需要编程经验。
- 测试工具不能正确地选择需要自动化的测试。
- 测试人员需要培训如何使用测试工具。对任何一个新的工具都有一个学习过程。
- 没有发现错误的自动测试并不意味着不存在错误。
- 维护测试套件可能需要花费大量的时间和精力。
- 测试工具本身也是软件，因此其自身也会存在错误。

关键术语

- 测试自动化。
- 负载测试工具 LoadRunner。
- 开源测试工具 Selenium。
- 开源测试工具 JMeter。
- 测试脚本。
- 关键字驱动测试。
- 对象库。
- 检查点。
- 参数化。
- 事务。
- 负载机。
- 测试场景。

思 考 题

1）软件自动化测试是否就是在测试过程中运用自动化测试工具进行软件测试？为什么？

2）如何利用 LoadRunner 往数据库中输入大量用户注册信息？

3）利用 LoadRunner 录制网站登录脚本，进行参数化设置，且参数中存在错误的密码，在 Controller 中设置测试场景，运行 10 个虚拟用户，运行场景成功。如何处理才能使测试脚本在运行错误的用户密码时测试脚本报错，与实际情况相符？

4）测试任务：测试 30 个用户并发登录时需要的登录时间，请说明需要进行哪些设置完成该测试任务。

5）Selenium 工具包含哪些组件？

6）Selenium 中常见的时间等待有哪些方式？

7）Selenium 测试脚本在运行过程中经常会出现不稳定的情况，可能这次可以通过，下次就无法通过，如何提升测试用例的稳定性？

8）TestNG 测试框架如何实现自动化验证测试结果？

9）在 JMeter 中，什么是取样器（Samplers）和线程组（Thread group）？

10）在 JMeter 中如何实现对测试数据的参数化以及用户的并发测试？

第5章

测试技术与应用

能力目标

阅读本章后，你应该具备如下能力：

✓ 熟悉测试设计流程。

✓ 掌握常用的系统测试技术。

✓ 了解常用的测试技巧。

✓ 了解 Web 应用程序测试。

本章要点

本书的主要读者是软件测试的初学者，对于初学者来说，首要掌握的是在系统测试中需要使用的各种测试技术。

在前面的章节中分别介绍了测试用例设计的方法和策略。测试用例的设计方法不是单独存在的，具体到每个测试项目中，都会用到多种方法，每种类型的软件有各自的特点，每种测试用例设计的方法也有各自的特点，针对不同软件如何利用这些黑盒方法是非常重要的。本章重点解决的是这些技术和方法如何在实际测试中根据项目的情况灵活运用。

此外，具体到一个软件系统，测试的内容多种多样，如功能测试、性能测试、兼容性测试等，针对不同类型的软件，如单机版的应用软件、Web 应用系统、嵌入式应用软件等，其测试的侧重点都会有所不同。在实际工作中，由于时间、经费、人员上的一系列限制，需要测试人员能够识别出来，哪些测试是最重要、最需要优先实施的。不同的应用软件有着不同的特点，在本章中，重点介绍几种典型的应用系统的测试实施技术和一些测试技巧。

5.1 任务概述

【工作场景】

测试组长：产品前期的需求和设计已经完成，需要测试工程师进行产品的系统测试规划设计工作。

测试工程师：获取产品需求规格说明书和设计说明书。在以前的测试工作中，虽然参与了一些产品的系统测试执行并对一些功能模块进行了测试用例设计，但进行整个产品的测试设计与单纯的模块测试用例设计相比要考虑更多的方面，要能够在系统测试中恰当地运用各种测试技术，这是一个新的挑战，也是一个初级测试工程师向中、高级发展的必经之路。

在项目测试中，对系统的测试可以是多方面的，但在实际的测试工作中必须根据被测系统特性进行总体规划和设计。准备测试是一个层次化的过程，图 5-1 描绘了典型的测试规划设计过程。

此时，作为测试组长，其主要任务包括：

1）对整个产品测试进行总体设计。

2）组织完成测试用例开发工作。

3）对完成的测试用例组织评审。

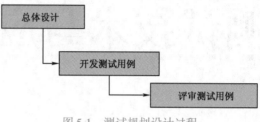

5.2　总体规划设计

图 5-1　测试规划设计过程

5.2.1　定义测试策略

在进行测试总体规划设计时，首先需要对被测系统有比较深入的了解，测试人员可以从需求文档和设计文档中获得相关信息，如果项目开发文档不够完善，与开发人员的沟通显得更为重要。

软件测试就是出于正常合理的目的，在特定的时间环境，用事先制定的标准衡量一种软件产品或特性是否符合预期。由于不同的软件应用系统有着各自的特征，而测试的内容和方法有很多种，在有限的时间期限内，作为测试的总体规划人员需要关注不同软件的特征，并在软件测试过程的定义和管理、软件测试技术的选择上加以考虑，制定相应策略。

Web 应用系统是目前最常见的应用系统之一，如电子商务网站，就是一种典型的 Web 应用系统。在进行 Web 应用系统的测试时，先来做这样一个假设：如果我们是某个电子商务网站（这是一种典型的 Web 应用系统）的用户，我们对这个网站会有哪些期望？一般来说，用户的期望有：

■ 正确性。当我们单击购买某本图书的链接时，我们不希望出现的是一张音乐 CD 的页面。

■ 性能好。在并发用户很多的时候，响应速度不会慢。

■ 兼容性好。当我们使用 IE 之外的浏览器时，仍然能够正常使用该网站。

■ 安全性强。至少，我们不期望自己的用户名和密码能够被他人轻易获得。

由于 Web 应用系统自身的特征，其性能、兼容性、安全性和正确性是容易出现问题的方面，因此，在进行这类应用系统的测试时，作为测试人员，需要重点关注这几个方面的问题。Web 应用系统之所以容易在这 4 个方面发生问题，其原因是：

■ 在一个 Web 应用系统中，存在大量的页面链接，而且这些链接是在不断地更新之中，稍有不慎，某个链接就有可能出现错误。

■ Web 应用系统的用户数目可能在某个时间段迅速增加，其增加的速度和用户的总数量可能令系统的设计和开发者始料未及。

■ 用户的使用环境五花八门，有的用户使用 Windows 操作系统，有的用户使用 Linux 或者其他操作系统；有的用户使用 IE 浏览器，而有的用户使用其他浏览器；有的用户所使用的显示器可以很好地支持（1024×768）px 分辨率，而有的用户所使用的显示器却只能支持

（800×600）px 分辨率。

■ 网络中的人为攻击、病毒攻击日渐增加。

由于这些问题的存在，在规划设计测试时，就需要基于 Web 应用系统的特征，有针对性地开展测试工作。通过上面的分析可以发现，针对这样的 Web 应用系统，需要重点进行的测试内容是功能测试、性能测试、兼容性测试和安全性测试。如何进行这些测试是后面章节重点讨论的问题。

另外一些应用系统，如通信软件的测试，则可能重点放在功能测试、性能测试、协议一致性测试、互操作性测试等。对于不同的产品和不同的应用系统，人们会选择不同的测试。因此，在进行总体设计时需要明确系统的测试策略。

5.2.2　定义输入说明

测试输入包括输入数据文件、数据库记录、配置文件或将系统设置到已知状态所需的其他东西，只有具备了这些，测试才能进行。例如，测试一个项目管理软件可能需要一组项目计划文档，如 SDP1.doc、SCM Plan 1.doc，这些测试文档就作为测试输入，它们保存在一个受控的目录下。

5.2.3　定义测试环境和配置

每个测试都需要在一个已知的测试环境下运行，这样才能给出可预期的、可重复的结果。这意味着硬件配置、操作系统、被测试软件的版本、系统最初的状态都确定。测试计划中已经分析了测试配置选项，并确定了一组可能在系统测试中使用的配置。在实际项目中如何定义测试环境将在第 6 章详细介绍。

测试设计阶段的任务是选择一种或几种将用于实现测试目标的配置。通常需要让同样的测试在多种配置下执行，以模拟不同的用户环境。

5.2.4　测试设计文档

测试设计文档的目标是记录下测试设计活动所产生的信息。测试设计文档可以采用多种形式，如电子表格、字处理程序生成的文档或表格或者是数据库，不同的组织根据实际情况可能有不同的选择。测试设计文档是开发详细测试过程的基础。

在软件测试过程中编写的文件，如果不能及时更新，这份文件等同于废纸，甚至比废纸还要糟糕——因为有时候，过时的文件会传递错误的信息。

5.3　功能测试

功能测试的目的是保证软件的功能符合软件需求。基于不同的测试目的，测试人员需要进行一系列的测试，而功能测试则是这些测试的基础和起点。很显然，如果一个被测试软件还没有完成其应该完成的功能，那么进行其他的测试并没有意义（或者根本不能进行）。

功能测试就是检查软件的功能是否正确，其依据是需求文档，如“需求规格说明书”。由于正确性是软件最重要的质量因素，所以功能测试必不可少，而且是其他测试的基础。很多测试新手在刚开始做测试工作的时候，往往把关注点集中在系统的输入容错等方面，反而忽略了其最重要的功能。作为一个测试项目的设计者，对功能测试必须足够重视。

功能测试的基本方法是构造一些合理输入（在需求范围之内），检查输出是否与期望相同。如果两者不一致，即表明功能有误。也有例外的情况，如"需求规格说明书"中的某个功能写错了，而实际上软件的功能却是正确的，这时要更改的是"需求规格说明书"。

在实际项目测试中，进行功能测试设计需要完成以下内容：

- 仔细阅读并理解需求文档或其他相关文档。
- 整理出测试需求。
- 设计测试用例。
- 评估测试用例覆盖率。

5.3.1　从需求中获取什么

面对一个刚接手的测试项目，作为测试人员应该从需求或其他文档以及开发人员那里获得哪些对测试有用的信息呢？

测试人员在阅读需求规格说明书时需要关注以下几个方面：

- 系统完成了哪些功能（业务）。
- 每一项功能（业务）的处理流程是怎样的。
- 完成这些功能（业务）时存在哪些规则和约束。
- 完成这些功能（业务）时需要哪些数据，这些数据有何要求。

第一步：获取系统主要功能（业务）。

例如某学校的图书馆管理系统，包括的功能（业务）有图书采购、图书编目、图书入藏、图书流通和设置。其中，图书流通包括借书证的管理和图书借还管理。借书证管理能够完成单个和成批借书证的办理、借书证的挂失和废除、成批废除、查询和修改。图书借还管理能够办理图书借阅和归还、网上续借、查询图书去向、查询读者借书情况、查询未还图书明细。

通过从上到下对功能的熟悉和理解，测试人员可以对系统的功能点逐渐明晰，最后整理出测试需求，同时为测试设计时等价类划分提供依据。

第二步：理解系统各功能（业务）的关系和处理流程。

系统一般的处理流程是：图书馆进行图书采购→对采购来的图书进行编目→对编目完成后的图书进行入藏保存→将入库后的图书进入流通环节进行借还。

图书借阅的处理流程是：输入有效的借书证信息→输入借阅的图书信息→登记读者借阅信息。

通过对各功能（业务）关系和处理流程的理解，为后续功能测试用例设计中设计测试场景提供依据。

第三步：了解业务规则和约束条件。

例如，在上述图书借阅的流程中，什么是有效的借书证信息？通过理解需求和设计，测试人员可以获取图书借阅的相关规则和约束条件如下：

1）已挂失或作废的借书证不允许进行图书借阅。

2）有超期未还图书的借书证不允许进行图书借阅。

3）借书证的在借图书数量有上限限制，超过借阅上限，不允许进行图书借阅；上限限制系统可以设定调整。

上面的描述让我们知道图书借阅的规则、图书借阅和归还之间存在的关系、图书借阅与系统设置之间存在的关系。通过对功能（业务）实现中业务规则和约束条件的明确，为测试用例设计中等价类划分和边界值分析以及判定表的设计提供依据。

第四步：了解系统对输入/输出数据的要求。

例如，在图书编目功能实现中，需要输入很多数据，其中有些数据是必须输入的，有些数据可以为空，另外，图书的编号可以根据系统设定的规则自动生成。而在借书证成批办理中可以从 Excel 表格中按照要求导入学生信息。

了解这些系统对数据的要求，在测试设计中有助于有效地开展测试用例设计工作。测试人员在熟悉需求和设计时从以上 4 个方面入手，能够对被测系统有比较深入的了解。如果文档不够规范或者过于简单，则可通过和开发人员或用户的交流来获取以上内容。

5.3.2　测试用例设计方法选择

在设计一项测试时，首要的任务就是清楚地说明这项测试的目的。例如，前面提到的图书馆管理系统，其中图书借还提供对借阅和归还信息的创建、修改和查询，针对这项需求，通过对系统的深入理解，可以设计一组测试，其目的是：

1）验证该程序提供了一种手段，让有资格的用户能够借阅图书。

2）验证有资格的用户能修改图书借还信息。

3）验证有资格的用户能够查询图书借还信息。

每个测试目标都说明测试将完成什么，但并不说明测试将如何进行，这将在测试用例中进行说明。在确定下一步测试工作时，上面例子中的测试目标还需要得到进一步说明。例如，在目标 1）中并没有定义"有资格的用户"的特征，这需要在测试用例中得到体现。

在系统测试阶段，功能测试一般是以黑盒测试的方式来进行的，在第 3 章中介绍了黑盒测试用例设计方法。测试用例的设计方法不是单独存在的，在实际测试中，往往是综合使用各种方法才能有效提高测试效率。以下是各种测试方法选择的综合策略：

■ 首先进行等价类划分。按照功能、业务规则和约束、输入条件和输出条件进行等价类划分，将无限测试变成有限测试，这是减少工作量和提高测试效率的最有效方法。

■ 在任何情况下都必须使用边界值分析方法。经验表明，使用这种方法设计出的测试用例发现程序错误的能力最强，它需要与等价类划分结合起来使用。

■ 对于系统中的一些逻辑关系，可以考虑用因果图和判定表来进行测试用例设计。

■ 对于业务流清晰的系统，可以利用场景法贯穿整个测试案例过程，在案例中综合使用其他测试方法。

在图书馆管理系统的案例中，通过前面对系统需求的分析和理解，根据功能（业务）流、功能以及各功能关联、业务规则和约束可以设计测试场景，划分等价类并考虑相应边界。例如，图书借阅是典型的业务流，可以利用场景法对其进行测试用例设计。

【示例】图书馆管理系统借书模块的整个流程为：输入借书证编号，输入借阅的图书编号，如果有效的借书证下没有超期未还的图书，在允许的借阅本数的约束下，完成整个借阅过程。通过以上描述，从中确定哪些是基本流，哪些是备选流，见表5-1。

表5-1 图书馆系统借书模块业务流

流程	描　　述
基本流	输入借书证编号，输入借阅图书编号，生成借阅记录
备选流1	借书证编号不存在
备选流2	借书证编号挂失
备选流3	借书证用户有超期未还图书
备选流4	借阅本数超过规定要求

根据基本流和备选流来确定测试场景，见表5-2。

表5-2 图书馆系统借书模块测试场景

场景/条件	流　　程	
场景1-借阅成功	基本流	
场景2-借书证编号不存在	基本流	备选流1
场景3-借书证编号已挂失	基本流	备选流2
场景4-借书证用户有超期未还图书	基本流	备选流3
场景5-借阅本数超过规定要求	基本流	备选流4

根据场景设计测试用例，见表5-3。

表5-3 图书馆系统借书模块测试用例

测试用例ID	场景/条件	借书证编号	已借阅图书未超期	借阅数量小于规定数量	预期结果
1	场景1-借阅成功	V	V	V	成功完成图书借阅
2	场景2-借书证编号不存在	I	n/a	n/a	提示借书证编号不存在
3	场景3-借书证编号已挂失	I	n/a	n/a	提示借书证编号已挂失，不可用
4	场景4-借书证用户有超期未还图书	V	I	n/a	提示先进行图书归还再进行借阅
5	场景5-借阅本数超过规定要求	V	V	I	提示借阅本数超过规定数量

根据场景设计测试用例和选择测试数据时，要充分考虑系统功能要求和业务规则，以此作为等价类划分和边界值分析基础。例如，系统能够设定不同类型用户借阅图书数量上限，在设置模块中设定学生允许借阅数量为5本，教师允许借阅数量为15本，则借阅本数可以划分一个有效等价类（借阅数量在规定范围内）和一个无效等价类（借阅数量超出规定范围）；借阅用户可以划分为两个有效等价类（学生、教师）。需要说明的是即使同一个程序，等价类的划分也因人而异，这是一个主观过程。找出所有能找到的等价类，有助于挑选测试用例，避免因重复执行实际上相同的测试而浪费时间。

在对实际项目进行功能测试设计时，根据系统特性灵活运用各种测试用例设计方法，利用场景法可以按照用户的使用流程作为测试过程，也可以按照功能导向来编写测试用例，按照整理的测试需求进行编写用例，同时需要考虑各功能之间的关联。不管采用何种方法进行功能测试用例设计，其目标是期望达到良好的测试用例覆盖率。

5.3.3 测试用例的覆盖率

作为测试的设计者总是希望设计的测试用例100%覆盖所有功能，做到没有遗漏，这是我们努力的目标，但在实际工作中并不一定能实现。测试用例设计所追求的目标不应是100%覆盖，而应该是均匀覆盖，测试用例必须简明扼要、分布均匀，不能有太多重复的用例，又不能有明显的疏漏，在预算允许的范围内越密越好。

我们知道一个测试用例应该对应至少一个功能点，那么要保证测试用例覆盖尽可能完整，首先要明确待测功能中有哪些功能点，其次才是如何用测试用例对这些功能点进行覆盖。需求跟踪矩阵是对功能点进行有效管理和密切跟踪的一种工具。

例如，在图书馆管理系统中关于借书证办理有如下说明：

系统能够进行单个借书证办理和成批借书证办理，成批办理以班级为单位，从外部导入学生信息，可接受 Excel 文件和数据库信息的导入。在借书证办理中系统能根据学生班级和学号自动生成唯一的借书证号。

针对以上系统说明，作为测试人员可以整理出如下测试点：

1）系统能提供单个借书证办理业务。

2）借书证办理时系统根据输入信息自动生成借书证号。

3）系统能接受外部数据提供成批借书证办理业务。

针对以上需求设计测试用例如下。

Testcase1：进入借书证办理界面，输入姓名、单位、学号、联系电话，信息保存。

Testcase2：进入借书证办理界面，选择成批办理，导入某班级学生信息 Excel 表，进行借书证办理，信息保存。

Testcase3：进入借书证办理界面，选择成批办理，从数据库表中导入学生信息，进行借书证办理，信息保存。

从表5-4的需求跟踪矩阵可以看到，所有的测试点都有相应的测试用例进行覆盖，这就是需求跟踪矩阵的作用，它能够帮助测试人员发现测试设计中的重大疏漏。在实际的项目中如果没有时间精确跟踪到小的功能点，对于大的功能模块总要有一种机制去跟踪，否则很容易造成重要的功能模块被漏测。

表5-4　需求跟踪矩阵

测试用例	需求		
	1）	2）	3）
Testcase1	√	√	
Testcase2			√
Testcase3			√

在进行测试用例设计后，对照系统需求和设计检查已设计出的测试用例的功能和逻辑覆盖程度，如果没有达到要求的覆盖标准，应当再补充足够的测试用例。此外，对于测试团队要紧盯开发中的任何变化，及时更新测试用例。

此外，测试用例不可能达到100%覆盖，所以自由测试是不可少的补充，在自由测试中会发现很多没有考虑到的问题，这些问题在被更改的同时，测试人员也要把发现的问题以新的测试用例的形式记录下来。

功能测试看起来比较简单，难点在于如何构造有效的输入。由于输入空间通常是无限的，穷举测试显然行不通。在进行功能测试的时候，需要重点考虑的问题是：如何构造尽可能简洁的测试用例来对软件功能进行验证。

表 5-5 是功能测试用例的参考模板。

表 5-5　功能测试用例的参考模板

功能 A 描述		
用例目的		
前提条件		
输入/动作	期望的输出/响应	实际结果
示例：典型值……		
示例：边界值……		
示例：异常值……		
功能 B 描述		
……		

从模板中可以看出，在进行功能测试时，需要把输入分为典型值、边界值和异常值来处理。

在很多软件发布时，需要跟随着一些初始的数据，通常这些数据以初始的数据文件或者数据库的形式出现，必须遵循一些规范和标准。例如，目前国内使用的财务管理软件，就需要遵照我国的会计科目分类标准。在进行功能测试时，往往要先检查这些数据的正确性，这就使得测试人员需要了解该软件的行业背景。

5.4　错误处理测试

健壮性是软件质量的一个重要因素。每个软件都是在某种特定的环境下运行的，在运行的过程中，将接受一系列特定的输入。当软件不是在特定的环境下运行，或者软件接收到了一系列不期望的输入时，软件的表现会是怎样的呢？一个健壮的软件，应该有足够的能力去处理诸如运行环境不符合要求、输入不符合要求这样的错误。而错误处理测试，则是检查软件在面对错误时，是否进行了正确的处理。

在进行错误处理测试时，需要测试人员跳出正向思考的限制，考虑有多少种方法让软件出错或者中断执行。大多数其他形式的测试是在验证软件的表现和需求一致，如功能测试，是验证软件完成了应有的功能，而错误测试则完全相反，错误测试的目的是要发现软件是否做了用户不期望的事情、发现软件在发生异常的时候是否有能力进行处理。

下面是一些典型的异常情况：

- 用户输入非法数据。
- 在系统不支持的平台上运行。例如，把专门为 Windows 2000 设计的软件放在 Windows 7 或者 Windows 10 上面运行。
- 网络连接异常。例如，在软件通过网络收发数据的过程中，网络连接被断开。
- 外部设备未连接或者中间过程停止工作。例如，在打印机未开机的时候选择了打印；在能够从数字摄像机捕获视频的软件中，当软件正在执行视频捕获时，数字摄像机断电。

■ 数据文件（或者数据库）被破坏，数据文件（数据库）中有混乱的数据。例如，Windows下的很多软件都会以生成配置文件或者写系统注册表的方式来记录一些配置信息，而这些文件和配置表中的信息有可能被破坏（如用户无意中删除了配置文件，无意中修改了配置表）。

■ 计算机断电后启动。在进行软件安装、数据库操作、写数据文件的时候，要特别留意这种情况的发生。

■ 在用户界面上的违反操作步骤的操作。

错误处理测试在开发的各个阶段都需要进行，测试人员需要以否定的态度来思考问题，猜测在哪些异常情形下，软件可能出错，然后编写相应的测试案例。在很多公司，由于其开发的产品、实施的项目之间有很多共同的地方，在公司内部，往往开发出了一套公共的用于错误测试的测试用例。而且，在类似的软件中，这些测试用例是可以共用的。

在很多系统中，用于处理错误条件的代码会超过50%，这可以帮助我们理解错误处理的重要性。不过，在不同的情况下，如果软件不能处理个别异常情况是可以接受的。例如对软件安装过程断电问题的处理，如果某个软件是要发售给数以万计的零售客户时，必须要处理软件安装过程断电的问题，哪怕处理这个问题的代价很大，也必须处理，因为在面对大量用户时，总会有客户遇到这样的情况。但如果是为某个客户开发的特定的系统，安装过程由开发商来完成时，这种异常情况就不是必须处理的了。

在前面提到的一些异常情况中，用户输入非法数据是在几乎所有软件测试中都需要被考虑的。测试人员需要根据软件需求对于各种输入的要求，设计一些不符合输入要求的数据。例如：

■ 不输入数据，观察应用程序是否提供默认值或产生一个错误消息。

■ 输入无效数字数据，如负数和字母数字串。

■ 输入任何被认为是非法的数据类型格式。

■ 尝试不常用的数据组合。

■ 确保使用零值。

■ 输入超过或者短于要求长度的数据。

当建立非法数据的测试用例时，预期结果通常为一个错误消息。一般情况下，软件将提示用户输入有错，并要求用户重新输入。而在现实的软件开发中，程序员常常不能完善地处理错误输入的情况。

在进行错误处理测试时，当测试人员向程序员报告一个缺陷的时候，有时会在双方之间产生争执。程序员可能认为：没有真实的用户会这样做。此时，测试人员需要明白，在进行错误处理测试时，测试人员的职责就是构造各种环境，使软件出错。当然，对于软件的健壮性要求也是有限度的，因此，在错误处理测试中发现的部分问题可能不会被修复，这些问题一般是发生概率很小，发生后影响有限的问题。

有些应用程序必须从错误的状态中恢复过来。即使测试人员重新启动系统，一旦启动，所有的功能必须运行正常。破坏环境的测试包括：

■ 异常中断应用程序。

- 断开电缆连接。
- 软件运行过程中，关闭计算机电源。

5.5　用户界面测试

在很多场合，用户界面测试（UI Testing）也被称为人机界面测试（HCI Testing）。绝大多数软件拥有图形用户界面。图形用户界面测试和评估的重点是正确性、易用性和视觉效果。界面是软件与用户交互的最直接的层面，界面的好坏决定用户对软件的第一印象，当用户兴冲冲地买回一个软件后，发现界面看上去很难看，或者看上去很复杂而感觉无从开始使用，那么用户可能就没有兴趣继续使用下去。而当用户拿到的是该软件的试用版本时，这个用户恐怕就没有兴趣去掏钱购买正式版本了——尽管这个软件功能无比强大，可是用户已经不打算继续使用下去了。

而设计优良的界面能够引导用户自己完成相应的操作，起到向导的作用。同时界面如同人的面孔，具有吸引用户的直接优势。设计合理的界面能给用户带来轻松愉悦的感受和成功的感觉，相反由于界面设计的失败，让用户有厌倦的感觉，再实用、再强大的功能都可能在用户的畏惧与放弃中付诸东流。

作为测试人员，需要测试用户界面的风格是否满足用户要求，如界面是否美观、界面是否直观、操作是否友好、是否人性化、易操作性是否较好等。

用户界面应该做成什么样子，并没有一个固定的标准，因此在测试的过程中，要依赖于测试人员的主观判断。在评价易用性和视觉效果时，主观性非常强，对同一软件的评价是因人而异的，不同的用户由于其经历、能力、思维方式和习惯的差异，对于同一软件会得出不同的感受，所以在用户界面的测试与评估活动中，要以用户为中心，从用户的角度出发。

符合标准和规范被认为是最重要的用户界面要素。对于操作系统平台，有其自己的标准和规范，如微软的 Windows，对于测试工作来讲，也就要根据这些标准和规范设计测试用例。除此之外，在进行用户界面测试中可以从下面几个方面进行：

（1）直观性　当测试用户界面时，测试人员要考虑以下问题以及如何衡量软件的直观程度：

- 语言描述通顺流畅、无歧义、无错别字。

- 用户界面是否洁净、不唐突、不拥挤？UI 不应该为用户制造障碍。所需功能或者期待的响应应该明显。

- 界面的组织和布局是否合理？是否允许用户轻松地从一个功能转到另一个功能？下一步做什么是否一目了然？任何时刻都可以决定放弃或者退回、退出吗？输入是否得到承认？菜单或者窗口是否深藏不露？

- 有多余的功能吗？软件整体或者局部是否做得太多？是否有太多特性把工作复杂化了？信息是否太过庞杂？

- 如果其他所有努力失败，帮助系统真能提供帮忙吗？

（2）一致性　测试的软件本身以及与其他软件的一致性是一个关键属性。用户形成一定的使用习惯性后，总希望一个程序的操作方式能够带到另一个程序中。如果操作方式不同，会或多或少地给用户带来使用上的不便。

- 快捷键和菜单选项。快捷键一般要具有通用性，如"F1"键为系统帮助。

■ 术语和命令。即整个软件是否使用同样的术语，特性命名是否一致等。例如，数据字典是否有时被叫作数据词典。

■ 按钮的位置和等价的按键。例如，"确定"和"取消"按钮的相对位置；"确定"的等价键通常使用 < Enter > 键，而"取消"等价键通常使用 < Esc > 键。

■ 各个窗口/页面的标题、在 Windows 系统任务栏中的名称以及在本窗口内左下角状态栏中的提示（如果有的话）是否正确、统一。

■ 同一系统同一模板中各种页面和控件应保持主体风格一致，包括背景图案、整体色系、按钮排布等。

（3）合理性

■ 常用功能突出，最常使用的按钮或菜单放在界面的显著位置，使用颜色或者亮度差别突出显示重要部分。

■ 具有方便灵活的功能跳转和状态跳转，同一任务可用多个路径或者方式完成，对于常用任务同时提供最简捷的路径直接完成。

■ 提供终止操作的途径，任何时刻都允许用户决定放弃或者退回、退出。

■ 用户的输入应该具备确认过程。

■ 错误处理。程序应该在用户执行非法和不合理的操作之前提出警告，并且允许用户恢复由于错误操作导致丢失的数据。对于用户恶意的严重错误操作，程序要能够以一定规则进行判别，并采取适当的处理方式。

■ 可写控件检测到非法输入后应给出说明并能自动获得焦点。

■ < Tab > 键的切换顺序与控件排列顺序一致，是否遵循从上到下，同时行间从左到右的方式。

■ 界面上首先应输入的和重要信息的控件在 Tab 顺序中应当靠前，位置也应放在窗口上较醒目的位置。

■ 当窗口被覆盖并重用后，窗口可以正确地再生。

■ 显示多个窗口时，窗口的名称被适当地表示。

■ 显示多个窗口时，活动窗口被适当地加亮。

■ 如果使用多任务，所有的窗口被实时更新。

■ 在多窗口系统中，有些界面要求必须保持在最顶层，避免用户在打开多个窗口时，不停地切换甚至最小化其他窗口来显示该窗口下拉式菜单和鼠标操作。

■ 菜单条应当显示在合适的语境中，名字具有自解释性。

■ 菜单前的图标能直观地代表要完成的操作，不宜太大，与字高保持一致最好。

■ 菜单位置按照功能来组织。完成相同或相近功能的菜单用横线隔开放在同一位置。

■ 一组菜单的使用有先后要求或有向导作用时，应该按先后次序排列。无顺序要求时按使用频率和重要性排列，常用的放在开头，不常用的靠后放置；重要的放在开头，次要的放在后面。

■ 如果菜单选项较多，应该采用加长菜单的长度而减少深度的原则排列。

■ 主菜单的宽度要接近，字数应不多于 4 个，每个菜单的字数能相同最好。

■ 菜单功能随当前的窗口操作加亮或变灰。

■ 对无关的菜单最好用屏蔽方式处理，如采用动态加载方式，只有需要的菜单才显示。

■ 容易引起界面退出或关闭的按钮不应该放在易点击的位置（横排开头或最后与竖排最

后处为易点击的位置)。

- 默认按钮要支持 Enter 操作，即按 <Enter> 键后自动执行默认按钮所对应的操作。
- 与正在进行的操作无关的按钮应该加以屏蔽。
- 复选框和选项框按选择概率的高低而先后排列。
- 复选框和选项框要有默认选项，并支持 Tab 选择。
- 需要用户选择的列表越短越好，如果很长，应该适当分级显示。

通过以上学习，目的是让测试人员对于界面设计的一般规则有所了解。在实际的软件开发中，测试人员可能会面对的情况有：

- 软件有详细的界面设计文件，而程序员也按照设计文件完成了界面，但在界面实际被完成后，发现并不像人们期望的那么美观和易用。
- 软件只有比较概要的界面设计文件，很多细节是程序员在代码编写过程中不断定义和完善的。

目前的系统开发中后面一种情况更为多见，面对这些情况，作为测试人员，都需要建立起自己的主观判断力，能够识别出来界面中哪些内容是难以使用的，哪些是不美观的。这是用户界面测试和其他测试的一个重要区别，也导致了用户界面测试用例的编写与功能和性能等测试用例编写存在差异，其参考模板见表5-6。

表 5-6 用户界面测试用例的参考模板

指 标	检 查 项	测试人员评价
合适性和正确性	用户界面是否与软件的功能相融洽？	
	是否所有界面元素的文字和状态都正确无误？	
容易理解	对于常用的功能，用户能否不必阅读手册就能使用？	
	是否所有界面元素（例如图标）都不会让人误解？	
	是否所有界面元素提供了充分而必要的提示？	
	界面结构是否能够清晰地反映工作流程？	
	用户是否容易知道自己在界面中的位置，不会迷失方向？	
	有联机帮助吗？	
风格一致	同类的界面元素是否有相同的视感和相同的操作方式？	
	字体是否一致？	
	是否符合广大用户使用同类软件的习惯？	
及时反馈信息	是否提供进度条、动画等反映正在进行的比较耗时间的过程？	
	是否为重要的操作返回必要的结果信息？	
出错处理	是否对重要的输入数据进行校验？	
	执行有风险的操作时，有"确认""放弃"等提示吗？	
	是否根据用户的权限自动屏蔽某些功能？	
	是否提供 Undo 功能用以撤销不期望的操作？	
适应各种水平的用户	所有界面元素都具备充分必要的键盘操作和鼠标操作吗？	
	初学者和专家都有合适的方式操作这个界面吗？	
	色盲或者色弱的用户能正常使用该界面吗？	

（续）

指　　标	检　查　项	测试人员评价
国际化	是否使用国际通行的图标和语言？	
	度量单位、日期格式、人的名字等是否符合国际惯例？	
个性化	是否具有与众不同的、让用户记忆深刻的界面设计？	
	是否在具备必要的"一致性"的前提下突出"个性化"设计？	
合理布局和谐色彩	界面的布局符合软件的功能逻辑吗？	
	界面元素是否在水平或者垂直方向对齐？	
	界面元素的尺寸是否合理？行、列的间距是否保持一致？	
	是否恰当地利用窗体和控件的空白以及分割线条？	
	窗口切换、移动、改变大小时，界面正常吗？	
	界面的色调是否让人感到和谐、满意？	
	重要的对象是否用醒目的色彩表示？	
	色彩使用是否符合行业的习惯？	

5.6　性能测试

用户在得益于功能方面的质量提升后，就开始对性能有了新的认识和要求，而性能测试不像功能测试那样可以"低门槛"进行。性能测试是在整个测试过程中实现难度比较大的一个环节。性能测试是针对整个系统的测试，影响系统性能的因素很多，有时是软件设计的原因引起的（如使用了未经优化的算法），有时是硬件、网络的原因引起的。

对于一个网络游戏软件，如果有很多用户同时在线，软件的响应速度变得很慢，人们会说"这个游戏性能太差，没法玩"，就会失去用户，即使它的创意很好。

某公司基于 Lotus Notes 开发了自己的考勤管理软件。软件刚开始使用时，公司只有不到 30 人，软件用起来很好。这个软件的一个主要功能是上班打卡，当时早上上班时间是 8：30，有趣的是，绝大多数的人都是在 8：27～8：30 的时间段到公司打卡。当公司发展到 300 余人的时候，大家发现这个软件已经令人难以忍受了：每次按下打卡按钮，大约要等至少 30s 才会打卡成功。当越来越多的人抱怨的时候，该公司最后停用了这个软件，而改用了门禁机考勤。这个软件性能越来越差的原因有两个：在最初设计的时候，没有考虑到会有这么多的并发用户（当时没有想到公司规模会扩充得那么快，也没有想到绝大多数人集中在一个短时间段打卡），因此在设计时，完全没有考虑到性能问题；另外一个原因，数据库中积累了近两年的数据没有进行清理，导致系统性能下降。

性能测试可以通过黑盒测试方法或者白盒测试方法来进行。如果使用白盒测试方法，则可以进行更加细致的分析，使用一些模拟器（Profiler）或者一些基于硬件的执行监视器来研究程序运行特定模块、按特定路径执行所需要的时间。一般来说，这需要设计并由程序员才能够完成。

在不同的软件中，需要进行性能测试的对象、性能测试的方法会有很大的差别。在下列情况下，需要重点考虑对其进行性能测试：

- 软件中某个模块涉及复杂的计算，特别是一些基于人工智能的分析。
- 涉及大量数据的读/写、通信。
- 涉及数据检索，而被检索的数据，具有很大的数据量。
- 具有多个并发用户。
- 软件在运行时，可用资源（特别是 CPU 和内存）可能在某些情况下很紧张。

5.6.1　对性能测试的认识

软件性能覆盖面广泛，对一个系统而言衡量一个软件的性能，需要从软件效率的以下 3 方面考虑：

- 时间特性。在规定条件下，软件产品执行其功能时，提供适当的响应和处理时间以及吞吐率的能力。
- 资源利用率。在规定条件下，软件产品执行其功能时，使用合适数量和类别的资源的能力。
- 效率依从性。软件产品遵循与效率相关的标准或约定的能力。

我们需要确保软件在一定的资源配置条件下达到一定的性能，并且遵守相关的标准或协议。

性能测试（Performance Testing）是指在一定的负载情况下，系统的响应时间等性能特性是否满足特定的性能需求。

性能测试到底需要测试什么？

对一个应用系统来说，所需监控的性能指标主要有以下 3 点：

（1）响应时间　响应时间反映完成某个业务所需要的时间。例如，用户从单击"登录"按钮到登录完成返回登录成功页面需要耗费 1s，那么就说这个操作的响应时间是 1s，这是用户最能直观感受到的系统性能，对用户来说，体现了产品的业务可用度，或者系统的服务水平如何。

（2）吞吐量　吞吐量反映单位时间内能够处理的事务数目，即软件系统在一定时间内可以完成的事务的数量。例如，对于系统来说，一个用户登录需要 1s，如果系统同时支持 10 个用户登录，且响应时间是 1s，那么系统的吞吐量就是 10 个/s。

（3）服务器资源占用　服务器资源占用反映在负载下系统的资源利用率。资源的占用越低，说明系统越优秀。资源并不仅仅指运行系统的硬件，而是支持整个系统运行程序的一切软硬件平台。在性能测试中，需要监控系统在负载下的硬件或软件上各种资源的占用情况，如 CPU 的占用率、内存使用率、查询 cache 命中率等。

那么，什么是负载呢？我们现在谈到的性能问题都不是单机性能问题，而是基于网络架构的性能问题。当众多终端用户对系统进行访问时，用户越多，服务器需要处理的客户请求也就越多，从而形成了负载，这里负载的概念包含以下 3 点：

（1）系统实际用户　可能会有很多人使用同一个系统，但并不是所有的用户都会同时使用该系统，所以系统的实际用户是一个容量的问题，而不是负载的问题。例如，某校的图书馆管理系统实际用户为 7000 人（教职工与学生数总和）。

（2）系统在线用户　当系统用户对系统进行操作时，我们认为该用户为在线用户，这些用户对系统形成了负载，在线用户和实际用户的比例是根据系统特性决定的。例如学校的图书馆管理系统，其在线用户会远低于实际用户，而一个学校办公系统，每天上班后教职工都要通过 OA 系统查阅邮件、文件等，其在线用户与实际用户的比例会比较高。

（3）并发用户　用户在线后会对系统产生负载，但是用户和用户之间的操作却不是并发的，这是因为用户的操作需要延时等待，且每个用户的操作并不是完全相同的。并发操作会对系统产生很大的负载，当多个用户同时对某个功能进行操作时，服务器必须对这些请求进行队列管理，依次办理。例如学校的教务管理系统，在每年的学期末几天集中有大量的学生成绩需要提交，可能产生较大的并发用户。

性能测试用来保证产品发布后系统的性能能够满足用户需求。负载测试属于性能测试，通过负载测试，确定在各种工作负载下系统的性能，目标是测试当负载逐渐增加时，系统各项性能指标的变化情况。性能测试的类型主要包括：

■ 负载测试。通过逐步增加系统负载，测试系统性能的变化，并最终确定在满足系统性能指标的情况下，系统所能承受的最大负载量的测试。

目标：确定系统的性能容量（如系统在保证一定响应时间的情况下能够允许多少并发用户的访问）以及系统各项指标（如吞吐量、响应时间、CPU 负载、内存使用等）。

■ 压力测试。压力测试是指在一定的软件、硬件及网络环境下，模拟大量的虚拟用户向服务器产生负载，使服务器的资源处于极限状态下并长时间运行，以测试服务器在高负载情况下是否能够稳定工作。压力测试与负载测试的区别在于确定系统在什么负载条件下系统性能处于失效状态。

目标：为了发现在什么条件下应用程序的性能变得不可接受，强调在极端情况下系统的稳定性。

■ 并发测试。并发测试是指通过模拟多个用户并发访问同一个应用、存储过程或数据记录以及其他并发操作，测试是否存在死锁、数据错误等故障。

■ 大数据量测试。主要针对某些系统存储、传输、统计、查询等业务进行的大数据量测试。

不同的测试类型，在测试用例编写时测试侧重点存在差异，表 5-7 和表 5-8 为性能测试用例示例。

表 5-7　压力测试用例示例

用例名称	用例描述	
1min 内 × × 用户登录系统	前提条件	系统按照最低要求配置
	输入数据	无
	步骤	多个用户发起登录请求，逐步加压，直到达到 × × 用户/min
	预期结果	每个用户都能正常登录，响应时间不超过 × s 服务器端 CPU、内存负载没有超过限制

表5-8 并发测试用例示例

用例名称	用例描述	
1s 内并发××用户进行图书信息查询	前提条件	系统按照最低要求配置 系统存在××数量的图书信息
	输入数据	无
	步骤	1s 内并发××用户进行图书信息查询
	预期结果	每个请求都返回正确的查询结果，且响应时间不超过×s 服务器端 CPU、内存负载没有超过限制

5.6.2 网络软件性能测试要点

现在的网络客户机/服务器软件，也称为 B/S 结构，其基本的组成部分大致相同。最简单的网络软件构成如图 5-2 所示，其用户端只是一个浏览器，服务器则只有网络服务器。

在这种模型中，大部分客户使用 Windows 平台，或是 MacOS，也有少数人采用的是UNIX 平台。网络浏览器主要有 Microsoft 的 Internet Explorer、Google 公司的 Chrome，还有就是 Opera、Mozilla FireFox 等。在网络服务器方面，操作平台可以是 Windows、UNIX、Linux 及 MacOS。UNIX 平台使用的是 Apache，其余的使用 IIS 或 ES。

目前最常使用的网络软件，绝大多数都已不是上面提到的模型那么简单，现在广泛使用的商用网络软件中最常见的模型，就是所谓三层体系结构，如图 5-3 所示。

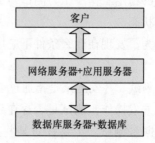

图 5-2 最简单的网络软件模型　　　　图 5-3 网络软件的三层体系结构

三层体系结构由前端客户、中间的网络应用服务器和后面的数据服务器组成。前端客户通过浏览器负责用户与应用程序之间的对话。网络应用服务器往往是最复杂、负荷最重的一层。它的核心部分是网络服务器。网络服务器存储 HTML 文件及其相关资料，并可以用FTP、HTTP 等形式与用户端进行通信以及负责与数据库的数据交互。网络应用服务器与数据库之间的数据交互是通过一些应用服务软件协助完成的。最常见的有 CGI Script、ASP，或网络服务器本身的 API 以 DLL 的形式提供。

网络软件的具体应用模式如图 5-4 所示。

了解网络软件的基本组成是十分重要的，可以帮助测试人员设计测试用例及确定问题所在。下面来看一个三层结构的网络软件的具体工作过程。例如，某在线图书管理系统提供一个简单的图书查找页面，如图 5-5 所示。

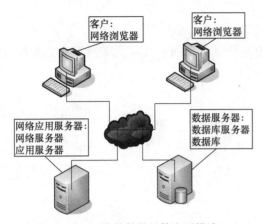

图 5-4　网络软件的具体应用模式

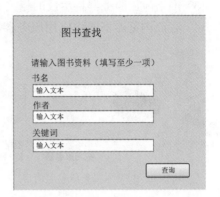

图 5-5　图书查找界面

首先分析图书的搜寻过程：

1）用户输入网址，进入该搜寻页面。

2）客户浏览器将用户的请求通过互联网送到网络应用服务器，如图 5-6 所示。

3）网络应用服务器分析客户请求。

4）网络应用服务器回应客户的请求，将书籍搜寻页面的资料（HTML 及一些小程序）送回客户。

图 5-6　请求网络应用服务

5）客户浏览器将网络应用服务器送回的资料显示在用户计算机的屏幕上，如图 5-7 所示。

6）用户输入书名等相关信息，然后单击"查询"按钮。

7）客户浏览器将用户输入的信息传送到网络应用服务器，如图 5-8 所示。

图 5-7　回复客户请求

图 5-8　请求网络应用服务

8）网络应用服务器分析浏览器送来的信息并交与数据库服务器，如图 5-9 所示。

9）数据库服务器将其写成查询语句送到数据库查找。

10）数据库服务器从数据库取出相关的图书资料。

图 5-9　访问数据库服务器

11）数据库服务器将结果交回网络应用服务器，如图 5-10 所示。

12）网络应用服务器对数据库服务器交来的资料进行分析并生成相关的 HTML 文件及一

199

些 applet。

13）网络应用服务器将生成的相关 HTML 文件及 applet 送回客户。

14）客户浏览器将网络应用服务器回送的资料显示在用户计算机的屏幕上，如图 5-11 所示。

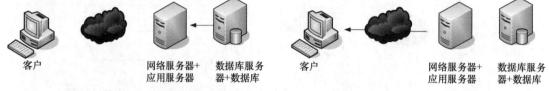

图 5-10　数据库服务器响应请求　　　　　　　图 5-11　应用服务器回送结果

通过上述简单的例子，可以了解网络软件的一些基本工作步骤，这样在测试时就有一个清晰的、全面的概念，从而有助于解决软件的相关问题。

网络软件的性能包括哪些方面呢？

- 客户端向服务器发出一个请求。
- 服务器分配请求并进行处理。
- 服务器把处理的结果反馈给客户端。
- 客户端对结果进行分析，显示出来或进一步执行。

从上面这个过程可以看出，由于客户端是一个单独的个体，几乎不会出现性能问题，而服务器为了响应多个客户端的请求，有可能出现响应错误、响应缓慢、数据丢失等错误。

用户连接到网络的速度根据上网方式的变化而变化。对用户来说一般从客户端感知系统的性能，当下载一个程序时，用户可以等较长的时间，但如果仅仅访问一个页面就不会这样。如果系统响应时间太长，用户就会因没有耐心等待而离去。另外，有些页面有超时的限制，如果响应速度太慢，用户可能还没来得及浏览内容，就需要重新登录了。而且连接速度太慢，还可能引起数据丢失，使用户得不到真实的页面。

针对网络软件在进行性能测试时，测试的入口是客户端。它主要包括并发性能测试、大数据量测试等。其中许多问题的产生都和并发操作有关系，开发方和用户要清楚自己系统的最大并发量是多少，达到多少量时会有瓶颈或到达系统的最大承受能力，并发性能测试是重点。

例如电信计费软件，每月 20 日左右是市话交费的高峰期，全市几千个收费网点同时启动。收费过程一般分为两步：首先要根据用户提出的电话号码来查询出其当月产生的费用，然后收取费用并将此用户修改为已交费状态。一个用户看起来简单的两个步骤，当成百上千的终端同时执行这样的操作时，情况就大不一样了，如此众多的交易同时发生，对应用程序本身、操作系统、中心数据库服务器、中间件服务器、网络设备的承受力都是一个严峻的考验。决策者不可能在发生问题后才考虑系统的承受力，预见软件的并发承受力，这是在软件测试阶段就应该解决的问题。

并发性能测试的过程是一个负载测试和压力测试的过程，即逐渐增加负载，直到系统的瓶颈或者不能接收的性能点，通过综合分析交易执行指标和资源监控指标来确定系统并发性能的过程。

并发性能测试的目的主要体现在三个方面：

1）以真实的业务为依据，选择有代表性的、关键的业务操作设计测试案例，以评价系统的当前性能。

2）当扩展应用程序的功能或者新的应用程序将要被部署时，负载测试会帮助确定系统是否还能够处理期望的用户负载，以预测系统的未来性能。

3）通过模拟成百上千个用户，重复执行和运行测试，可以确认性能瓶颈并优化和调整应用，目的在于寻找到瓶颈问题。

如何模拟实际情况呢？安排若干台计算机和同样数目的操作人员在同一时刻进行操作，然后拿秒表记录下反应时间？这样的手工作坊式的测试方法不切实际，且无法捕捉程序内部的变化情况，因此需要测试工具的辅助。性能测试的基本策略是自动测试，通过在一台或几台 PC 上模拟成百或上千的虚拟用户同时执行业务的情景，对应用程序进行测试，同时记录下每一事务处理的时间、中间件服务器峰值数据、数据库状态等。

5.6.3 性能测试实施流程

1. 测试需求分析

测试需求来源于应用需求，因此在进行性能测试时首先需要理解系统的应用需求。针对性能测试，重点需要关注：

■ 测试对象。例如，被测试系统中有负载压力需求的功能点包括哪些？测试中需要模拟哪些部门用户产生的负载压力？

■ 系统配置。例如，预计有多少用户并发访问？用户客户端的配置如何？使用什么样的数据库？服务器怎样和客户端通信？网络设备的吞吐能力如何？

■ 系统使用模式。例如，系统使用在什么时候达到高峰期？用户使用该系统是采用 B/S 运行模式吗？分清系统模式是掌握什么技术的前提，只有掌握相应技术做性能测试才可能成功。例如，系统如果是 B/S 结构，需要掌握 HTTP，Java，HTML 等技术；如果是 C/S 结构，则可能要了解操作系统、Winsock、COM 等。所以甄别系统类别对于测试来说很重要。

进行测试需求分析时，需要了解以下问题：

■ 系统日常业务有哪些交易任务？

■ 在一天的某些特定时刻系统都有哪些主要操作？

■ 高峰期主要有哪些操作？

■ 数据库操作有多少？

■ 如果任务失败，那么商业风险有多少？

例如，针对一个在线书店系统收集了下面的信息，它是关于用户进入网站的活动和他们预期的相关量。

■ 4 种用户类型：新用户（20%）、会员（70%）、管理员（4%）、商家（6%）。

■ 所有用户都从主页进入。

■ 新用户和会员主要操作：通过题目、作者、关键字查询书目；新用户可以开设账户（开设账户后就变成了会员）；会员可以进入系统、升级账户、向购物车添加一本或更多书、保留购物车以待结算、检查结算状态。

■ 管理员可以添加新书、检查结算状态、升级结算状态、取消命令。

■ 商家可执行以下报告：库存、上周销售额和上月销售额。

通过对系统的分析，可以整理出系统交易情况作为设计测试方案的依据，见表5-9。

选择重点交易的指标为高吞吐量、高数据库 I/O，从表5-9 中可以看出应该把"会员登录""生成订单"作为负载压力测试重点。

表 5-9　在线书店交易情况示例

交易名称	日常业务/h	高峰期业务/h	Web 服务器负载	数据库服务器负载
会员登录	70	210	高	低
开设一个新账号	10	15	中等	中等
生成订单	130	180	中等	中等
更新订单	20	30	中等	中等

2. 测试方案制定

表 5-10 为一个在线书店测试方案说明表。

表 5-10　在线书店测试方案示例

方案名称	并发用户数	网络环境	数据量	备注说明
会员登录	100、200	宽带	100 用户并发 200 用户并发	
开设一个新账号	10、20		10 用户并发 20 用户并发	
生成订单	100、200		100 用户并发，新增 5 条记录/用户 200 用户并发，新增 5 条记录/用户	
更新订单	20、30		20 用户并发 30 用户并发	

3. 测试环境准备

并发性能测试是在客户端执行的黑盒测试，一般不采用手工方式，而是利用工具采用自动化方式进行。目前，成熟的并发性能测试工具有很多，选择的依据主要是测试需求和性能价格比。著名的并发性能测试工具有 LoadRunner、Jmeter 等。这些测试工具都是自动化负载测试工具，通过可重复的、真实的测试，能够彻底地度量应用的可扩展性和性能，可以在整个开发生命周期跨越多种平台、自动执行测试任务，可以模拟成百上千的用户并发执行关键业务而完成对应用程序的测试。

配置测试环境是测试实施的一个重要阶段，测试环境的适合与否会严重影响测试结果的真实性和正确性。测试环境包括硬件环境和软件环境，硬件环境指测试必需的服务器、客户端、网络连接设备以及打印机/扫描仪等辅助硬件设备所构成的环境；软件环境指被测软件运行时的操作系统、数据库及其他应用软件构成的环境。

测试环境的基本原则：

■ 要满足软件运行的最低要求，不一定选择将要部署的环境。

■ 选用与被测试系统相一致的操作系统和软件平台。

- 营造相对独立的测试环境。
- 无毒的环境。

负载压力测试环境组建中除了以上原则还需要考虑：

- 如果是建立近似的真实环境，要首先达到服务器、数据库以及中间件的真实，必须具备一定的数量，客户端可以次要考虑。
- 必须考虑测试工具的硬件和软件配置要求。
- 测试环境中应该包括安装、备份及恢复过程。

测试环境配置：

- 操作系统的版本（包括各种服务、安装及修改补丁）。
- 网络软件的版本。
- 传输协议。
- 数据库版本。
- 服务器及工作站机器。
- 测试工具配置。

实施负载压力测试时，需要运行系统相关业务，这时需要一些数据支持才可运行业务，这部分数据即为初始测试数据。

在初始的测试环境中需要输入一些适当的测试数据，目的是识别数据状态并且验证用于测试的测试案例，在正式的测试开始以前对测试案例进行调试，将正式测试开始时的错误降到最低。在测试进行到关键过程环节时，非常有必要进行数据状态的备份。制造初始数据意味着将合适的数据存储下来，需要的时候恢复它。

在测试正式执行时，还需要准备业务测试数据，例如测试并发查询业务，就要求对应的数据库和表中有相当的数据量以及数据的种类应能覆盖全部业务。

模拟真实环境测试，有些软件，特别是面向大众的商品化软件，在测试时常常需要考察在真实环境中的表现。例如，测试杀毒软件的扫描速度时，硬盘上布置的不同类型文件的比例要尽量接近真实环境，这样测试出来的数据才有实际意义。

如何准备测试数据？有三种常用的方法。首先，可以借助自动化测试工具，利用数据库测试数据自动生成工具，如 TESTBytes，确定需要生成的数据类型，通过与数据库的链接来自动生成数百万行的正确的测试数据；其次，利用自动化负载测试工具，如 LoadRunner 模拟用户业务操作，同时并发数百个或数千个用户生成相关数据；最后，还可以针对某个应用，在了解数据库结构的基础上，自主开发数据生成工具。

4. 测试脚本开发

测试脚本是指 Vuser 脚本，即虚拟用户回放所使用的脚本，是一段能执行任务的代码，不同的测试工具其脚本的编写语言和结构存在差异，不同的 Vuser 类型其脚本的结构和内容也存在差异。脚本的开发有两种方式：录制编辑和编写。第一种方式首先利用测试工具录制测试脚本，在生成的脚本代码基础上根据需要进行修改；第二种方式测试人员手工编写测试脚本。在一般的测试过程中，录制脚本所占比例较大。

例如，根据前面的在线书店的测试方案，需要开发的测试脚本包括用户登录、注册账户、用户下订单和用户更新订单。

图 5-12 所示为 LoadRunner 软件录制的测试脚本。

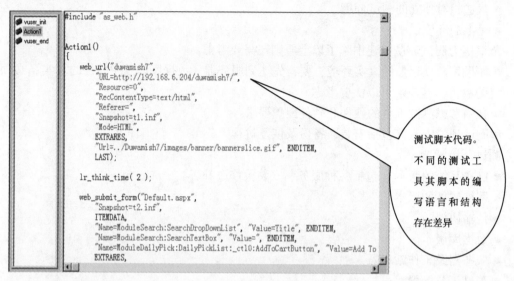

图 5-12　测试脚本示例

5. 测试场景执行

根据系统的不同业务需求来进行并发模拟测试，布置测试场景也是非常重要的，要想能真正测试出现场环境所出现的问题，必须要按实际的业务布置场景，来模拟客户的真实环境。

从狭义说，测试场景就是一个或者一组用户的行为，一个运行场景包括一个运行虚拟用户活动的机器列表、一个测试脚本的列表以及大量的虚拟用户和虚拟用户组。

例如，测试场景：

- 运行虚拟用户活动的机器：testmachine1。
- 测试脚本：login。
- 虚拟用户数：100 个。
- 用户加载方案：每秒增加 2 个用户。
- 用户退出：每2s 有 5 个用户退出。
- 持续运行时间：3min。

测试场景是需要设计的，以使其最大限度地模拟真实用户的行为。通过自动化测试工具，测试人员可以对测试场景进行规划和运行。更详细的信息在本书第 4 章介绍。

6. 测试结果分析

在场景执行期间，Vuser 会在执行事务的同时生成结果数据。要在测试执行期间监视场景性能，可以使用联机监视工具，也可以在测试执行之后查看结果。以下是需要重点关注的指标。

交易处理性能：

- 并发用户数。并发用户数是负载压力测试的主要指标，体现了系统能够承受的并发性能。测试重点一是系统最佳性能的并发用户数，另一个是系统能够承受的最大并发用户数。
- 交易响应时间。该指标描述交易执行的快慢程度，这是用户最直接感受到的系统性能。

■ 交易通过率。交易通过率是指每秒钟能够成功执行的交易数，描述系统能够提供的"产量"，用户可以以此来评估系统的性能价格比。

■ 吞吐量。吞吐量是指每秒通过的字节数以及通过的总字节数。此指标在很大程度上影响系统交易的响应时间。

■ 点击率。点击率描述系统响应请求的快慢。

服务器资源占用：

■ CPU。记录 CPU 的使用率；检测 CPU 的参数，包括 CPU idle、CPU waits；CPU system usage；CPU user usage；run queue length；显示 CPU 处理系统任务和完成用户任务的时间比例。

■ 磁盘管理。采集物理读/写和逻辑读/写的信息；收集操作系统和其他平台上的磁盘信息。

■ 内存。内存显示可用的内存数量；决定当前的内存短缺量；显示内存的实存、所有虚存和 kernel 的状态等信息。

5.7　兼容性测试

在计算机术语上，兼容是指几个硬件之间、几个软件之间或是软硬件之间的相互配合程度。相对于软件来说，兼容是指某个软件能稳定地工作在某操作系统/平台之中，就说这个软件对这个操作系统/平台是兼容的；在多任务操作系统中，几个同时运行的软件之间如果能稳定地工作，就说这几个软件之间的兼容性好，否则就是兼容性不好。

随着软件逐步被推向市场，被更多的用户安装，兼容性问题也日益凸显出来了。理论上任何两个软件之间都有冲突的可能。兼容性测试是指测试软件在特定的硬件产台上、不同的应用软件之间、不同的操作系统平台上、不同的网络等环境中是否能很好地运行的测试。

软件兼容性是衡量软件好坏的一个重要指标。从这个意义上看，软件兼容性不良就是软件推广的最大障碍。

兼容性测试无法做到完全的质量保证，但对于一个项目来讲，兼容性测试是必不可少的一个步骤。下面是一些需要重点考虑的兼容性问题。

（1）操作系统/平台兼容性测试　市场上有很多不同的操作系统类型，最常见的有 Windows、UNIX、MacOS、Linux 等。应用软件的最终用户究竟使用哪一种操作系统，取决于用户系统的配置。这样，就可能会发生兼容性问题，同一个软件可能在某些操作系统下能正常运行，但在另外的操作系统下可能会运行失败。因此，理想的软件应该具有平台无关性。

当然，有些软件只是针对某一系列的操作系统平台来开发的，不存在跨平台的需求。但同一操作系统也有多个版本，如 Windows 系统也有不同的系列版本号（Windows XP/Windows 7/Windows 10 等），它们之间可能也有许多不同的组件属性。因此，有些软件可能需要在不同操作系统平台上重新编译才可运行，有些软件需要重新开发或改动较大才能在不同平台运行。

对于一些特殊项目（如定制项目），可以指定某一类型的操作系统版本，这些都应该在需求规格说明书中指明，针对这些指明的操作系统版本必须进行兼容性测试。大部分的项目是不指定操作系统版本的，针对这样的项目，应当针对当前的主流操作系统版本进行兼容性测试，在确保主流操作系统版本兼容性测试的前提下再对非主流操作系统版本进行测试，尽量保证项目的操作系统版本的兼容性测试的完整性。

（2）不同浏览器之间的兼容性测试　现在许多应用软件都应用 B/S 结构，它们的客户端都使用浏览器。因此，浏览器是 Web 客户端最核心的构件，但来自不同厂商的浏览器对 Java、JavaScript、ActiveX、plug-ins 或 HTML 规格都有不同的支持。例如，ActiveX 是 Microsoft 的产品，是为 Internet Explorer 而设计的；JavaScript 是 Netscape 的产品；Java 是 Sun 的产品等。另外，框架和层次结构风格在不同的浏览器中也有不同的显示，甚至根本不显示。所以，测试不同厂商、不同版本的浏览器对某些构件和设置的适应性，也是软件兼容性测试的重点之一。

在进行浏览器兼容性测试时使用同一个测试用例在不同的浏览器上测试，在测试时重点关注以下几点：

- 界面。检查在不同的浏览器上界面是否相符。
- 控件。检查在不同的浏览器上是否都能正常运行。
- 图片。图片大小在不同的浏览器上是否有变化，图片质量是否有差异。
- 动画。在不同的浏览器中是否都能正常播放。

在不同浏览器下进行测试时，有一些相应的工具可以帮助测试人员减轻测试工作量，如 IETester、Multiple IE、IECollection、Expression Web SuperPreview 等。

（3）软硬件配合的兼容性测试　当软件开发商发布一个桌面应用软件（如 Microsoft Office）的时候，可以明确指出对于软件运行环境的要求。但在发布 Web 应用系统的时候，设计和开发人员面对的是大量未知的用户，设计和开发人员不能简单地假设用户的计算机系统将具有什么样的配置。如果应用系统有较高的显示要求（如要求用户的显示分辨率为（1024×768）px），某些用户所使用的系统可能达不到这样的要求。在进行软件测试的时候，就需要将显示分辨率调整到（800×600）px，观察此时系统的运行情况。另外，软件中也不应该假设用户所使用的计算机能够支持音频播放。

5.8　安全性测试

现在计算机系统环境安全是所有组织都越来越关注的问题。系统环境安全包括物理设备安全和软件安全。而软件安全则是一个相对比较薄弱的环节。系统的安全性是指防止系统被非法入侵的能力，安全测试的目的是为了发现软件中存在的安全漏洞。绝对安全的系统并不存在，安全性测试也非常复杂，费用要求也很高。

对于大多数软件产品而言，杜绝非法入侵既不可能也没有必要。因为开发商和客户愿意为提高安全性而投入的资金是有限的，他们要考虑值不值得。究竟什么样的安全性是令人满意的呢？一般来说，如果黑客为非法入侵花费的代价（考虑时间、费用、危险等因素）高于得到的好处，那么这样的系统可以认为是安全的。

安全性测试对于软件测试人员的技术能力来说，也是一个挑战。作为软件测试人员，如果经常要面对 B/S 结构应用软件的测试，就需要比较系统地学习一些网络应用体系的安全知识。针对 Web 系统，可以从以下两方面入手开始安全性测试。

（1）网页安全检查点

■ 防恶意注册。可否使用自动填表工具自动注册用户？

■ Cookie 中或隐藏变量中是否含有用户名、密码、userid 等关键信息？

■ 直接输入需要权限的网页地址是否允许访问？例如，没有登录或注销登录后，直接输入登录后才能查看的页面地址，是否能直接打开页面。

■ 数据库中存的密码是否经过加密？

■ 使用鼠标右键菜单查看源文件是否能看见刚才输入的密码？

（2）注入漏洞检测　注入漏洞是利用某些输入或者资料输入特性以导入某些资料或代码，造成目标系统操作崩溃的计算机漏洞，通常这些漏洞安全隐患是由于不充分的输入确认及其他种种因素造成的。可以采用以下几种方式进行测试：

■ SQL 攻击。简称注入攻击，是发生于应用程序数据库层的安全漏洞。简而言之，是在输入的字符串中注入 SQL 指令，在设计不良的程序当中忽略了检查，那么这些注入进去的指令就会被数据库服务器误认为是正常的 SQL 指令而运行，因此遭到破坏。

在测试中，首先找到带有参数传递的 URL 页面，如搜索页面、登录页面、提交评论页面等。

其次，在 URL 参数或表单中加入某些特殊的 SQL 语句或 SQL 片断，如在登录页面的 URL 中通过注入 SQL 指令绕过密码验证。

最后，验证是否能入侵成功或是出错的信息是否包含关于数据库服务器的相关信息，如果能则说明存在 SQL 安全漏洞。

■ 跨站点脚本攻击。XSS 又叫 CSS（Cross Site Script），即跨站点脚本攻击，是目前最为普遍和影响严重的 Web 应用安全漏洞。它指的是恶意攻击者向 Web 页面里插入恶意 HTML 代码，当用户浏览该页时，嵌入 Web 里面的 HTML 代码会被执行，从而达到恶意攻击用户的特殊目的。

测试者可制作一个网页，试着用 JavaScript 把 document. cookie 当成参数嵌入，然后把它记录下来，即偷 cookie。

XSS 攻击方法有：偷 cookie、利用 iframe 或 frame 存取管理页面或后台页面、利用 XMLHttpRequest 存取管理页面或后台页面。

Web 安全检测可以利用工具有效开展，主要分为两大类：白盒检测和黑盒检测。白盒工具通过分析应用程序源代码以发现问题，而黑盒工具则通过分析应用程序运行的结果来报告问题。IBM 公司的 AppScan 属于后者，它是业界领先的 Web 应用安全检测工具，提供了扫描、报告和修复建议等功能。

5.9　安装与卸载测试

安装是软件产品实现其功能的第一步，没有正确的安装不可能有正确的执行，因此软件的安装测试就显得尤为重要。对于安装测试，至少应该从以下几点来考虑。

■ 自动安装还是手工配置安装。测试各种不同的安装组合，并验证各种不同组合的正确性，最终目标是所有组合都能安装成功。

■ 安装退出之后，确认应用程序可以正确启动、运行。

■ 在安装之前备份注册表，安装之后，查看注册表中是否有多余的垃圾信息。

■ 安装完成之后，可以在简单地使用之后再执行卸载操作，有的系统在使用之后会发生变化，变得不可卸载。

■ 对于客户服务器模式的应用系统，可以先安装客户端，然后再安装服务器端，测试是否会出现问题。

■ 考察安装该系统是否对其他的应用程序造成影响，特别是 Windows 操作系统，经常会出现此类的问题。

以上这些测试中有些可以使用工具方便地实现，如检查注册表中是否有多余的信息。

在安装一个软件时，通常会遇到一个画面，请用户选择要安装的路径。试问：如果要测试这个画面，你会想要测试哪些项目？

这个画面，通常只会有一个路径的文本框和一个"浏览"的按钮（当然可能还有"下一步""上一步""取消"等按钮）。

所以，要测试时可以考虑下列几项：

■ "浏览"按钮是否功能正常，单击之后应该可以出现一个浏览档案目录的画面，先看看是否都正常，当选定之后单击"确定"按钮，看安装路径是否能正常显示于文本框中。

■ 路径的文本框是否能够自行输入，如果输入路径不存在时，会有什么反应？输入不合法的字符数据时，会发生何事？

■ 路径是否支持长文件名及中文名称。

■ 路径的文字长度是否有限制。

■ 离开此步骤，再回到此步骤时，路径（预设或自订）是否还会存在。

■ 单击"取消"按钮是否能取消。

在考虑安装目标时，可以试着：安装于移动存储设备；安装在网络上的其他计算机上；在不同语言下安装（路径输入不同的语言）；试着安装两次。

卸载测试和安装测试同样重要，如果系统提供自动卸载工具，那么卸载之后需检验系统是否把所有的文件全部删除，注册表中有关的注册信息是否也被删除。另外还有一点要注意：软件在卸载时，不能把不属于自己的文件误删掉。

5.10 回归测试

回归测试是指对某些已经被测试过的内容进行重新测试。当软件增加新的功能后，可能影响了软件原有的结构，使得以往可以正常工作的功能出现问题；当程序员修复了软件中的缺陷后，由于考虑问题不全面，有可能导致在其他地方出现问题。

程序员在向软件中添加了新的功能、修复了软件错误后，可能会很有信心地告诉测试人员："我只是加了新的功能，其他地方一点都没有改动"或者"我只是修复了这几个缺陷，其他地方的代码我完全没有改动"。作为测试人员，除了验证这些新的功能是否被正确实现、缺陷是否被修复之外，还要考虑这些改动是否导致了其他的问题，使得软件中本来工作正常的部分出现了问题。出于这种考虑，测试人员就要对软件中旧有的内容重新进行测试。

这种测试就称为回归测试。回归测试是对于已经执行过的测试用例再次执行的过程。

回归测试的内容和方法并没有固定的要求。在理想情况下，软件每进行一次改动，就认为出现了一个新的版本，对于这个新的版本，按照测试计划中所进行的规划，把测试工作从头开始进行一次。但在现实中，由于进度的要求、测试成本的压力，没有人会选择这样做。什么时候需要进行回归测试、进行什么样的回归测试，需要有经验的测试人员进行判断，而且，很多时候要和程序员、设计人员一起来进行判断。下面是某软件公司在选择回归测试时的做法实例。

- 每两周需要进行一次完整的回归测试。
- 当修复的缺陷数量累积到 50 个时，进行一次完整的回归测试。
- 在产品递交用户前 5 个工作日，进行完整的回归测试。

在上面的例子中，使用了"完整的回归测试"这样的词。在实际工作中，有时会进行完整的回归测试，这时就需要将所有的测试用例全部执行。但在有的时候，会选择部分测试用例进行测试。例如，如果某个软件修改了其中用户界面的一些文字，那么性能测试就不需要进行，因为文字的修改影响到软件性能的可能性几乎不存在。在进行这样的判断时，需要从编码、设计人员那里得到足够的信息，以确信某些部分的回归测试可以不执行。准确地判断出哪些部分需要进行回归测试，需要足够的测试经验和测试技巧。

在测试过程中，所进行过的每一项测试都有可能要进行回归测试。任何测试文档都必须纳入配置管理系统，否则丢失了就没法进行回归测试。

回归测试没有新花样，其特点就是"重复"，让人厌烦。既然回归测试没有创新之处，最好设法使其自动化地执行，这样省时省力又免得遗漏。回归测试是自动化测试的一个重点研究对象，目前市场上有一些专用的回归测试工具。

对缺陷的改正不仅会失败，还会带来负面的影响。改正一个错误，可能会产生另一个错误。而且，一个缺陷会隐藏（或掩盖）另一个缺陷，直到改正了第一个，第二个才会显示出来。程序员在处理问题时常常会发现最初的错误，但由于通常省略了回归测试而漏掉改动带来的副作用和掩盖的缺陷。

由于无法在第一轮测试中发现所有错误，而且对于错误的改正又会导致新的错误产生，因此应该进行多轮测试。虽然在测试的早期，每隔几个小时或几天就可能会接到更改后的版本，但通常应在接收新测试版本之前将现有版本测试彻底。一个测试周期包括对程序某个版本进行完全测试，总结此版本中发现的问题，总结所有已知的问题。

5.11 内存泄漏测试

内存泄漏是一种典型的程序缺陷，它导致应用程序不断消耗系统内存（或虚拟存储器），使程序运行出现响应变慢、某些功能无法实现，甚至整个系统瘫痪等问题。在某些语言（特别是 C/C++语言）编写的程序中，内存泄漏是一个极其普遍的问题。另外，在某些类型的应用程序，如嵌入式应用软件中，内存泄漏将很快导致系统瘫痪。

某些语言，如 Java，具有自动的内存回收机制。但某些语言，如 C/C++则没有。当程序员使用 C/C++编写程序时，当某块内存不再需要使用时，程序员可能忘记了释放这块内存。这是导致内存泄漏的一种主要原因。

当内存泄漏发生时，用户几乎没有方法去解决这个问题，所以他们从技术支持人员那里所得到的答案一般是"关闭应用程序，重新启动"，或者"重新启动机器"。内存泄漏的问题，对于程序员和用户来说，都是一个噩梦。

在进行代码审查时（这属于静态测试技术），可以检查一下是否存在可能导致内存泄漏的问题。例如，以 C/C++语言编写的代码，当出现以 new 语句分配内存时，应该在某个地方出现以 delete 语句释放内存。但是，当面对数以万计的代码行时，几乎很难保证在静态检查过程中不产生遗漏。另外，在程序中的 new 和 delete 并不是成对地出现（例如，在程序中，根据不同的情况，两个地方可以分配内存，但只在一个地方释放内存），这也增加了检查的难度。所以人们一般依赖一些工具，在程序的运行过程中进行内存泄漏测试。

还有一种情况，就是"内存越界"。当程序员建立了一个 100 个字节的数组，试图向第 101 个字节的位置写入内容时，就产生了"内存越界"。"内存越界"的操作结果是难以预料的。在 Windows 操作系统中，有可能导致操作系统提示"写地址××××：××××非法"，从而终止程序，也有可能只是破坏了另外一个变量的值，当这个变量被使用时，软件产生一些奇怪的表现。内存泄漏测试工具，一般都可以进行"内存越界"测试。

有一个很简单的办法来检查一个程序是否有内存泄漏，就是使用 Windows 的任务管理器（Task Manager）。运行程序，然后在任务管理器里面查看"内存使用"和"虚拟内存大小"两项，当程序请求了它所需要的内存之后，如果虚拟内存还是持续地增长的话，就说明这个程序有内存泄漏问题。

5.12　文档测试

对一个应用软件来说，技术文档、用户手册是必不可少的。

当我们需要对一个软件产品进行维护、升级时，按照技术文档的描述，总是无法完成工作，而在我们熬了几次夜后，发现原来自己所依据的技术文档是错误的；当我们买回一个软件后，按照用户手册的描述去使用某个功能，却发现怎么用都不对，而在请教了其他人之后，才发现原来是用户手册写错了。

当这些情况发生时，我们会想：为什么这些文档当初就没有好好测试呢？

文档测试的重要性是毋庸置疑的，很多人会认为文档测试是一项简单的工作。有时文档测试确实比较简单，需要的只是细致和耐心，但有时也需要测试人员有很强的技术能力。例如，某公司开发路由器，其软件部门则负责为该路由器编写软件，测试人员需要对该路由器的用户手册进行完整的测试。在这个时候，要求测试人员对于各种网络协议、路由器的操作和配置有很好的了解。

在产品手册、用户手册、帮助文件中，有一些比较常见的错误：

- 文字错误、语法错误、拼写错误。
- 所描述的操作步骤有遗漏。
- 所描述的功能或者操作步骤错误。在软件的开发过程中，往往会对软件功能进行修改，但修改的时候，可能没有对所有相关文档进行更新，这个时候就很容易导致这样的问题。

5.13　探索式测试

前面介绍了在系统测试中面对各种不同测试内容时可以采取的方法和技术，不管测试规划和设计如何完善，最后仍不得不提一下探索式测试。

很多测试人员会使用预先定义好的测试用例，用例用于指定应该使用什么样的输入值，也定义了如何去判断正确的软件输出结果。对于某些应用程序来说，在手工测试中使用预先定义的测试用例会比较死板，实际测试时测试人员会使用一些变通手段，如在用例中并不指定所有应该使用的输入值，而只是描述一个比较笼统的用户场景，这样让测试人员在实际测试中有一定的发挥余地，这就需要测试人员掌握一定的探索式测试的技巧。另一方面，目前国内有些软件项目的开发没有产品文档，遇到这种情况探索式测试也是一个不错的选择。

完全抛开测试用例，就可以称为探索式测试，测试人员在测试应用程序时可以天马行空地想怎么测试就怎么测试，利用应用程序所提供的信息自由发挥，不受任何约束地探索程序的各种功能。对有些人来说这看上去没有什么规律，但是对一个有经验并熟练掌握测试技巧的人员来说，这种测试方式可以说非常强大有效。

探索式测试如果没有一个好的指导方法会使测试变得盲目而没有重点，其实它并不是随机测试，需要测试人员在测试过程中了解各种可以变化的东西，包括用户输入、软件状态、运行环境等。用户输入需要考虑各种输入之间产生的影响、输入的先后顺序、默认输入或用户提供输入、合法输入和非法输入。和输入一样，软件状态同样会影响软件是否失效，在一个状态下输入一个值，可能一切都好，如果同样输入值被使用于另一种状态，程序可能就出错了。

探索式测试和使用测试用例执行测试并不是对立的，这两种方法可以很好地结合起来。使用正式测试用例为探索式测试设立一个明确的框架范围，探索式测试则可以提供多种多样的变化。

5.14 Web 应用系统测试

测试 Web 应用程序和测试桌面系统有很多共同点，如测试常见的功能点、用户界面及兼容性等。但是，由于 Web 系统的特性在测试中仍有所差异，如链接是 Web 应用系统的一个主要特征，因此 Web 应用系统进行功能测试中链接测试必不可少。链接测试测试所有链接是否能按指示确实链接到应该链接的页面上；保证 Web 应用系统上没有孤立的页面。所谓孤立页面，是指没有链接指向该页面，只有知道正确的 URL 地址才能访问。链接测试是一个工作量大且繁琐的工作，可以通过以下辅助工具进行：

■ Xenu Link Sleuth。可以打开一个本地网页文件来检查它的链接，也可以输入任何网址来检查。可以分别列出网站的活链接以及死链接；支持多线程，可以把检查结果存储成文本文件或网页文件。可检测出指定网站的所有死链接包括图片链接等，并用红色显示；同时Xenu 可制作 HTML 格式的网站地图，检测结束后可生成链接报告。

■ HTML Link Validator。HTML Link Validator 可以检查 Web 中的链接情况，看看是否有无法链接的内容。

■ Web Link Validator。Web Link Validator 是用输入网址的方式来测试网络连接是否正常，可以给出任意存在的网络连接，软件文件、HTML 文件、图形文件等都可以。

此外，在 Web 应用系统中都用到 Cookies，特别是用户的登录以及购物网站的购物车。

Cookies 通常用来存储用户信息和用户在某应用系统的操作，当一个用户使用 Cookies 访问了某一个应用系统时，Web 服务器将发送关于用户的信息，把该信息以 Cookies 的形式存储在客户端计算机上，这可用来创建动态和自定义页面或者存储登录等信息。如果 Web 应用系统使用了 Cookies，就必须检查 Cookies 是否能正常工作。测试的内容包括：Cookies 是否起作用，存储的内容是否正确，是否按预订的时间进行保存，刷新对 Cookies 有什么影响等。测试中人工查看每个 Cookies 文件是一件很麻烦的事情，这个时候就需要有工具来帮助测试。以下是一些常用的辅助工具：

- Cookie Editor。
- IECookiesView。这是一个可以搜寻并显示出计算机中所有的 Cookies 档案的数据，包括是哪一个网站写入 Cookies 的、内容有什么、写入的时间日期及此 Cookies 的有效期限等资料。此软件只对 IE 浏览器的 Cookies 有效。
- Cookies Manager。

另外，在 Web 应用系统中刷新页面或者后退多次重复提交表单等问题都需要重点测试。在进行用户界面测试时，Web 应用系统除了前面提到的用户界面测试需要关注的问题，导航测试是其测试的一个重点。导航是否直观？Web 系统的主要部分是否可通过主页存取？Web 系统是否需要站点地图、搜索引擎或其他的导航帮助？导航的另一个重要方面是 Web 应用系统的页面结构、导航、菜单、连接的风格是否一致。确保用户凭直觉就知道 Web 应用系统里面是否还有内容，内容在什么地方。Web 应用系统的层次一旦决定，就要着手测试用户导航功能，让最终用户参与这种测试，效果将更加明显。

除了与桌面系统测试的共同点外，由于与应用程序交互的所有分布式系统组件的复杂性成倍地增加的原因，导致 Web 应用程序测试更加困难。当我们在 Web 环境中看到一个错误时，通常很难指出错误发生的地方，并且由于我们看到的行为或我们接收到的错误信息可能是发生在 Web 系统中不同部分的错误的结果，因此错误可能是很难重现的。

只有当测试人员对潜在的技术有所了解时，才可以更好地进行测试，编写更多可重现的 Bug 报告，并且在较少的时间内发现更多的错误。以下是测试 Web 应用程序时需要考虑的基本事项：

- 当我们在客户端看到一个错误时，我们所看到的是错误的症状，而不是错误本身。
- 错误可能是与环境相关的，并且可能不出现在不同的环境中。
- 错误可能是存在于代码或配置中的。
- 错误可能驻留在几个层中的任一个层中。
- 检查操作系统中的两个类别：静态和动态类需要不同的方法。

具体来说，要重点考虑以下问题。

1）什么是我们真正看到的东西？是一个错误还是一个症状？

如果不诊断环境，测试人员不能够确定是什么导致了一个症状出现。如果客户端和服务器端的一个环境特定的变量被移除或被改变的话，或许将不能重现问题。

例如，正在测试一个 Web 的缺陷跟踪应用程序，当单击"新建"按钮时，测试人员接收到一个错误信息：Microsoft OLE DB Provider for ODBC Drivers error '80040e14'。在花了一些时间调查客户端的浏览器环境后，发现 JavaScript 在浏览器的参数设置对话框中被禁止了。启用 JavaScript 就消除了这个错误。

2）这个错误是环境依赖的吗？

为了重现一个环境相关的错误，测试人员不得不完全地复制活动的准确顺序和应用程序操作所在环境的条件（包括操作系统、浏览器版本、插件的组件、数据库服务器、Web 服务器、第三方组件、服务器/客户端资源、网络带宽和通信量等）。例如，当试图使用一个 28.8kbit/s 的拨号连接登录到 Web 应用程序中，可能会碰到一个由于在认证过程中因超时而导致的登录失败，但是同样的登录步骤如果用一个 1.54 Mbit/s 的 T－1 连接将会成功地通过认证。在这个案例中，有一个环境依赖的错误，这个依赖条件是在带宽中。

3）是一个代码错误还是一个配置问题？

错误（或是假定错误的症状）可能会在代码修复中或系统重新配置（客户、服务器或网络）解决（假设错误是真实的），不要轻易下结论它是一个 Bug。

Microsoft OLE DB Provider for ODBC Drivers error '80004005'显示了由于 Web 应用程序"登录失败"而引起的一个错误信息，只是简单地查看这个错误信息，是不可能判断这个错误是由于软件 Bug 引起的还是服务器端配置的问题，或是兼容性问题、浏览器配置问题或以上所有的问题都存在。

在进一步分析这个失败以后，有几个可能的产生这个错误信息的条件：

IIS（Web server）virtual directory has not been set up properly。当虚拟目录没有被正确地配置时，将找不到请求的文件、脚本或数据。这是一个典型的服务器配置的问题。然而，如果安装程序未能根据说明书配置 Web 服务器，那么这是一个软件的错误；如果一个系统管理员未能根据说明书正确地配置 Web 服务器，这就变成了用户错误。

Application directory has not been configured properly to execute scripts。一个典型的应用服务器目录包含了需要执行的脚本，它们会被代表客户端的 Web 服务器调用。为了安全起见，一个 Web 服务器可以被配置，以允许或不允许脚本在一些目录里执行。如果应用服务器目录被设计为包含将要被执行的脚本，但是 Web 服务器被配置为在那个目录中禁用脚本执行，应用程序将不能正常工作。这是软件错误还是一个配置问题呢？

Default Web page has not been set up properly。这个问题和上面的问题相似。

SQL Server is not running。为了执行查询、存储过程和访问数据，应用服务器需要链接后台在 SQL 服务器上的数据库。如果 SQL 服务器进程没有运行，显然应用程序将不能工作。

DLL/COM objects are missing or were unsuccessfully registered。可能安装程序在安装过程中未能复制应用服务器要使用的所有 DLL。如果遗漏了其中一个应用程序所需的 DLL，应用程序将不可能正常工作。

也可能安装程序正确地复制了所有需要的模块，但是失败地注册了一个或多个 DLL。例如 OLE-Based 的对象，同样 COM 或 DCOM，它们的 class ID（CLSID）在它们可以被使用之前必须注册到注册表库中，如果一个应用程序试图访问一个没有被成功注册的 COM 对象，应用程序将不能工作。

这个问题通常由安装过程中的错误引起。另一方面，如果组件必须被手工注册的话，就变成一个配置问题。

Browser-side JavaScript setting has been disabled。这是一个浏览器端的配置问题，由于应

用程序要求浏览器启用 JavaScript。

4）哪个层真正地引起了哪个问题？

在 Web 系统中的错误通常很难一直重现，因为有许多由分布式特性而引入的变量，如服务器、客户端和网络组件。在一个 Web 环境中至少有 3 个常见的怀疑部分：客户端、服务器和网络。客户端和服务器都会存在兼容性问题。典型的配置和兼容性问题涉及硬件和操作系统的混合以及在服务器端的软件组合（如 Web 服务器包、数据库服务器包、防火墙、COM 对象、CORBA 对象等）。问题也可能涉及客户端的软件组合（如 TCP/IP 堆栈、帮助组件、浏览器带宽和浏览器版本）。另外，浏览器设置，如一些常见的设置，连接设置，安全设置（包括 ActiveX 空间、插件、Java、脚本、下载、用户认证等），内容设置，程序设置和其他高级设置（包括浏览器选项、多媒体选项、JVM 选项、打印选项和 HTTP 选项）引入很多可以被测试并分析的变量。

网络提供了另一套变量。网络用几个方式影响着 Web 应用程序，包括由于带宽和响应时间引起的分时相关的问题（竞态条件、性能、超时等），由于硬件设备如网关和路由器导致的潜在的配置和兼容性问题以及与安全实现相关的问题。

为了有效地在 Web 环境中分析并重现错误，测试人员需要对操作环境有所了解，也需要理解环境特定的变量可能会影响复制错误的能力。

小　结

本章比较全面地介绍了系统测试中所使用的技术，重点对如何进行功能和性能测试做了详细的阐述，并对第 3 章中学习的测试用例设计方法如何在项目中运用给出了具体案例。任何一项技术，都是为了实现对软件中某个方面的测试和验证，作为一个测试组长，在进行一个系统的测试规划和设计时需要了解每项技术的含义，了解其测试对象是什么以及如何开展测试工作。只有这样才能更好地把握整个系统测试。

关键术语

- 功能测试。
- 错误处理测试。
- 用户界面测试。
- 性能测试。
- 兼容性测试。
- 安全测试。
- 安装与卸载测试。
- 回归测试。
- 内存泄漏测试。
- 文档测试。
- 探索式测试。

思 考 题

1）选择一个在线购物网站，对订购业务，试用场景法对其进行功能测试。

2）什么是负载测试、压力测试和并发性测试？试比较它们之间的异同。

3）查阅资料，对如何实现 SQL 注入进行说明。

4）在对网站进行系统测试时，页面链接的正确性是最基本的要求，请查阅资料，下载一个页面链接测试工具，使用后给出总结报告。

第6章

成为优秀的测试组长

能力目标

阅读本章后，你应该具备如下能力：

✓ 了解测试组长的工作职责。

✓ 了解软件测试计划的编写过程和主要内容。

✓ 学会确定测试策略。

✓ 学会定义测试环境。

✓ 能编写系统测试计划。

✓ 对软件测试管理工作有所了解。

本章要点

前面章节对测试工程师需要掌握的技术和技能进行了循序渐进的学习，但一个项目测试工作的成功与否，技术只是其中的一部分，软件测试的价值和成功更多地源于经验和管理，能不能把一个测试项目计划组织得井井有条和快速高效，把一个庞大的任务科学地细分并在合适的点上进行监督，用丰富的经验预测并规避可能的风险，这才是决定一个测试项目是否成功的关键。

本章重点介绍了作为一个测试组长或测试经理如何制定测试计划以及如何对测试项目进行管理。在制订测试计划时，需要把握这样几个重点内容：测试策略、定义和建立测试环境、管理测试过程、编写测试文档。

作为初学者，可能并不需要管理测试工作的能力，但只有先建立起这样的意识，才有可能逐步成长为优秀的测试人员和测试主管。

6.1 任务概述

【工作场景】

测试经理：目前要进行产品的开发，由你来担任项目的测试组长，负责整个项目的测试工作。

测试组长：获得任命后着手进行如下工作：

■ 测试团队组建。

- 测试计划制定。
- 项目测试工作的安排。
- 解决测试工作中出现的问题，保证测试工作的顺利开展。

在以前的测试工作中，测试工程师可能参与了大量的测试设计和实施工作，当具有一定的测试经验，熟悉整个测试过程后，应该把自己提高到一个项目负责人的高度，全面地了解、评估项目，安排测试成员进行测试，并适时地提供指导，把握项目的进度，协调好软件测试工程师之间的工作关系。项目组长的能力要相对全面些，同时要有较强的沟通协调能力。

俗话说：好的开始是成功的一半。撰写测试计划是测试项目管理中最为重要的阶段，同时测试计划也是衡量一个测试组长是否合格的重要指标。制定测试计划是测试组长要面对的首要任务。

6.2   为什么要写测试计划

为了更好地开展测试工作，需要设计与编码小组、客户支持部门、市场部门、项目管理部门知道测试要做什么、需要什么资源（资金、设备和人员），并且还需要更多地争取他们的认可和支持。此外要成功地完成软件测试工作，需要考虑许多工作细则问题。撰写测试计划，有助于整理自己的思维、想法和记忆。

这里所说的"测试计划"，是软件测试工作中的一个阶段，其重点在于对整个测试项目工作的计划，在这个阶段，需要进行一系列的工作，准确地说，应该叫"计划测试工作"，或者"计划测试"。称其为"测试计划"，是为了说起来更加顺口一些，但读者不要与测试计划文档混淆，也不要理解为在这个步骤中，只是需要编写一份"测试计划"。编写"测试计划"是其中的工作之一，"测试计划"是用来记录最终结果的那份文档。

计划测试的最终目的是为了交流。在实际的开发过程中，是多个团队相互协调来完成工作的，测试工作作为这个过程中的一环，也不会例外。在计划测试的过程中，测试人员要明确地规定测试活动的策略、范围、方法、资源和进度，明确正在测试的项目、要测试的特性、每个任务的负责人以及与测试相关的风险。这些内容的定义是为了明确测试团队的意图、期望以及对将要执行的任务的理解，最终将同开发部以及其他相关的部门交流，并最终确定下来。

在制定计划的时候，如果通过各种渠道找到一份测试计划的模板或者范例，花上很短的时间复制、剪切、粘贴，把一些未经仔细思考和验证的内容放进去，然后以极高的效率完成一份"测试计划"，而在实际做测试的过程中，则想到哪里做到哪里。这样的做法对于这个项目的测试工作来说是灾难性的——毫无依据的、错误的计划，比没有计划更加糟糕。

6.3   测试计划内容和要点

一个软件项目的测试计划是一份描述软件测试工作的目标、范围、策略、方法和重点的文档。测试计划的准备过程是思考检查并确认一个软件产品可接受性的一个有用的方法。完整的文档将帮助局外人理解产品的"为什么"和"怎么样"的问题。它应当足够完整，以使测试组外的人们足以获得帮助。

如果项目很小，进行测试的只有一个人，那么有效的测试计划只需记录一些必要的测试活动就可以了，但在其他项目中，需要有一个较完善的测试计划。

在测试计划中，应该关注以下内容：测试需求、测试策略、测试资源、风险和意外。测试需求要明确哪些需要测试，哪些不需要测试。如果可能，应当尽量说明需要测试和不需要测试的理由。通常可以将需要测试的部分作为测试需求，不需要测试的部分作为测试风险，应明确地在测试计划中引入"风险估计"。例如，制定测试计划时，应该考虑对系统测试工作量、测试成本的估计等。

在测试计划中，需要定义下列内容：

- 测试活动进度综述，可供项目经理安排项目进度时参考。
- 测试方法，包括测试工具的使用。
- 测试工具，包括如何和何时获取工具。
- 实施测试和报告结果的过程。
- 系统测试进入和结束准则。
- 设计、开发和执行测试所需的人员。
- 设备资源，需要什么样的机器和测试基准。
- 恰当的测试覆盖率目标。
- 测试所需的特殊软件和硬件配置。
- 测试应用程序策略。
- 测试哪些特性，不测试哪些特性。
- 风险和意外情况计划。

测试计划中的信息为测试人员获取必要的资源，以建立测试环境和定义建立测试的方法提供了帮助。一旦通过审批，该计划就确定了实施测试活动的进度并确立了测试人员可理解的职责范围。

6.4 测试计划制定过程

在制定测试计划时，需要经历如图 6-1 所示的几个步骤。

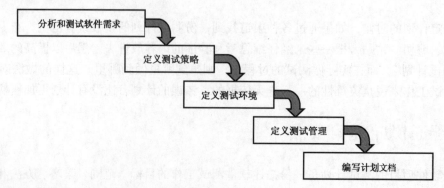

图 6-1 测试计划制定过程

在编写测试计划时，需要经过下面 5 个步骤：

（1）分析和测试软件需求　在软件需求阶段，软件测试人员就需要加入到软件开发过程中。在这个阶段，测试人员需要对需求有完整的理解，还需要对需求文档进行测试，以确保软件需求文档的清晰性、无二义性。

（2）定义测试策略　所谓测试策略，指的是总体的测试范围、测试活动的进入/退出标准、自动化测试工具的选择、测试文档的选择、测试软件的编写等。

（3）定义测试环境　根据被测软件的不同，测试环境也有不同的组成。测试环境包括了软件运行的硬件平台、软件平台、数据，有时也包括一些特殊的外部设备。在制定测试计划时，需要定义测试工作将在什么样的测试环境中进行。

（4）定义测试管理　要确定测试中每个阶段的目标，确定每项工作的工作量，评估风险，确定测试管理平台，确定开发人员和测试人员的沟通、协作方式，定义不同角色的职责。

（5）编写计划文档　在上述几项工作完成后，就需要编写测试计划文档。测试计划文档可能是一份文件，也可能是一组文件。测试计划文档需要被相关人员审核。另外，测试计划文档不是一成不变的，它需要根据情况的变化进行相应的更新。

测试计划阶段的原始依据是软件需求文档。如果没有需求文档，至少要有简化的需求说明。不清楚产品的功能和客户的期望，测试软件产品的工作将是不可想象的。

测试计划阶段的输出是测试人员、开发人员和项目管理人员使用的测试计划文档，文档中定义测试产品需要的资源，包括定义什么将被测试、测试如何进行、测试完成后什么将被交付等。

计划测试是一个层次化的过程，从了解软件需求、定义高层的测试策略开始，接下来更详细的层次描述测试结构、测试环境、测试配置等，一旦测试计划文档评审通过，计划阶段工作就完成了。因为需求、进度或其他因素可能发生改变，测试计划也应随之改变，所以测试计划在整个产品开发周期中都将被维护。此外，尽管图 6-1 中各个活动呈现线性排列，但现实中经常是并行或迭代进行的。所谓并行进行，是指类似这样的情况：在部分测试人员（通常是该项目的测试主管）定义测试策略时，已经有测试人员开始建立测试环境；测试计划文档一般不会是在所有准备工作全部完成后才开始编写，而是在每个阶段都编写一部分。所谓迭代进行，是指类似这样的情况：某项目以快速原型方法进行开发，在某个原型的测试过程中，按照前面所描述的过程编写完成了测试计划，而在这个原型递交给用户后，获得了新的软件需求，开始进行下一个版本的开发，同样地，测试工作也按照这里所描述的过程再次编写测试计划。

6.5 分析和测试软件需求

测试人员必须在需求阶段就加入到开发过程中，而不是等待设计人员、程序员完成了第一个可以运行的软件之后才加入，主要有下面几个原因：

（1）测试人员需要进行前期准备工作　如果测试人员不在此阶段加入，就无法在早期对需求进行了解。测试人员需要在了解需求的情况下编写测试计划、测试用例、准备测试环境。如果不在早期加入，测试人员可能根本就没有时间去完成这些准备工作。

（2）需求文档本身需要被测试　在软件需求分析阶段产生的各种需求文件，本身也需要被测试人员进行测试。

（3）估算工作量，估算项目成本，编写开发计划　在需求分析阶段，往往需要同步地进行项目工作量和开发成本的估算，并编写概要性的开发计划。如果在此阶段不考虑测试本身的工作量和成本、测试工作需要持续的时间，那么对于整个项目的工作量、成本和时间的估算就会产生很大的偏差，最后往往会导致没有时间做测试、项目延期、开发成本超预算等问题。而要相对准确地估算项目测试工作量和测试成本，就需要对软件需求本身有很好的了解。

在需求分析过程中，测试人员已经开始了测试过程。在需求分析阶段，测试人员需要进行下面一些工作：

- 理解需求，参与审核需求文档。
- 理解项目的目标、限制，了解用户应用背景。
- 编写测试计划。
- 准备资源。

测试所涉及的资源包括了人员、资金、设备和工具软件。这项工作一般由该项目的测试主管或者测试部门主管来完成，在编写完测试计划后，要确保能够在需要的时候能够调配出人手来开展工作；如果测试人员对所测试的软件应用领域不熟悉，要进行相应的培训（如测试一个财务软件，如果测试人员完全没有财务知识，测试将很难深入）；在很多时候，需要购买设备来建立测试环境；如果使用自动化的测试工具，可能也需要进行购买。

需求测试是软件测试的一个重要部分。软件本身是由代码（可执行程序）、各种文档、数据组成的，因此，软件测试的对象也不应该仅仅局限在代码和可执行程序上，需求文档也是一个重要的被测试对象。

软件需求所应该具有的特征是软件需求测试的一个重要依据，另外，测试者对于相关应用领域的了解也是进行需求测试的一个重要基础。软件需求文档不是由软件测试人员来编写的，但在评审软件时，软件测试主管和部分测试工程师一般会加入到评审小组中，他们会在会议前阅读软件需求，并在评审会议上发表自己的意见。

软件测试人员的工作不应当仅仅限制在软件编码的过程中，或在编码完成后尽力寻找存在的错误，而应该努力及早发现软件错误出现的苗头，尽量预防缺陷的出现。

虽然并不是在所有的团队中都应该由测试人员承担"测试需求"和"测试设计"的工作，但是测试人员对这些工作起到的作用，是团队中的其他角色所无法替代的。

1. 需求测试内容

在需求分析阶段，测试的对象是主意，并不是代码。"测试人员"（评审人员）包括市场营销人员、产品经理、高级设计人员、测试组成员等。评审人员将从以下几个方面来评价需求文档：

- 需求文档是否符合公司的格式要求？
- 需求是否正确？
- 需求文档中所描述的内容是真实可靠的吗？在进行这部分工作时，不要迷信所谓的"都是用户提出的真实的需求"，因为我们必须考虑提出这些需求的人是否可以正确地描述自己的需求？需求测试人员是否真的可以正确地理解用户的需求？有没有一些被用户认为在业务处理上是理所当然、极其平常的事情，而没有作为需求提出来？有没有一些被用户认为他们过去使用的软件已经提供了相应的功能，所以认为我们也应当提供，而没有提出来的？在做这项工作的时候，往往需要有足够的应用领域知识。

- 这是"真正的"需求吗？描述的产品是否就是要开发的产品？
- 需求是否完备？第一个发布版本是否需要更多的功能？列出的需求是否能减去一部分？
- 需求是否兼容？因为需求有可能是矛盾的。
- 需求是否可实现？需求设想的硬件是否比实际运行得要快？它们要求的内存、输入/输出（I/O）设备是否太多，要求的输入或输出设备的分辨率是否过高？
- 需求是否合理？因为在开发进度、开发费用、产品性能、可靠性和内存使用之间存在着平衡关系。
- 需求是否可测？

对于软件测试人员来说，判断需求的可测试性是在这个过程中最重要的工作。

对于"可测试性"可以这样理解：对于一条软件需求或者一个需要实现的特性，必须存在一个可以明确预知的结果，并且可以通过设计一个可以重复的过程来对这个明确的结果进行验证。说得具体一点，就是要保证所有要实现的需求都是可以用某种方法来明确地判断是否符合需求文档中的描述。如果对于某条需求或某个特性，无法通过一个明确的方法来进行验证，或者无法预知它的结果，那么就意味着这条需求的描述存在缺陷，应该请需求编写者对需求文档进行修改或补充——如果作为测试人员对需求无法产生准确的理解，那么开发人员也同样无法对其产生准确的理解。对于一条确定的软件需求理解的二义性，是在不规范的开发过程中导致返工的一个主要原因。

如果测试人员面对的是不可测试的需求，那么后续的所有工作将无法进行。假如在需求文档中出现了这样一段话"要求打印文档的速度足够快"，那么这段话就是不可测试的需求。在这种情况下，需要测试人员提出质疑。如果把它改为"要求打印文档的速度为不慢于 5 张/min"，那么这段话就是可以被测试的。

2. 需求测试方法

需求测试是一种静态的测试。在这个阶段，软件设计还没有完成，显然没有一个可以在计算机上运行的软件供测试人员进行测试。下面介绍了三种常用的静态测试方法：

（1）复查（Review）　复查一般是让工作中合作者检查产品并提出意见。同级互查可以面对面进行，也可以通过 E-mail 实现，并没有统一标准。同级互查是发现文档缺陷的三种方法中能力最弱的。

（2）走查（Walkthrough）　相比较审查而言，走查较为宽松，事先不需要收集数据，也没有输出报告的要求。

（3）审查（Inspection）　审查是为发现缺陷而进行的。关键组件的审查通过会议进行，会前每个与会者都需要进行准备，会议必须按规定的程序进行，缺陷被记录并形成会议报告。审查被证明是非常有效的发现缺陷的方法。

上面提到的三种静态测试方法不仅在需求测试的过程中使用，实际上这些方法还被大量地应用在软件源代码检查中。

在测试中有一种特殊的情况应该考虑：需要测试的产品没有需求说明或需求说明不完善。应该说，这是目前较普遍的一个问题，最极端的情况是：测试工程师拿到一个装有程序的光盘要求对其测试，没有任何与之相关的文档。对于没有需求说明的软件产品，别无选择只能自己书写需求定义。写出的需求定义可能不太全面，但重要的是定义关键需求。没有关于产品的任何有意义的功能定义而想完成软件系统测试是不可能的，至少测试人员应该与开发人员和市场人员进行沟通，在时间允许的情况下尽量编写完善的需求定义文档。

好的需求能够在用户和软件开发人员之间建立一个沟通的桥梁。需求是从用户的角度对系统的能力进行描述，由需求产生设计，描述系统如何满足这些能力。一个成功的项目是满足需求的项目，好的需求是可验证的和无二义性的，即可以针对一个需求写一个或多个测试用例。

需求是评估最终产品的基础。测试根据需求确认软件以确保开发的产品符合要求。在项目早期阶段，评审需求检查其是否恰当地和正确地反映了用户的需要。如果需求比较少或没有需求说明，则给测试人员挖掘足够的信息产生测试用例带来了较大难度。

6.6　测试策略

在完成了分析和测试软件需求之后，就要着手制定策略。当测试组长开始做测试计划时，需要首先考虑以下问题：

（1）测试的范围　由于软件是无法被完全测试的，因此对于被测试软件，要判断哪些功能、特性需要被测试。

（2）测试的方法　对于不同的系统，需要采用不同的测试方法，另外，在有些时候，可能并不进行某些类型的测试。

（3）质量标准　在开发的每个阶段，都需要对该阶段完成的软件版本定义质量标准，不同阶段的版本的质量标准是不一样的。例如，给用户进行演示以获取更多反馈的版本，和最后递交给客户的版本，其质量要求肯定是不一样的。另外，测试本身也具有一个规范的流程和循序渐进的过程，只有完成了一个阶段的测试（如集成测试），才能开始下一个阶段的测试（系统测试），这样，就需要为每个阶段在什么情况下可以开始、什么情况下可以结束进行定义。

（4）自动化测试工具的选择　在进行一些项目的测试时，需要使用自动化测试工具。在制定测试策略时，需要判断是否使用自动化测试工具、使用什么自动化测试工具。

（5）测试软件的编写　测试软件包括几种类型：自动化测试软件、仿真软件和运行环境软件。在进行一些项目的测试时，需要组织编写这些软件

（6）与项目相关的一些特殊考虑　在很多项目中，会面临一些相关的特殊情况。例如，由于项目进度很紧张，导致需要程序员在白天工作，测试员在晚上工作。

在测试策略中，需要考虑、回答上面所提出的这些问题，然后编写相应的文档。

下面所列举的，就是在测试策略中所需要完成的主要步骤：

- 确定测试范围。
- 确定测试方法。
- 定义测试标准。
- 选择测试工具。

在定义测试策略时，一般按照上面的步骤进行定义，但在很多时候，这些步骤可能是并行进行的。例如，在考虑测试方法的时候，就考虑到部分测试可能需要自行编写测试软件来进行，此时这个软件的开发工作可能就会立即开始。

6.6.1　确定测试范围

在开始软件测试之前，需要通过分析产品的需求文档识别哪些功能需要被测试，当然，还有一些在需求文档之外的因素必须考虑，如产品的安装、升级测试、可用性测试、在客户环境中和其他设备的协同性测试。

之所以要确定软件的测试范围，最主要的原因是对于一个将被实际使用的软件来说，完全测试是不可能实现的（因此，只能说某个软件当前未被发现缺陷，或者发现的缺陷小于某个数值，而不能说某个软件没有缺陷）。下面来看一个简单的小软件：Windows XP 系统所带的计算器软件。如果要完全测试其中的两个整数相加的功能，那么需要进行怎样的测试呢？我们将不得不把所有可能的组合都进行一次测试，而这个组合有 $2 \times 10^{32} \times 2 \times 10^{32}$ 个。这是一个天文数字，由此可以判定进行这个完全测试是不可能的。而两个整数相加还只是计算器中一个小小的功能。简单的计算器软件尚且如此，在实际中使用的一些软件系统，要想对其进行完全测试，是根本不可能实现的。软件中总会包含着很多的代码分支、大量不同的输入序列，其组合的数目将是巨大的，这就导致软件的不可完全测试。

还存在这样一些比较典型的情况，使得我们可以事先确定一个必需的测试范围而不是测试所有的内容：

（1）某些阶段的测试或者某些内容的测试可以简化　很多时候，是在前一个软件版本的基础上进行新版本的开发。在前一个版本中，有些软件模块已经被进行过多次单元测试，证明这个模块是足够坚固的，这时一般就不对这个模块进行单元测试。

上面是一个部分地省略单元测试的例子。但是不是可以完全地省略某个阶段的测试呢？一般是不可以的。

例如，对于 Windows 系统所带的计算器软件，性能测试可以很简单地进行。我们可以确定，如果不发生大的意外，任何计算功能都应该在人的反应速度可以接受的情况下完成。这个时候，只要简单地找一些数据，测试一下所有的计算功能就可以了。至于某个计算到底是在 0.01s 完成还是 0.1s 完成，恐怕没有哪个用户会去关心。

在第1章中介绍过验收测试。是否省略验收测试，这是用户选择的而不是项目组选择的，但我们期望用户还是能够好好做一下验收测试。如果用户不进行测试，直接接受所开发的软件，当软件中存在用户难以接受的错误时，就还需要进行修复，与其等用户在使用过程中发现了错误再找上门来，不如让用户在某个集中的时间进行测试。

（2）当对原有系统进行修改升级时，某些测试不需要　例如，为某个软件添加打印功能，这时文件打开和保存功能就不需要进行很多测试。

当然，在这种情况下，要慎重选择。有时候，程序员很自信地认为某个原有的功能绝对没有修改，绝对不会受到新加功能的影响，但事实上，可能会存在他们完全没有注意到的因素而导致原有的功能被破坏。

（3）某些测试根本不可能进行　例如，银行发行了新的取款机软件，根本不可能让所有信用卡的持有者在某个时间段去试用一下，而只能采取一些模拟的手段进行测试。

由于不可能测试所有的内容，因此决定要测试什么变得尤为重要。如果测试过度，意味着在测试覆盖中存在大量冗余，同时会花费大量时间，项目的进度存在风险，项目的整体费用也将无法承受；如果测试范围过小，存在遗漏 Bug 的风险。

定义测试范围是一个在测试时间、费用和质量风险之间寻找平衡的过程，期望花费更少的时间和费用，就必须承担更大的质量风险。找到两者之间的平衡，需要经验以及评价成功测试的标准。对于不同的软件系统，这个平衡点是不同的。

在定义测试范围时，可以结合实际需要被测试的软件，考虑下列一些因素：

（1）首先测试最高优先级的需求　假如需求说明文档中对需求的优先级做了定义，选择对用户最重要的需求，或者有可能是用户最关心的错误。如果进度和资源条件许可，可以测试所有的需求，但在时间或资源的限制下，在产品发布前，需要首先测试最高优先级的需求。

（2）测试新的功能和代码或者改进的旧功能　如果代码改动过就需要测试。对一个产品的初始版本，所有的内容都是新的，但对于产品的升级或维护版本，测试聚焦在新的代码上。然而，在软件产品中，改动过的代码可能影响那些没有变动的程序运行，因此程序改动后最好尽可能地进行回归测试来测试所有的程序功能。

（3）使用等价类划分来减小测试范围　例如，上面提到的计算器软件，可以认为2个3位的正数相加是一个等价类。

（4）重点测试经常出现问题的地方　在软件中，如果某个代码模块、功能模块出现过更多的问题，那么，它就有可能还有更多的问题。

为了有效缩小测试范围，可以建立一份提问单，基于这份提问单，可以找到最需要测试（或者最不需要测试）的内容。表6-1就是一份提问单的示例。

测试范围不能仅仅由测试人员来确定。需求分析人员，设计人员，程序员，市场、销售人员，公司工程管理人员，客户都有可能加入到这个过程中。但一般情况下，客户不会给出哪些内容需要测试，哪些内容不需要过多测试这样的建议。客户会给出这样的描述："这个功能我们要经常使用""这个功能太重要了，千万不要出问题"。这个时候，意味着客户给出了测试的重点。

表6-1　测试提问单

问　　题	回　　答
哪些功能是软件的特色？	
哪些功能是用户最常用的？	
如果系统可以分块销售，那么哪些功能块在销售时价钱最昂贵？	
哪些功能出错将导致用户不满或索赔？	
哪些程序是最复杂、最容易出错的？	
哪些程序是相对独立，应当提前测试的？	
哪些程序最容易扩散错误？	
哪些程序是全系统的性能瓶颈所在？	
哪些程序是开发者最没有信心的？	

在测试的实施过程中，测试范围也不是一成不变的。例如，客户突然要求提前获得并使用产品，这个时候就必须要调整测试范围。在这种情况下，有时会请求客户放弃一部分功能，有时则会请求客户降低部分非关键功能的质量要求。

6.6.2 选择测试方法

在这个步骤，需要概要描述每个开发阶段相关的测试方法，并提供与测试团队相关的所有产品的描述。

在本书的第5章介绍了一系列的系统测试技术，但在每个项目中，是否都会使用到这些技术？不一定。在实际的项目中，要根据项目开发的生命期模型、项目需求等内容来选择测试方法。

在不同的开发阶段，需要选择不同的测试方法。以瀑布式生命周期模型为例，下面就是在不同的阶段可以选择的不同的测试方法。

（1）需求分析阶段 在需求分析阶段，被测试的对象主要是需求文档，这时是以静态的方式进行测试。前面介绍的一些静态测试方法可以在这个阶段使用。

（2）概要设计与详细设计阶段 在本阶段，需要完成结构设计和详细设计文档，与需求分析阶段类似，也是用静态的方式进行测试。不过，在实际的软件开发中，测试人员往往不对概要设计和详细设计进行测试。

（3）编码和单元测试阶段 在编码阶段，往往是采用一些诸如代码走查这样的静态测试方式，或利用 Junit 等单元测试工具进行动态白盒测试。

一般情况下，代码和单元测试都是由程序员来完成的。

（4）集成测试阶段 本阶段，主要采用一些动态的测试技术。

（5）系统测试阶段 本阶段和集成测试阶段类似，也是采用一些动态测试技术和黑盒测试方法。但在本阶段，重点会放在压力测试、负载测试、安全测试、升级测试、可用性测试等方面。

（6）验收测试阶段 用户一般需要加入本阶段的过程（有时完全由用户来进行测试）。该阶段的测试，完全采用动态测试和黑盒测试技术。

在哪个阶段选择哪种测试方法，并没有一定之规，需要测试人员根据项目实际情况来进行判断。在选择测试方法时，参加到这项工作的测试人员需要：具有各种测试方法的知识；了解软件需求；了解该软件所需要达到的质量标准。

6.6.3 测试标准

在选择好测试方法之后，就需要确定测试标准。软件测试是按照事先被定义的流程来进行的，在这个流程中有着一系列的步骤，那么，在什么情况下，可以从流程中的一个步骤进入到下一个步骤呢？需要判断哪些内容、如何判断、依据什么来判断是否可以进入下一个环节呢？测试标准就是一种重要的判断依据。定义测试标准的目的是设置测试中需要遵循的规则，测试标准实际上也是软件的质量标准之一。

在测试计划阶段就需要制定测试标准。如果在开始进行测试工作前不确定测试标准，一旦已经开始执行测试计划再宣布标准就已经太迟了。例如，如果要求开发人员在递交测试人员进行集成测试和系统测试前，必须完成单元测试，并且经过单元测试后的软件必须达到一定的质量标准，那就必须在做测试计划时就明确这一点。

一般来说，在测试计划阶段，需要制定测试入口标准、测试暂停与继续标准、测试出口标准。

（1）测试的入口标准 在什么情况下可以开始某个阶段的测试？例如进行集成测试，需要什么样的前提条件？很显然，如果上午程序刚刚被编写完成，还没有进行单元测试，下午就去做集成测试是不现实的，这样只会无端消耗测试人员的工作时间。

在什么情况下可以结束某个阶段的测试？例如，什么时候可以结束单元测试开始集成测试？这个时候，需要制定测试的入口标准。所谓测试的入口标准，指的是在开始某个阶段测试之前，需要完成的工作。这些工作包含需要准备的文档和软件需要达到的质量。

不同的公司、不同的项目、不同的测试阶段所需要的入口标准是有所差异的，需要测试人员根据实际情况，会同项目组其他成员制定入口标准。

以系统测试阶段为例，一般来说，在开始系统测试之前，需要完成的工作包括：完整的软件包（当进行产品开发时，这个软件包是指软件安装光盘和相应的手册）；系统测试计划和所使用的测试案例；测试数据；所需要的测试环境；软件已经通过了集成测试。在实际项目中，会根据这里所提的要点进行更加细致的定义，这些定义就形成了系统测试的入口标准。

（2）测试暂停与继续标准 测试工作有可能因为某些意外的因素而暂时停止。所谓测试暂停标准，就是定义在什么情况下，测试工作需要暂时停止。一般情况下，往往是质量问题导致测试暂停。例如，在进行集成测试时，可以建立这样的标准：当测试人员在第一个测试工作日发现的缺陷数量大于 50 个时，集成测试工作暂停，由开发人员重新进行单元测试。另外，还有其他原因会导致测试工作暂停。例如，测试环境未能准备好；测试工具未能准备好或者未能完成人员培训；在某段时间内发现的缺陷数量过少（当缺陷过多时，说明了编码中存在太多质量问题。但如果某个时间段内发现的缺陷数量过少，这时也需要暂停测试工作，寻找其中的原因。有时是因为测试用例不完善而导致不能发现软件错误，有时是因为测试人员不熟悉被测试软件中所涉及的行业问题，所以不能发现更多软件错误。当然，也有时是因为代码质量确实很高）。

测试的继续标准和测试暂停标准是对应的。在测试暂停标准中，列出了在什么情况下，测试将会暂停，而测试继续标准说明的是，当问题被解决，而且能够有方法确认被解决了之后，测试可以继续进行。

（3）测试出口标准 在什么情况下可以完成某个阶段的测试呢？所谓测试的出口标准，就是定义在什么情况下可以结束某个阶段的测试。与测试的入口标准类似，不同的公司、不同的项目、不同的测试阶段所需要的出口标准也是有所差异的。

以系统测试阶段为例，在定义其测试入口标准时，要求有系统测试计划和所使用的测试案例。而在测试出口标准中，就会要求所有的测试案例都已经被执行，并且未能通过的测试案例小于某个数值（或者说遗留的缺陷数目小于某个数值）。这就是系统测试出口标准的一个内容。

需要注意的是，一个阶段的出口标准和下个阶段的入口标准是不一样的。要想进行下个阶段的测试，首先要达到上个阶段的测试出口标准，但这还不够，还要为下个阶段的测试准备额外的内容。例如，在进行系统测试时，并不是说完成了集成测试就可以做系统测试了，除了完成集成测试外，至少还要准备、审查系统测试的测试计划、测试案例，然后才可以启动系统测试。

人们都希望开发和使用零缺陷（Bug Free）的软件，但很不幸，现在还不存在这样的软件。只要测试永远进行下去，就会不断地发现问题。而很显然，测试不可能永远地进行下去。当达到一定质量标准时，就可以通过该阶段的测试。

那么，某个阶段的测试什么时候可以结束？

以下是3种比较实用的规则，可以结合使用：

（1）基于测试用例的规则

1）先构造测试用例（并请有关人员进行评审）。

2）在测试过程中，当测试用例的不通过率达到20%时，则拒绝继续测试，待开发人员修正软件后再进行测试。

3）当功能性测试用例通过率达到100%，非功能性测试用例通过率达到90%时，允许正常结束测试。

该规则的优点是适用于所有的测试阶段，缺点是太依赖于测试用例。如果测试用例非常糟糕，那么该规则就失效了。

（2）基于"测试期缺陷密度"的规则　把测试一个CPU小时发现的缺陷数称为"测试期缺陷密度"。绘制"测试时间－缺陷数"的关系图，如果在相邻n个CPU小时内"测试期缺陷密度"全部低于某个值m时，则允许正常结束测试。例如，n大于10，m小于等于1。该规则比较适用于系统测试阶段。

（3）基于"运行期缺陷密度"的规则　把软件运行一个CPU小时发现的缺陷数称为"运行期缺陷密度"。绘制"运行时间－缺陷数"的关系图，如果在相邻n个CPU小时内"运行期缺陷密度"全部低于某个值m时，则允许正常结束测试。例如，n大于100，m小于等于1。该规则比较适用于验收测试阶段，即客户试运行软件期间。

一般情况下，系统测试是最后一个测试环节。那么系统测试的出口标准是不是就是软件的发布标准呢？一般不是这样的。在实际的项目开发中，除了完成系统测试外，还需要有一系列的工作才会进行软件发布。而且，软件发布是由项目经理或公司更高层经理来决定的。软件达到系统测试出口标准，是其中的一个参考因素。

另外，有很多软件在发布的时候，存在已知的软件错误。

一般来说，软件产品都有其发布质量标准，而这个质量标准往往不是"无错误"（Bug Free），而是进行诸如这样的规定：严重Bug不允许存在；次要Bug数量小于5个。在为客户开发应用系统时，在开发合约中，也往往对递交时的缺陷数量进行约束。例如，在笔者就职过的公司中，曾经有开发合约这样描述向用户最终递交软件时的质量标准：灾难级Bug＝0；严重级Bug＝0；重要级Bug＝0；一般级Bug＜6；次要级Bug＜15。

6.6.4　自动化测试工具的选择

使用自动化测试工具在很多时候能够大大提高工作效率。而且有些时候，单纯依靠手工测试几乎不能完成测试工作（例如，进行一个电子商务网站的性能测试）。

在制定测试计划时，需要确定：在本项目的测试过程中，是否使用自动化测试工具；如果使用，在什么阶段，使用哪种测试工具。

使用测试工具可以带来下面一些主要的好处：

（1）能够很好地进行性能测试和压力测试　在对很多软件进行性能测试和压力测试的时候，手工测试往往无法完成任务。

（2）能够改进回归测试　当测试人员测试完某个版本，将测试报告（包含了所发现的软件错误）发送给程序员后，程序员将修复所发现的软件错误。在修复了这些软件错误之后，程序员将完成一个新的软件版本递交测试人员再次进行测试。当测试人员再次进行测试时，要首先执行相应的测试用例，验证以前所发现的缺陷是否被修复。但其他测试用例是否就不需要被运行了呢？很多时候是需要的。这个时候，测试人员所执行的工作就是做回归测试。之所以要这样做，主要是因为：程序员在修复以往被发现的缺陷时，有可能"制造"了新的缺陷。

回归测试是需要耗费大量时间的。因此，很多时候，测试人员并不能针对程序员提交的每个新的版本都进行回归测试。但在自动化测试工具的帮助下，可以更加迅速地执行测试用例，从而更多地执行回归测试。

（3）能够缩短测试周期　自动化测试工具执行一个测试用例，其速度比人工执行显然要快很多，这样可以减少测试所需要的时间。当然，编写能够被自动化测试工具识别的测试用例、测试脚本，本身也是需要时间的。

（4）能够提高测试工作的可重复性　测试工作本身也可能会发生错误，测试人员在进行人工测试时，无法保证每次都使用同样的方式、同样的步骤来操作。但自动化测试工具能够保证在每次测试的时候都是完全按照同样的方式来进行的。

但在面对自动化测试时，很多测试人员（特别是一些初学者）往往会进入一个误区，认为自动化测试是无所不能的，因而在测试计划阶段，会把过多的精力投入到自动化测试工具的学习、选择上，而最终往往导致没有选择到合适的测试工具。过多地依赖测试工具，使得前面所提到的使用测试工具的好处不能发挥出来，反而影响了测试工作的进程和测试质量。在考虑自动化测试工具时，需要注意到下面一些因素：

- 并不是所有的测试工作都可以由测试工具来完成。
- 并不是一个自动化工具就可以完成所有的测试。
- 使用自动化工具本身也是需要时间的，这个时间有可能超过手工测试的时间。
- 如果测试人员并不熟悉测试工具的使用，有可能不能发现更多的软件错误，从而影响测试工作质量。
- 自动化测试工具并不能对一个软件进行完全的测试。
- 购买自动化测试工具，有可能使本项目的测试费用超出预算。

6.6.5　测试软件的编写

在有些情况下，完全的人工测试并不可行，而此时要么没有合适的自动化测试工具，要么没有经费预算去购买测试工具，从而需要编写相应的测试软件。

另外，有时所开发的软件可能只是一个组件、软件模块，这时就需要编写一个使用该组件、模块的软件来对其进行测试。

一个组件、软件模块作为一个独立的软件产品和软件开发项目的例子很多。

有很多个人、开发组为 FireFox 浏览器开发插件，这些插件就是一个独立的软件产品，而这些插件就需要放到 FireFox 中进行测试。

例如某个表格控件，对其进行测试就会变得困难一些。首先要用不同的语言编写测试软件，如 VB、C++语言（还要测试 VC++、C++ Builder），然后还要假设用户的编码流程和习惯，再在这个基础上编写测试该控件的软件。

如果涉及软件中某个部分需要自行编写测试软件来完成测试，就需要在测试计划阶段对此进行规划。有时这样的软件的编写，可以作为另外一个小的项目来管理。

测试软件有时由程序员来编写完成，有时也可以由测试人员来编写完成这个软件。这需要根据公司人员技术能力状况、人力资源安排状况来做出决定。

6.6.6 合理减少测试工作量

从理论上来说，测试可以无限制地进行下去，而这就意味着无限制地花费项目费用。没有哪个商业公司愿意做这样的决定，因此，作为测试人员，要特别关注如何合理地减少测试工作量。在前面介绍如何确定测试范围时，已经介绍了一些缩小测试范围、减少测试工作量的方法。

航空航天、武器、金融等领域的软件系统，要么性命攸关，要么涉及重大财产。这类软件系统的质量重于"泰山"，因此对测试要求非常严格。有时对测试的投入远远高于对设计和编码的投入。之所以这样做，一是值得，二是花费得起（有足够的经费和时间）。可是这样的系统毕竟是少数。

对于一般性的软件系统而言，开发商对测试的投入是有限度的。如果测试的代价过高，导致产品的利润低微甚至赔本，开发商绝对不会干这样"吃力不讨好"的事情。所以，降低软件测试的代价是企业普遍关注的问题。

降低软件测试代价有两种基本方法：

（1）减少冗余和无价值测试 这种方法精炼了测试工作，并不会危害软件的质量。如何减少冗余的测试呢？有这样两个原则可以参考：

■白盒测试与黑盒测试的方式虽然不同，但往往有"异曲同工"之妙。在很多地方，白盒测试与黑盒测试会产生一模一样的效果（或者能推理出来），这样的测试是冗余的。一般来说，白盒测试要编写测试驱动程序、逐步跟踪源程序，比黑盒测试麻烦。如果能减少白盒测试之中的冗余，就可以降低不少代价。所以在执行白盒测试时，应当将精力集中在黑盒测试无能为力的方面，如内存泄漏、误差累积、数据溢出等。

■在集成测试、系统测试阶段，可能要执行多次"回归测试"。每一次"回归测试"都会存在不少的冗余，应当设法剔除不必要的重复测试工作。

（2）减少测试阶段 例如，不进行单元测试和集成测试，只简单地做一次系统测试。显然这种方法将危害软件的质量，导致维护的代价增加。表面上看起来测试的代价明显降低了，实质上代价没有降低而是转移了。

上述第（1）种方法是我们所追求的，第（2）种方法只能在万般无奈的情况下采用。

6.7 测试环境

从软件的编码、测试到用户实际使用，存在着三种环境：开发环境、测试环境和用户环境。开发环境是供程序员进行代码开发时使用的环境，和用户实际使用的环境往往有所差别；测试环境是测试人员为进行软件测试而搭建的环境，一般情况下，包括了多种典型的用户环境；用户环境是用户实际使用软件时的环境，当一个软件给不同的用户使用时，他们可能在不同的环境下使用这个软件。在很多情况下，这三个环境并不相同，但一个规划良好的测试环境，总是很接近于用户环境。

这里所说的"环境"，指的是被测试软件所运行的软件环境和硬件环境。一般来说，除了被测试软件本身外，还包括产品运行的操作系统（如 Windows、Linux），其他支持软件（如 Java 虚拟机、数据库软件、中间件软件），计算机平台（如 PC、小型机），系统数据，外部设备（如打印机），专用的硬件设备（如工业控制软件所涉及的一系列输入、输出设备）。

在开始进行测试前，要建立测试环境，而在很多时间，建立测试环境并不是一件容易的事情，需要花费人力、时间和经费才能建立起来能够满足测试要求的环境。因此，在测试计划阶段，就需要对建立什么样的测试环境进行规划。

建立测试环境是实施测试过程一个比较重要、有一定复杂度的工作。在实际的软件测试过程中，常常会发生在公司的测试环境中发现不了软件错误，到用户手里却发现了缺陷以及用户反映了软件错误，而在公司的测试环境中却无法重现的问题。理想的测试环境是和用户环境完全一样的，但实际上，由于不同的用户往往使用不同的环境，用户环境的数量可能相当大，因此这个理想的测试环境并不能实现。因此，要分析在用户环境中哪些配置可能对软件有影响，并在这个分析的基础上建立测试环境。

6.7.1　测试环境的环境项

如果是在自己家里的计算机上写一个仅仅给自己使用一次的软件，那么建立测试环境是一件很容易的事情。这个时候，其实根本不需要专门去建立任何测试环境，我们所使用的开发环境、测试环境、软件的运行环境完全是一样的。但在测试一个商业应用软件的时候，必须投入人力、时间和费用去规划和建立测试环境。

建立测试环境，需要对软件的需求（包括功能需求和非功能需求）、用户的使用环境有很深入的了解。在建立测试环境时，需要考虑的因素包括：计算机平台、操作系统、浏览器、软件支持平台、外部设备、网络环境和数据环境，有时要考虑其他的专用设备和特殊环境。这些因素，我们称为测试环境的配置项。下面列出了在建立测试环境时需要考虑的一些因素。

（1）计算机平台　在 PC 上运行的软件，需要考虑的因素有：中央处理器（CPU）速度、内存容量、硬盘、显示卡和显示器的显示能力及多媒体能力。

一般在软件需求中，都会列出对于计算机系统的最低配置需求。例如，要求中央处理器（CPU）为 1GHz 或以上，要求至少有 1GB 内存。软件的最低配置需求情况需要被测试，如果软件在最低配置情况下能够正常工作，一般可以肯定在高配置的情况下能够更好地工作。但当软件运行在最低配置的环境下时，软件性能一般都不会太好。同时，实际上更多的用户不是在最低配置环境下工作，因此，更多的测试也应该是在最通常的配置情况下进行。例如，某软件要求最低配置 1GHz 以上中央处理器、1GB 内存，那么在测试的时候，需要验证在 1GHz 中央处理器、1GB 内存情况下是否可以正常工作，但由于使用 1GHz 中央处理器的用户并不是多数，所以更多的测试可以在 Intel i7 3.4GHz 下进行。

在搭建测试环境时，一般要考虑三种情况：最低配置、常见配置和理想配置。常见配置是测试的重点，最低配置是必须测试的，理想配置情况一般不进行太多的测试。

（2）操作系统　如果软件是在 Windows 平台下运行，需要声明支持的操作系统，如要求 Windows 7 或以上。而 Windows 平台本身是有多个版本的，如 Windows 8、Windows 10、

Windows Server 2012、Windows Server 2019 等。在今后还会有更多的 Windows 版本，而每个版本都包括了几个系列，如 Windows 10 就包括了家庭版、专业版、企业版和移动版。另外，每个版本还包括不同的语言，如果是在国内发行的软件，就要考虑英文版本和中文版本；如果是在其他国家发行的，还要有当地语言版本。

在某个版本中等级低的系列上能够通过测试的软件，一般能够通过高级别系列的测试。例如，能够通过 Windows 10 专业版测试的软件，在 Windows 10 企业版上一般会工作正常。但能够通过 Windows 7 下测试的软件，并不能够确保在 Windows 10 下正常工作。在进行环境配置时，需要测试人员对于不同版本的 Windows 之间的差异有较多的了解。

如果软件是在 Linux 平台上运行，情况要显得复杂一些。Linux 本身的版本数量要比 Windows 多，另外也有多家公司提供 Linux 的不同版本，如比较常见的有 Red Hat Linux、Linux mandrake、SuSE Linux 等。每家公司又同时提供不同的版本和同一版本的不同系列。这些不同的 Linux 都是基于某个核心版本开发出来的，目前不同公司之间的 Linux 的兼容性还不错，所以在测试的时候，首要关注的是软件所要求的 Linux 核心版本，然后选择几种主要的 Linux 版本进行测试。

在 UNIX 平台上运行的软件，一般是比较大型的企业级应用，这些应用事先都指定了特定的 UNIX 版本，而且 UNIX 版本之间的兼容性并不好。在测试这些应用时，不需要考虑操作系统的配置问题。例如，某软件要求在 Solaris 11 下运行，这时测试人员只要考虑在 Solaris 8 下的测试，根本不需要考虑其他版本的 UNIX。

另外，还有运行在 Mac OS 上的软件、运行在嵌入式平台上的软件。在建立测试环境的时候，首先要了解该软件对操作系统的最低版本要求，然后建立多个操作系统版本的测试环境。

（3）浏览器　如果是基于 Web 的应用系统，就需要对各种流行的浏览器环境进行测试。在 Windows 环境下，到本书成稿时，有两种浏览器环境必须要被测试：Google Chrome 和 FireFox。在以往进行测试时，IE 是必须要被测试的，但由于现在其市场占有率明显下降，所以很多公司在测试 Web 应用时，已经放弃了对 IE 环境的测试，改为使用 Microsoft Edge。

在 Linux 环境下，需要测试 Opera、Konqueror、Mozilla 等浏览器。

在未来是否有其他的浏览器环境需要测试呢？这需要读者去关注，作为优秀的测试人员，在某段时间哪些浏览器拥有最多的用户，是必须要了解的信息。

另外需要注意的是，如果是基于 Web 的应用系统，一般不限制客户端的操作系统。例如某个电子商务网站，用户可以在 Windows 系统下用 FireFox 浏览器访问，也可以在 Linux 下用 Opera 浏览器访问。

（4）软件支持平台　在一个软件系统发布的时候，往往需要第三方软件的支持。例如，Java 应用程序就需要 Java 虚拟机的支持，而在 Windows 平台下，Microsoft 和 Sun 都发布了 Java 虚拟机，二者并不完全兼容。再如，很多企业应用软件需要数据库软件的支持。

典型的支持平台包括：Java 虚拟机、数据库、应用服务器、第三方控件和浏览器插件。

在测试 Java 虚拟机环境时，需要对 Oracle 和 Microsoft 的 Java 虚拟机都进行测试。另外，还要考虑虚拟机的各个版本。

数据库环境的建立相对比较容易。当使用数据库时，多数应用系统都是建立在特定数据库的特定版本上的。这个时候，只要安装该软件需要的数据库系统就可以了。

应用服务器环境主要是针对基于 Web 的应用系统的服务器端的。系统开发过程中，一般也是基于某个特定的应用服务器来进行的，如基于 Web Logic 或者 WebSphere。

至于第三方控件和浏览器插件，只要按照软件的设计要求进行安装就可以了。但有一点需要特别注意：一定要测试如果没有安装软件所需要的第三方控件和浏览器插件，软件运行后将会有什么表现。如果被测试软件不给出任何提示而拒绝"工作"，则是一种很糟糕的情况。以浏览器插件为例，如果软件运行时需要第三方的浏览器插件，当用户环境、测试环境中并没有安装这个插件时，软件应该给用户以提示，并尽可能给出下载该插件的链接。否则，很多普通用户将不知所措。

有时候，程序员会遗漏所开发的软件需要的第三方支持。在这种情况下，测试人员在搭建测试环境时，需要从一个"干净"的系统开始（指仅仅安装了指定的操作系统、设备驱动程序），然后安装软件指定的第三方软件。有时会有这样的例子，程序员递交给测试人员的软件，在测试环境中根本无法运行，而在开发环境中可以很好地运行。这往往是程序员"恰好"安装了某个第三方软件的缘故。在开发基于 Windows 的桌面应用系统时，这种例子很常见，常常有程序员以为系统中存在某个动态链接库，而事实上，这个动态链接库要通过安装某个第三方软件或者安装 Windows 的升级包之后才能得到。

在软件支持平台方面，还有一个要注意的问题：用户环境中存在某个软件，与待测试软件不兼容，或者该软件的某些设置与被测试软件不兼容。例如，某公司开发过一个文件管理软件，其中一项功能是文件保护功能（被设置为保护的文件，当该文件被改写时，会自动保存该文件的旧版本或者拒绝写入），测试人员在测试时，发现这个功能和 Norton Anti-Virus 2004 不兼容，而 Norton Anti-Virus 是市场占有率很高的一款反病毒软件，程序员费了很大力气才找到原因并修复。

待测试软件与某个少见的第三方软件不兼容，看上去问题并不大，但如果是和市场占有率很高的软件不兼容，这种情况就比较糟糕了。而发现待测软件和哪些软件不兼容，是一件比较困难的事情，在这种情况下，只能安装一些常用的软件进行测试。

（5）外部设备　不同的软件系统将需要不同的外部设备支持，键盘、鼠标、显示器是基本的外部设备。另外还有一些常用的外部设备，如打印机、扫描仪、刻录机、数码相机、数字摄像机等。

当软件系统支持某个外部设备时，就需要测试人员在尽可能多的设备型号上进行测试。

以打印机为例，查找由 Microsoft 提供的硬件兼容列表（HCL），可以发现一个长长的名单，这里面列出了已经通过测试，在某个 Windows 版本下能够正常工作的打印机列表。

在某家开发图像处理软件的公司，该公司的多数产品均具有图像打印功能，进入该公司的测试实验室，可以看到数十台各种各样的喷墨、激光甚至针式打印机，当某个新的软件发布前，该软件将在所有这些打印机上被测试。

有一款使用简便的数码照片处理软件，在该公司提供的各个版本所更新的内容上，有这样的文字。

版本 3.1 主要更新：

......

纠正了在 Epson Color 680 等打印机上的打印错误

......

从这个例子，可以得到两个结论：①在版本 3.1 之前，测试人员并没有在 Epson Color

680打印机上进行测试，而不幸的是，该软件在这款打印机上并不能很好地打印；②测试团队在版本3.1的测试环境中包括了这款打印机，然后很幸运地发现了这个软件错误。

有些软件系统所依赖的外部设备只有指定的几种，如在各个储蓄所使用的打印机，就不会有五花八门的型号。但更多的时候，是用户选择使用什么样的外部设备。例如，上面提到的这个软件的例子，软件供应商不能要求用户只能在什么打印机上使用，而程序员看上去也没有事先想到在Epson Color 680上会遇到麻烦。

在多种外部设备上进行测试，所消耗的时间和费用是很大的。一般来说，在组建测试环境的时候，选择该设备的几款主流型号进行测试，就可以覆盖大多数用户的使用环境。

（6）网络环境　在网络环境方面，需要考虑的有：网络访问方式（如通过局域网连接、通过代理服务器连接）、网络速度、防火墙等。另外，还要考虑不稳定的网络连接情况，如网络时常中断。

（7）其他专用设备　例如，IBM ViaVoice是一款语音识别软件，在测试这款软件时，就需要考虑使用环境的因素，在环境噪声比较大的时候与在安静的环境中，软件的表现肯定会不一样，这就使得测试者需要构造存在环境噪声的测试环境。

建立软件测试环境并非简单的事情，甚至一些手工测试都要求与应用程序具有特殊的通信接口。驱动程序就是将测试人员的输入发送给被测应用程序的一种特殊实用程序，然后由这个驱动程序或另一个实用程序捕获输出结果。自动测试要求测试人员将测试用例编写为机器可识别的形式，这种形式称为脚本。自动测试环境向被测应用程序发送脚本，然后捕获和评估输出结果。

建立测试环境要考虑的其他因素还有第三方实用程序，是指由被测软件使用但又不打包或安装在应用程序中的商业软件。

下面是在建立测试环境时需要考虑的基本内容：

- 设备环境。
- 软件环境。
- 数据环境。

除了上面列出的这些内容外，在一些软件的测试中，还有很多环境因素是需要考虑的。

在建立测试环境的时候，有很多技巧性的因素。例如，某项目组开发过一个设备驱动程序，在开发的早期，程序中的问题比较多，而设备驱动程序出现问题后，往往导致系统死机，结果测试人员每天都在不停地重新启动机器，测试效率很低。后来，在测试组的PC上都安装了虚拟机软件，在系统死机时，"死"掉的只是一个虚拟机，这个时候只要简单地关闭这个虚拟机，重新再打开一个虚拟机就可以了。

被测试的软件系统往往需要在多种配置的环境中运行。

在考虑测试环境的配置时，需要重点考虑用户的实际使用环境。有时候，我们并不能完全确定用户的实际使用环境，用户的实际使用环境要依赖于一系列的假设。

在建立测试环境的时候，可能会遇到要建立大量的硬件环境、无法接触真实系统、无法得到真实系统数据、无法建立软件运行的网络等外部环境等问题。

6.7.2　如何配置测试环境

在配置测试环境方面，同样面临着在测试范围中的平衡问题。测试过的配置环境越多，所花费的时间和费用越高，但面临的未来的质量风险也越小。但过于复杂的测试环境，也会导致测试周期过长、测试成本过高，在项目开发中也是难以接受的。

假如某个软件需要测试两种浏览器（Chrome 和 FireFox）、四种操作系统（Windows 7、Windows 10、Windows Server 2008 和 Windows Server 2012）、三种 CPU（Intel Pentium G2120 3.1GHz、Intel i5 11400 2.6GHz 和 ADM R7 – 5800X 3.8GHz）、两种内存配置（1GB 和 16GB）、两种网络连接方式（宽带接入和无线接入）。在测试这个软件的时候，还需要测试其他的配置。即使只考虑前面所提到的五种环境项，那么可能的组合数目是 $2 \times 4 \times 3 \times 2 \times 2 = 96$，那么是不是要搭建这样 96 种测试环境，并在每种测试环境下面进行所有的测试呢？很显然，这是做不到的。而且，这样做也没有必要。

在搭建测试环境的时候，要排列配置的优先级，然后决定哪些配置需要全面测试，哪些配置需要部分测试。哪些配置是优先需要被测试的呢？这基于下面一些因素来考虑：

（1）使用的频度或者范围 某些配置被使用的概率可能远远大于其他配置，在这种情况下，就可以增加这种配置环境的测试量。反过来，某些配置被使用的概率远远小于其他配置，那么就可以减少这种配置的测试量。例如，前面所描述的 Intel Pentium G2120 中央处理器的情况，就可以确信这种配置出现的概率很小，因此这种配置的优先级将比较低。

（2）失效的可能性 如果某种配置下很容易发现软件错误，那么就应该加强在这种配置下的测试。例如，如果被测试软件很容易在 AMD 公司的中央处理器下出现问题，那么就应该加强在这种环境下的测试。

在确定了配置的优先级后，在优先级较低的配置上，将只执行优先级较低的测试，甚至有些配置不需要测试。例如，在上面的例子中，考虑浏览器和网络方式的组合，理论上存在四种可能，但实际上测试人员可能决定只测试 Chrome + 宽带接入、FireFox + 无线接入。测试人员之所以这样做，是考虑到在测试速度不同的网络时，选择不同的浏览器几乎是等效的。在实际搭建测试环境的时候，可以按照这种思想，减少测试环境的数目。

（3）能最大限度地模拟真实环境 有些软件，特别是面向大众的商品化软件，在测试时常常需要考察在真实环境中的表现。例如，测试杀毒软件的扫描速度时，硬盘上布置的不同类型文件的比例要尽量接近真实环境，这样测试出来的数据才有实际意义。

6.8　测试管理

测试过程中所涉及的人、活动和工具都是很多的（特别是在大型软件的测试中），在制订测试计划时，要对这些因素加以管理。在测试管理阶段，需要考虑的主要问题包括：

- 选择缺陷管理工具和测试管理工具。
- 定义工作进度。
- 建立风险管理计划。

6.8.1　缺陷管理工具和测试管理工具

在测试过程中，需要不断地发现缺陷、报告缺陷、跟踪缺陷直到其被解决（或者标记为保留、忽略）。那么，需要用什么工具来报告和管理缺陷呢？最简单的方法，用 Microsoft Excel 文档，通过电子邮件传送。这是一种方法，但几乎不会被人使用。缺陷管理的过程，需要编码、测试人员的紧密配合，需要不停地交换、更新当前的工作状态，为了高效率地完成这些工作，一般需要有软件工具来进行辅助。目前，已经有很多的缺陷管理工具可供使用，另外，很多公司也开发了自己的缺陷管理工具。在测试计划阶段，需要确定用什么工具进行缺陷管理。

软件测试本身也是一个严谨、复杂的过程（项目规模越大，越是如此），测试过程包括一系列的工作步骤，对这些步骤需要进行良好的管理和组织。对于这个过程，可以依靠测试管理人员和一系列的文档来进行管理，也可以使用测试管理工具来进行辅助管理。正如目前可以找到许多项目管理软件一样，现在也有一系列测试过程管理工具。在测试计划阶段，同样需要明确采用哪种测试管理工具。

在执行测试的过程中，缺陷管理工具和测试管理工具并不是必需的。很少有公司不使用缺陷管理工具，但有很多公司在软件测试的过程中并不使用测试管理工具，而是根据公司预先定义的管理过程，由各个角色各司其职，确保其执行。使用这些工具是提高效率的有效方法。

6.8.2　定义工作进度

在制订测试计划时，一项很重要的任务是定义工作进度。工作进度也是所有工程计划中的重要组成部分。如果在一份计划中，只说做什么、由谁做，而不明确限定任务完成的时间，那么这份计划根本就是不可执行的。

为了定义测试工作进度，需要经历下面的过程：确认工作任务、估算工作量和编写进度计划，如图6-2所示。

在制订所有工程进度计划时，首先要确认工作任务以便做出一个符合实际的进度计划；接下去要估算工作量，在理解了任务之后，要

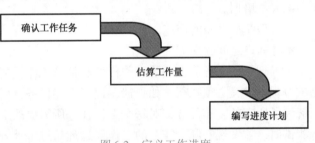

图6-2　定义工作进度

对任务进行分解，形成一系列的子任务，然后对每个子任务估算工作量，如果这种分解是准确、无遗漏的，那么就可以得到完成所有任务需要的工作量；在得到工作量之后，综合所需要的资源状态（如人员、设备、资金等），就可以编写进度计划了。

1. 确认工作任务

测试过程中的工作任务可以分为两类：一类是可以直接和需求文档对应起来的，如在需求文档中列出的某个软件功能，在测试过程中，就应该列出相应的测试任务（主要包括编写相应的测试用例、执行测试用例）；另一类和需求文档没有直接的关联，如编写测试计划、不同小组之间的交流。

在确认工作任务时，首先要对照需求文档，在需求文档中描述了软件的功能性需求和非功能性需求，对于这两类需求中的每一个条目，都应该有相应的测试工作与之对应起来。例如，需求文档中描述软件将具有打印某种文档的功能，那么测试文档是否可以被正确打印就应该列为一项测试任务。

在确认好测试任务之后，还应该排列这些任务的优先级。一般来说，在需求文档中描述了需求的优先级，测试任务的优先级可以与之对应起来。但在确定测试优先级的时候，还需要考虑其他一些因素：如果实现某个特性所使用的代码是在公司以往产品中多次使用的代

码，那么这个代码相对来说是比较坚固的，这个特性的测试优先级可以降低（尽管这个特性的需求优先级可能是高的）；如果在实现某个特性时，用到了程序员并不熟悉的技术，那么对应这个特性的测试优先级可能会被设置为高（尽管这个特性的需求优先级可能是低的，但由于使用了不熟悉的技术，这个特性中出现软件错误的概率将会大大增加）。

在列举测试工作任务时，除了列举类似于"编写文档打印功能测试用例""执行文档打印功能测试用例"这样一些可以和需求文档对应起来的工作任务之外，还有下面这些典型的与需求文档没有直接关联的任务：

- 执行测试时设置和配置系统。
- 开发和安装专用测试工具。
- 学习使用测试工具。
- 定制测试工具。
- 将测试用例编写为脚本或数据文件。
- 重新运行以前没通过的测试用例。
- 产生测试报告和测试总结文档。
- 编写测试计划。
- 编写质量报告、缺陷报告。
- 人员培训。
- 与程序员之间的交流。
- 与客户之间的交流。

上面列举的任务，在确认工作任务和估算工作量的过程中很容易被遗漏掉，而在实际的测试过程中，又必须执行。如果遗漏掉了上述任务，就很容易发现这样的情况：看上去已经了解到了所有的工作任务，对每个工作任务所需要的工作量的估算也比较准确，但在实际进行测试时，才发现实际所需要的工作量远远超过了计划的工作量。

在工作任务完成后，要进行审查和确认。可以根据所列出的测试任务，"静态地"把测试的全部过程走一遍，以判断有无遗漏。这里所说的"静态地"，包括了这样一些方式：测试人员在脑子里把全部过程想一遍；某位测试人员作为主讲者，向其他测试人员、项目组其他人员讲解全部过程。

无论是工作任务还是任务优先级，在实际执行测试的过程中，都是需要进行不断更新的。随着时间的推移和工作的深入，人们会发现当初遗漏了某些事情，也会发现某项任务将不再需要。另外，也需要根据项目进行的情况调整任务的优先级。

在做完一个测试项目之后，不要把关于工作任务的文档丢掉，然后在下个项目中，凭着自己的记忆和感觉，再从头开始写一份工作任务表。事实上，工作任务表中的很多条目都是可以被重用的。因此，需要保存好在每个项目中的文档，它们很多时候可以作为下一个项目工作的基础。

2. 估算工作量

如果某件事情需要一个人花一天时间完成，那么我们说这件事情的工作量是 1 人×日。在描述工作量时，还可以使用其他的单位：人×月、人×年。不同的项目中，需要根据其总的工作量范围使用不同的单位，而"人×月"被使用的频度最高。一般情况下，我们认为：

1 人×年 = 12 人×月；1 人×月 = 21 人×日；1 人×日 = 8 工作小时

另外，千万不要认为 1 人×日 = 24 工作小时，也不要认为 1 人×月 = 30 人×日（或者

31 人×日）。这将意味着测试人员需要不吃不喝不睡觉，也没有休假地工作。

如果我们不能够估算出测试工作量和所需要的时间，那么前面关于测试策略、测试环境等方面的工作有可能是白做的。测试人员有可能定义了在时间上根本不可能完成的测试范围，而如果进行了估算的话，就有可能发现这个问题，从而修正测试范围，使之可以在能被接受的时间和工作量情况下完成。这项任务同时也是困难的，同项目开发过程中其他的估算工作一样，我们在完成任务之前并不知道如何准确地进行测试评估。

对于工作量的估算一般来说，测试工作量的估算可以采用以下方法。

（1）建立详细的工作分解结构　在编写本书时，编者也需要估算编写本书的工作量。在编写时，编者先列出了每章的名称，想好了每章需要写的大致内容。光凭这些是否就可以估算出整个工作量了呢？显然不行。接下去，编者再编写更加详细的目录结构，在编写完成了三级目录之后，在每个目录中所需要写的内容、大概的字数就比较清楚了，在这种情况下，就可以估算出一个更加准确的编写时间。

这就是建立详细的工作分解结构的一个例子。在进行软件测试时，同样需要建立详细的工作分解结构，将任务进行细分为众多的子任务，直到可以比较有把握地确定每个子任务的工作量为止。例如，在测试过程中，需要频繁地与程序员交流。那么，在整个测试过程中，到底需要多少工作量花在这种交流上呢？这个时候，就需要列出更加细致的子任务。下面是子任务的几个例子：

- 与编码小组的每周例行质量会议，预计每周 2h。
- 向程序员现场演示发现软件错误的过程，预计每天 0.5h。
- 在收到新的版本后，听程序员描述新版本改动的内容和期望进行重点测试的地方，预计每周 1.5h。

上面所列出的工作，意味着每个测试人员每周需要与程序员进行 6h 的交流。如果测试工作预计持续 1 个月，有 3 名测试人员参与工作，那么就意味着每个测试人员需要在此任务中投入 24h 的工作量，以"人×日"来度量，那么该测试小组与程序员的交流的总工作量就是 9 人×日。

（2）分析以往项目，寻找历史数据　如果即将进行测试的软件和以往某个已经完成的软件类似，那么就可以使用以往的数据来估计工作量。在实际中，往往不能找到完全类似的例子，而是某些工作内容类似，在这种情况下，就只能使用以往对应于该工作内容的历史数据。下面是两个例子：

- 需要开发和测试类似的功能，其功能难度、复杂度、编码和设计的工作量与以往某个软件类似。在估算该功能测试所需要时间时，可以参考以往的数据。

- 人员结构类似，可以参考以往关于交流时间的数据。当使用这种方法时，要确定即将进行的工作真的与以往的某个例子类似。另外，要使用以往的真实工作时间统计数据，而不是以往的估算时间。如果在进行测试工作时，不去记录某项工作所花费的实际时间，那么这种方式就无法使用。

（3）使用评估模型　现在有一些评估模型可以预测工作量，这些评估模型通常是基于估计的代码行数、功能点数来进行的。评估模型的使用，是软件开发中一个比较深入的话题，这里就不进行详细的介绍。COCOMO 模型是一种比较常用的模型，有兴趣的读者可以查找相关资料进行了解。编者不建议初学者进行过多研究。在任何模型中，都会涉及一些调整因子，而这些调整因子的取值，是需要很多的经验积累的，缺少这些积累，运用评估模型所计算出来的数值是根本不可信的。

在估算工作量时，还要注意一些"返工"的问题。在进行测试工作时，除了编写测试用例和进行正常的测试工作之外，还经常会遇到一些需要多次测试的情形。开发人员需要更正问题发布新的软件版本，测试人员将重新执行未通过的测试以验证错误是否被修改。理想情况下，以前通过的测试也要重新执行，以确保修改后的软件不会影响以前的功能。而发布的新的版本越多，测试工作量也将越大。因此，在估算工作量时，要记住的是：某些工作任务有可能被重复做上多遍。

估算测试工作量是一个比较困难的问题。对于缺少经验的测试人员来说，几乎不可能作出相对准确的工作量估算（也正因为如此，在实际的工作中，估算测试工作量是由测试主管、有经验的测试工程师来完成的）。但对初入门的测试人员来说，不要对估算的问题漠不关心，至少可以看一下他人完成的估算文件，可以记录一下自己做某项工作实际所需要的时间。这些都是一种经验的积累，这些积累能够帮助自己快速成长为优秀的测试工程师。

另外，在估算工作量时，还会涉及不同人员的生产率问题。如果某项工作的工作量是1人×月，那么对于一个达到某种预先定义的技术能力来说，完成此项工作所需要的时间是1个月，但对于一个没有达到这种技术水平的人来说，完成此项有可能需要2个月甚至更多。

3. 编写进度计划

前面介绍了工作量估算问题，接下去要编写进度计划。

如果我们估算出来了测试工作量，比如是6人×月，那么是不是某个人在6个月中可以完成这项工作呢？不一定。因为尽管工作量是6人×月，但在工作过程中，有可能需要暂停等待其他人完成工作后才能继续。因此，工作量是6人×月，但工作的持续时间可能超过6个月。另外，假定不存在暂停等待的问题，1个人可以在6个月完成6人×月的工作，那么是不是可以由6个人在1个月内完成这些工作呢？一般来说是不行的，这样做，沟通代价将会增加，使得工作量可能变得不是6人×月，另外，有些工作的持续时间并不会因为人员的增加而缩短。例如进行一项性能测试，需要测试软件在72h中的性能数据，再多的人去做这项工作，这项工作还是要持续72h。

进度计划应该是怎样的形式呢？图6-3是一个示例性的进度计划（图中只是示意了几种测试任务，实际的进度计划中所要包括的任务，是远远超过这些的）。

ID	任务名称	开始时间	完成时间	持续时间	2020年05月 20	21	22	23	24	25	26	27	28	29	30	31	2020年06月 1	2	3	4	5
1	建立测试环境	2020/5/18	2020/5/19	2d																	
2	编写自动化测试脚本	2020/5/18	2020/5/21	4d																	
3	功能测试	2020/5/21	2020/6/3	10d																	
4	测试功能1	2020/5/21	2020/5/25	3d																	
5	测试功能2	2020/5/25	2020/6/3	8d																	
6	复查	2020/6/3	2020/6/4	2d																	
7	编写测试报告	2020/6/5	2020/6/5	1d																	

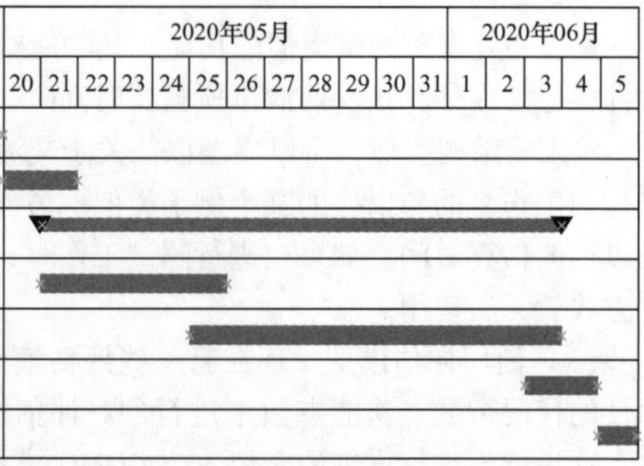

图 6-3　测试进度计划

在图 6-3 中，可以看到这样几个要素：任务编号（ID）、任务名称、开始时间、完成时间和持续时间。而最右侧的甘特图则是为了更加直观地表示。另外，读者还要注意到任务3、任务 4 和任务 5。任务 3 叫作"功能测试"，而任务 4、任务 5 则是任务 3 的子任务。

在编写进度计划时，需要考虑大量的人员、经费和设备信息。作为软件测试的初学者，更多的是执行进度计划，因此需要掌握的是对进度计划中几个要素的了解。

在进度计划中，还需要设置一些里程碑。里程碑代表了一些重要的事件和日期。例如，在上面的进度计划中，可以把"2020/6/3 功能测试完成"作为一个里程碑。

在项目测试结束时，评估实际与估算任务开销可以为以后的项目提供信息。只有通过几个项目收集这样的信息，才可能提供比较准确的进度，在以后的估算中做得更加准确。

在做测试计划时，还需要了解整个项目的开发计划和向客户的递交计划。这个原因也是很明显的。如果某个测试工作的计划开始时间和向客户递交软件是在同一天，那么这个测试计划肯定是有问题的。另外，在实际工作中，软件测试主管是需要参加整个开发计划的制订的。

有很多工具可以用来做项目计划。例如，图 6-3 是编者用 Microsoft Visio 完成的。还有一些其他的工具，如 Microsoft Project 等，都可以用于做项目计划。但读者要注意到，对于进度计划来说，用什么工具来做其实不是关键，关键的是：

- 所有任务都已经被列出。
- 计划中包含了任务编号、任务名称、开始时间、完成时间、持续时间等必备信息。
- 计划是可行的，资源要求能够被满足。
- 按照此计划开展实际工作。
- 如果有变化，该计划将被及时更新。

6.8.3　建立风险管理计划

在整个软件项目实施的过程中，要不断地预计风险、跟踪风险和规避风险，在测试过程中，也同样需要如此。在软件测试中所面临的风险，可能导致时间进度超出估计或导致测试费用超出估计，甚至可能导致整个项目的失败。下面列举了一些在测试工作中可能遇到的风险：

- 由于设计、编码出现了较大的质量问题，导致测试工作量、测试时间增加。
- 在开始测试时，所需要的硬件、软件没有准备好。例如，在测试环境中所需要的硬件设备、软件系统和自动化测试工具，可能会由于经费预算等原因，不能及时准备好。
- 未能完成对测试人员的技术培训。例如，在测试工作中选用了某个新的测试工具，但未能及时对测试人员进行工具使用的培训；测试工作涉及某个领域的专业知识，未能及时组织关于本专业知识的培训。
- 测试时的人力资源安排不足。例如一种很常见的情况：计划在某个测试阶段开始时，从另外一个项目的测试组抽调人手来加入本项目，可是由于另外一个项目出现了进度上的问题，所需要的人手不能被抽调出来，这使得本项目的测试工作无法按照计划进行下去。
- 在测试过程中，发生了大量的需求变更。
- 在测试过程中，项目的开发计划被大幅度调整。有时会出现这样的情况：用户需要提前获得软件，并愿意放弃其中的某些功能。对于设计、编码部门来说，如果是按照类似增量模型这样的方式来进行开发的话，一般来说是可以满足用户的要求的。但如果测试工作规划不够灵活，可能导致用户所需要的一些重要特性还没有能够被测试。

■ 不能及时准备好所需要的测试环境。某公司遇到过这样的例子：某个软件系统的集成测试需要在数台小型机上进行，由于该公司不可能为此购买小型机进行测试，所以集成测试和系统测试需要在用户购买了小型机后再进行。但用户的实际购买日期比原计划推迟了，这导致测试计划不得不进行大的调整（糟糕的是，用户不允许项目完工日期顺延）。

■ 不能及时准备好测试数据。

风险管理的过程，一般包含这样几个步骤：

■ 识别风险。在这个步骤中，需要列举在工作中可能遇到的风险。

■ 评估风险。针对所列举出来的风险，对其发生的可能性、产生的后果进行评估。

■ 制订对策。对于每个风险，制订对策使其发生概率减小。

■ 跟踪风险。不断跟踪风险状态和对策执行情况，更新风险管理计划。

在测试主管的每周项目进行状态报告中，一般需要描述风险的状态。在很多公司，都制定了项目风险管理规程，对管理过程进行了定义。

风险管理是项目管理中的典型话题，有兴趣的读者可以阅读一些项目管理书籍，以增加了解。而作为软件测试的初学者，需要了解的是：事情总是有可能遇到问题，事先要估计一下有可能遇到哪些问题，并考虑如何避免问题的发生。

6.9　编写和审核测试计划

由于测试的种类多、内容广、时间分散，并且不同的测试工作由不同的人员来执行，因此一般把单元测试、集成测试、系统测试和验收测试各阶段的"测试计划"分开写。

"测试计划"的撰写宜早不宜迟，只要信息足够就可以提前起草，不要拖到快要测试时才开始写。实际上，在进行有关测试策略、测试环境方面的工作时，就已经在编写测试计划文档了。等到所有这些工作完成之后，测试计划的初始版本就已经出来了，接下去所做的是审查、校对和补缺工作。表6-2列出了各种测试计划的制订者和递交时间。

表6-2　测试计划制订者和递交时间

类　　别	递　交　时　间	建议制订者
单元测试计划	在设计阶段就可以起草，最晚可在实现阶段之初递交	开发小组的技术负责人
集成测试计划	在设计阶段就可以起草，最晚可在实现阶段之初递交	开发小组的技术负责人
系统测试计划	在需求开发阶段就可以起草，最晚可在开发工作完成之际递交	独立测试小组的负责人

6.9.1　编写系统测试计划文档

测试计划是描述软件测试努力的目标、范围、方法和焦点的文档。完整的文档将有助于测试组之外的人理解为什么要进行软件正确性检测以及如何进行检测。测试计划应当足够完整，但也不需要太过详尽。下面是一些可能会包含在测试计划中的内容（在不同的项目中会有所不同）。

■ 标题。

■ 确定软件的版本号。

- 修订文档历史，包括作者、日期和批示。
- 目录表。
- 文档的目的和适合的读者群。
- 测试的目的。
- 软件产品概述。
- 相关文档列表，如需求、设计文档、其他测试计划等。
- 相关的标准或合法需求。
- 相关的命名规范和标识符规范。
- 整个软件项目组织和人员/联系信息/责任。
- 测试组织和人员/联系信息/责任。
- 假设和依赖关系。
- 项目风险信息。
- 测试优先级和焦点。
- 测试范围和限制。
- 测试提纲，就是对测试过程的一个分解，包括测试类型、特点、功能性、过程、系统、模块等。
- 测试环境设置和配置问题。
- 数据库设置需求。
- 概述系统日志/错误日志/其他性能，有助于描述问题的屏幕捕获工具等。
- 有助于测试者跟踪问题根源的具体软硬件工具的论述。
- 测试自动化的可能性和概述。
- 使用的测试工具，包括版本、补丁等。
- 使用的项目测试度量。
- 报告需求和测试可传递性。
- 软件入口和出口准则。
- 初始的理性测试阶段和标准。
- 测试终止和重新开始的标准。
- 人员安排。
- 测试地点。
- 用到的测试外的组织，他们的目的、责任、可传递性、联系人和协作问题。
- 相关的财产、分类、安全性和许可证问题。
- 附录，包括词汇表、缩略语等。

6.9.2　单元测试计划表格

在设计测试用例时可以参考表 6-3，拟定对每个类（或模块、包）的测试计划。表 6-3 是对每个类（或模块、包）作测试计划的表头，它指明本测试计划是针对哪个模块及相关文件的。表 6-4 是针对表 6-3 指定模块测试用例而对应的子表，每个测试用例可以拥有一个子表；单元测试结果子表留作执行测试用例时根据实际结果填写。

按子系统名．PackageName．JavaClassName 填写表 6-3。

表 6-3 单元测试计划

项 目	举 例
标识	格式： "子系统名 . jsp_filename（含目录中间用 \ 分开即可）" 或者 "子系统名 . PackageName. JavaClassName"
组件功能项	如：组件完成"新增帖子"的功能
针对概要/详细设计文件名	如：1.1 版本公告部分详细设计说明书
物理文件名	jsp_filename（含目录）； PackageName. JavaClassName

表 6-4（单元测试子项 001）为针对表 6-3"子系统名 . PackageName. JavaClassName"的子表，每个测试用例用一张子表。

表 6-4 单元测试计划子表

项 目	举 例
编号	.001 注："编号"部分要从 001 编号开始一直到 999，个人自行编号
程序设计人员	如：张三
测试人员	如：李四
测试目的	如：对错误逻辑输入检验
测试内容描述	如：对于 public int fun3（String p1，int p2）的输入检验，如果 p1 = = null，程序中检验到，应该记录到系统 logfile，return － 1
输入期望	P1 = = null
功能处理期望描述	Logfile 多一条历史记录，方法 return － 1
输出期望	Return － 1
单元测试结果	
实际输入数据	P1 = null
实际处理情况描述	程序没有进行 p1 = = null 的验证，没有及时 return － 1，而是运行到 p1. aaa（）方法时出现 null pointer 异常
实际输出	没有写 logfile 文件
测试结论	正常/异常

6.9.3 审核测试计划文档

"测试计划"撰写完毕后应当请有关人员（如项目经理）对其审批，表 6-5 为测试计划的审批表示例。

表 6-5 测试计划审批表

主要审查项	结 论
测试范围与目标明确吗？	
测试的方法合理吗？	

（续）

主要审查项	结　　论
测试环境具有代表性吗？	
测试工具有效吗？	
测试的开始与结束准则合理吗？	
应递交的文档充分吗？时间合理吗？	
人员组织合理吗？职责明确吗？	
任务分配合理吗？进度安排合理吗？	
审批意见： 签名： 日期：	

在不同公司，对于不同测试计划的审批者会有所差别。

小　　结

在一个测试团队中，测试组长在整个项目的测试过程中就像三军统帅一样，起到非常重要的作用，了解测试任务，构建测试团队，制订并实施合理的计划是测试项目顺利进行的有力保障。

本章介绍了作为测试组长如何制订有效的测试计划。在制订测试计划前，需要对软件需求进行了解和分析，据此来确定测试策略。这包括：确定测试范围、选择测试方法、制订测试标准、选择自动化测试工具和编写测试软件。自动化测试工具、编写测试软件并不是在每个软件的测试中都是必需的。在确定测试范围的时候，要做到在保证测试质量的前提下，尽量减小测试范围。接下去要定义测试环境。对于绝大多数软件来说，需要在各种环境中运行。如果把各种可能的环境因素全部组合起来，将可能得到一个天文数字。这时软件测试人员就需要对测试环境进行分析，从而选择有限的测试环境组合。

在测试过程中，还会涉及一些管理工作。工作进度的制订和管理是测试管理中的重要内容。为了安排工作进度，需要对工作任务进行确定，而确定工作任务的一个重要基础是对工作任务的细分。在确定工作任务之后，就可以估算测试工作量了。完成了测试工作量估算之后，就可以根据人员、设备、资金等情况编写进度计划，而后续的实施工作，将按照进度计划来进行。在测试过程中，会面临一系列的风险，因此需要建立风险管理计划，有效地识别和评估风险，制定对策、跟踪风险，从而减少风险发生的概率、减小风险发生后的损失。

在测试计划阶段所进行的工作，都需要有相应的文档来记录和描述，即编写测试计划文档。单元测试、集成测试和系统测试的测试计划文档需要由不同的人员编写，一般是独立的文档，其需要完成的时间也不一样。测试计划文档需要被审核，只有被审核通过后，才能作为后续工作的计划文件。

要特别注意的是：所有完成的文档都必须保持及时地更新。否则，文档中描述的内容就会和实际工作的偏差越来越大，以致无人去阅读这些过时的文档。

关键术语

- 测试计划。
- 测试策略。
- 测试范围。
- 测试环境。
- 测试管理。
- 工作量估算。
- 进度计划。
- 风险管理。

思 考 题

1）在制订测试计划时，应该和项目组的哪些成员交流？是否需要了解项目的整体计划？

2）如何确定软件测试范围？哪些要素是要被重点考虑的？

3）系统测试计划在什么时候开始写？在写的过程中，需要和开发组中的哪些人员交流？

4）在建立测试环境时，应该以软件的什么文档为依据来建立？

5）在估算了测试工作量之后，如果发现测试工作量无法接受，这个时候需要对测试策略、测试环境如何进行调整？

6）请搜索项目测试负责人相关招聘信息，列举其岗位职责和能力要求，比较其与一般的测试工程师要求有何差异。

附录　IEEE 模板

为了使用方便，本附录描述了 IEEE 中与软件测试工作相关的文档模板（IEEE 829—1998），内容有适当的修改，测试人员可以在工作中做相应参考。完整的 IEEE 指南可以从 IEEE 的 Web 站点 www. ieee. org 获得。

测试文档

测试文档模板

目录

1. 测试计划

用于总体测试计划和针对等级的测试计划。

2. 测试设计规格说明

用于每个测试等级，以指定测试集的体系结构和覆盖跟踪。

3. 测试用例规格说明

按需要使用，用于描述测试用例或自动化脚本。

4. 测试规程规格说明

用于指定执行一个测试用例集的步骤。

5. 测试日志

按需要使用，用于记录测试规程的执行情况。对测试用例执行过程中相关细节的顺序记录。

6. 测试意外事件报告

用于描述出现在测试过程或产品中的异常情况。这些异常情况可能存在于需求、设计、代码、文档或测试用例中。随后，可以将意外事件归类为缺陷。

7. 测试总结报告

用于报告某个测试等级的完成情况或一个等级内主要测试目标的完成情况。

测试计划

测试文档模板

目录

1. 测试计划标识符

一个测试计划标识符是一个公司生成的唯一值，它用于标识测试计划的版本、等级以及与该计划相关的软件版本。

2. 目录表

目录表应该列举出测试计划中包含的各个主题以及所有的参考文献、词汇表和附录。如果有可能，目录表应该保持两个或两个以上的等级深度，以便为读者提供与每个主题的内容有关的尽可能具体的细节。

3. 参考文献

IEEE 推荐的参考文献包括：项目授权、项目计划、QA 计划、配置管理计划、相关政策、相关标准。另外还有一些需要考虑的参考文献，包括需求规格说明、设计文档和其他能够提供额外相关信息的文档。列在这一部分的每一项都应该包括文档名、日期与版本。

4. 词汇表

词汇表定义了在文件中采用的术语和以首字母表示的缩略语。有些读者可能不理解这些词汇的含义，就应该在词汇表中加以解释。

5. 介绍（范围）

在测试计划的介绍部分中包含两个主要的内容：对项目范围或发布（包括关键特征、历史等等）的基本描述，以及对计划范围的介绍。例如，"本项目将包括当前使用的所有特征，但是不包括在版本 5.0 中的一般可用性特征。""本总体测试计划包括集成、系统和验收测试，但是不包括单元测试。"

6. 测试项

这部分主要是纲领性地描述在测试计划的范围内需要对哪些内容进行测试以及应该与配置或项目管理者和程序员协作完成哪些工作。

7. 软件风险问题

一般而言，由于资源有限，不可能穷尽测试某一版本的所有方面。软件风险分析列出项目中哪些问题会影响项目的成功实施，这将有助于测试人员排定待测事项的优先顺序，并且有助于他们集中精力去关注那些极有可能发生失效的领域，或者关注那些一旦失效将会对用户造成重大影响的领域。

8. 待测特征

这一部分列出了待测的内容（从用户或客户的角度），这与测试项相反，测试项是从开发者或项目管理者的角度对待测内容的度量。例如，正在测试某台自动取款机（ATM），其中的待测特征可能包括：取款、存款、查询账户余额、转账和偿还贷款。

9. 不予测试的特征

这一部分用来记录不予测试的特征及其理由。如果资源不允许每个特征都得到真正的测试，加入"不予测试的特征"这部分，就能通过事先安排尽量降低风险。对某个特征不予测试的理由有：可能是因为该特征没有发生变化，可能是因为它还不能投入使用，或者是因为它具有良好的跟踪记录。一个特征之所以被列在这个部分，是因为它被完全归结为具有相对较低的风险。

10. 方法（策略）

这部分内容是测试计划的核心所在，内容包括：描述如何进行测试（方法），解释对测试的成功与否起决定作用的所有问题（策略）。

11. 测试项通过/失败准则

这个部分描述了"测试项"中描述的每个项的通过/失败准则。一般来说，通过/失败准则是由通过和失败的测试用例、Bug 的数量、类型、严重性和位置、可使用性、可靠性或稳定性来表述的。例如：

- 通过的测试用例所占的百分比。
- 缺陷的数量、严重程度和分布情况。
- 测试用例覆盖。

- 用户测试的成功结论。
- 文档的完整性。
- 性能标准。

12. 挂起准则和恢复需求

这部分内容的目的是找出所有授权对测试进行暂时挂起的条件和恢复测试的标准。常用的挂起准则包括：

- 在关键路径上的未完成任务。
- 大量的 Bug。
- 严重的 Bug。
- 不完整的测试环境。
- 资源短缺。

13. 测试交付物

这里包含了为支持测试工作需要开发和维护的所有文档、工具和其他构件的列表。测试交付物包括这样一些例子：测试计划、测试设计规格说明、测试用例、测试规程、测试意外事件报告、测试总结报告、测试数据、仿真器和自定义工具。

14. 测试任务

这部分负责确定准备和进行测试所需的一系列任务。在这里还列举出了所有任务间的依赖关系和可能需要的特殊技能。

15. 环境需求

环境需求包括：硬件、软件、数据、接口、设备、出版物、安全访问以及其他一些与测试工作相关的需求。

16. 职责

这部分主要列出测试过程中的各项工作及其责任人，可以通过职责矩阵来显示主要职责。

17. 人员安排与培训需求

这部分内容描述了所需人员的数量和他们需要掌握的技能。培训需求通常包括学习如何使用某个工具、测试方法、接口连接系统、管理系统等与被测系统相关的业务基础知识。

18. 进度表

这部分主要对时间和资源进行较为精确的估计，以确定测试工作的进度安排。

19. 计划风险与应急措施

这部分主要列出测试实施中遇到的计划风险，如不现实的交付日期、员工的可用性、预算等以及面对风险所采取的应急措施，如推迟实现、增加资源、缩小应用程序范围等。

20. 审批

这部分需要同意该份测试计划的审批人签署姓名和日期。

测试设计规格说明

测试文档模板

目录

1. 测试设计规格说明标识符

测试设计规格说明标识符是测试设计规格说明具有的一个独特数字（以及日期和版本），以便于对文档进行变更和控制。

2. 待测特征

这部分描述本设计说明中设计的测试项极其特征。这些特征都需要包含在项目需求和设计文档中。

3. 方法细化

这部分对在测试计划中的"方法"做进一步的细化。例如，测试计划中对 ATM 机项目的验收方法为在市区中选定几台 ATM 机上提取现金。测试设计规格说明可能就会具体指定将使用哪些 ATM 机，需要建立或者使用哪些账户以及将在一天的什么时间段进行交易。

4. 测试标识

这部分内容记录了测试用例标识符和测试用例的一个简短描述。没有必要描述测试用例的细节或者其执行细节。

5. 特征通过/失败准则

这部分确定了特征测试成功或失败的条件。这类似于测试计划中的通过/失败准则。最常用的度量是通过的测试用例所占的百分比。

测试用例规格说明

测试文档模板

目录

1. 测试用例规格说明标识符

测试用例规格说明的唯一标识。用来标识测试用例和测试用例规格说明后续变更的日期、数量和版本。

2. 测试项

描述运行一个特定测试用例所需要的各项（如需求规格说明、设计规格说明和代码）。

3. 输入规格说明

描述测试用例所需要的输入。通常，它将描述必须输入到一个字段中的值、输入文件、整个图形用户界面等内容。

4. 输出规格说明

描述系统在运行测试用例后应该呈现出的状态。通常，可以通过检查具体的屏幕、报告、文件等方式来描述。

5. 环境需求

描述特定测试用例的特殊环境需求。包括运行测试用例所需要的硬件配置和特征、系统软件和应用软件以及其他运行测试用例所需要的工具或特殊技能的人员。

6. 特殊规程需求

这部分内容描述建立测试环境所需要的特殊规程需求。例如，2000 年问题数据在开始处理前应被转换成 YYYYMMDD 格式。

7. 用例间的相关性

列出运行该测试用例前必须先被执行的测试用例标识符。简要说明其间的相互依赖关系。例如，在运行取款测试用例之前，先运行一个存款的测试用例，否则账户上的金额可能不足。

测试规程

测试文档模板

目录

1. 测试规程规格说明标识符

为这个测试规程指定唯一的标识符。提供一个到相应的测试设计规格说明的引用。

2. 目的

描述规程的目的，并应用到被执行的测试用例中。

3. 特殊需求

描述各种特殊的需求，如环境需求、技能水平、培训等。

4. 规程步骤

这是测试规程的核心部分。IEEE描述了如下几个步骤：

4.1 记录（Log）

描述记录测试执行结果、观察到的意外事件以及其他与测试相关的事件所用的各种特定方法和格式。

4.2 准备（Set up）

描述执行这个规程需要准备的一系列活动。

4.3 开始（Start）

描述开始执行这个规程需要的各种活动。

4.4 进行（Proceed）

描述在这个规程的执行期间需要的所有活动。

4.4.1 步骤1

4.4.2 步骤2

4.4.3 步骤3

4.4.4 步骤4

4.5 度量（Measure）

描述如何进行测试的度量。

4.6 中止（Shut Down）

描述发生非计划事件时暂停测试需要采取的活动。

4.7 重新开始（Restart）

指明规程中各个重新开始的位置，并描述从这些位置重新开始所需的步骤。

4.8 停止（Stop）

描述正常停止执行所需的各种活动。

4.9 完成（Wrap Up）

描述恢复环境所需要的活动。

4.10 应急措施（Contingency）

描述处理执行过程中发生的异常和其他事件所需要的各种活动。

测试日志

测试文档模板

目录

1. 测试日志的标识符

测试日志的唯一标识。

2. 描述

这部分主要考虑以下两方面：

■ 被测试项的版本。

■ 测试执行的环境属性。包括使用的工具、硬件、系统软件和可用的资源等。

3. 活动和事件条目

对每一个事件，包括开始和结束活动，记录下出现的数据和时间。

测试意外事件报告

测试文档模板

目录

1. 意外事件总结报告标识符

测试意外事件报告的唯一标识符。应使用一个组织的意外事件跟踪编号方案。

2. 意外事件总结

意外事件总结是一些能够把意外事件和发生该意外事件的规程或测试用例联系起来的信息。它是意外事件的摘要。

3. 意外事件描述

3.1　输入

描述实际采用的输入（如文件、按键等）。

3.2　期望得到的结果

此结果来自于发生意外事件时正在运行的测试用例。

3.3　实际结果

将实际结果记录在这里。

3.4　异常情况

实际结果与预期结果的差异有多大。也记录一些其他数据（如果这数据显得非常重要），比如有关系统的数据量过小或者过大，一个月的最后一天等。

3.5　日期和时间

意外事件发生的日期和时间。

3.6　规程步骤

意外事件发生的步骤。如果使用的是很长的、复杂的测试规程，这一项就特别重要。

3.7　测试环境

所采用的测试环境。

3.8　重现尝试

为了重现这次测试，做了多少次尝试。

3.9 测试人员

运行这次测试的人员。

3.10 见证人

了解此情况的其他人员。

4. 影响

这部分指出了意外事件会对用户造成的潜在影响。这种影响是 Bug 修复先后顺序的主要决定因素之一。

测试总结报告

测试文档模板

目录

1. 测试总结报告标识符

测试总结报告的唯一标识符，用来使测试总结报告置于配置管理之下。

2. 总结

这部分内容主要总结发生了哪些测试活动，包括软件的版本/发布、环境等。这部分内容通常还包括为测试计划、测试设计规格说明、测试规程和测试用例提供的参考信息。

3. 差异

这部分内容负责描述计划的测试与真实发生的测试之间存在的所有差异。这部分内容有助于测试经理掌握各种变更情况。

4. 综合评估

这部分对照在测试计划中规定的准则对测试过程的全面性进行评价。在这里，需要指出那些覆盖不充分的特征或特征集合，也包括对任何新出现的风险进行讨论。此外，还需要对所采用的测试有效性的所有度量进行报告和说明。

5. 结果总结

5.1 已解决的意外事件

标识出所有已解决的意外事件，并总结这些意外事件的解决方法。

5.2 未解决的意外事件

标识出所有未解决的意外事件。

6. 评价

对每个测试项，包括各个测试项的局限性进行总体评价。例如，"系统不能同时支持100名以上的用户"或者"如果吞吐量超出一定的范围，性能将会降至……"这种评价需要以测试结果和测试项的通过/失败准则为基础。此外，这部分内容可能还包括：根据系统在测试期间所表现出的稳定性、可靠性或对测试期间观察到的失效的分析，对失效可能性进行的讨论。

7. 活动总结

总结主要的测试活动和事件。总结资源消耗数据，如员工配置的总体水平、总的机器时间以及花在每一项主要测试活动上的时间。

8. 审批

列出对这个报告享有审批权的所有人员的名字和职务。留出用于署名和填写日期的空间。

参 考 文 献

［1］ PERRY W E. 软件测试的有效方法(原书第2版)［M］. 兰雨晴，高静，等译. 北京：机械工业出版社，2004.

［2］ KANER C, FALK J, NGUYEN H Q. 计算机软件测试(原书第2版)［M］. 王峰，陈杰，喻琳，译. 北京：机械工业出版社，2004.

［3］ CULBERTSON R, BROWN C, COBB G. 快速测试：影印版［M］. 北京：清华大学出版社，2004.

［4］ TAMRES L. 软件测试入门［M］. 包晓露，王小娟，朱国平，译. 北京：人民邮电出版社，2004.

［5］ WATKINS J. 实用软件测试过程［M］. 贺红卫，杨芳，等译. 北京：机械工业出版社，2004.

［6］ BLACK B. 测试流程管理［M］. 天宏工作室，译. 北京：北京大学出版社，2001.

［7］ 王健，苗勇，刘郢. 软件测试员培训教材［M］. 北京：电子工业出版社，2003.

［8］ PRESSMAN R S, MAXIM B R. 软件工程：实践者的研究方法(原书第8版)［M］. 郑人杰，马素霞，译. 北京：机械工业出版社，2017.

［9］ WHITTAKER J A. 探索式软件测试［M］. 方敏，张胜，钟颂东，等译. 北京：清华大学出版社，2010.

［10］ 魏伟. 笑傲测试：软件测试流程方法与实施［M］. 北京：清华大学出版社，2006.

［11］ BLACK R. 软件测试实践：成为一个高效能的测试专家［M］. 郭耀，等译. 北京：清华大学出版社，2008.

［12］ 陈能技. QTP自动化测试实践［M］. 北京：电子工业出版社，2008.

［13］ 陈霁，牛霜霞，龚永鑫. 性能测试进阶指南：LoadRunner 9.1 实战［M］. 北京：电子工业出版社，2009.

［14］ 柳纯录. 软件评测师教程［M］. 北京：清华大学出版社，2005.